JN045508

定理・公式から学ぶ

数学I・A の考え方

チェック&リファレンス

堀 隆人/多賀 みのり 共著

Z-KAI

はじめに

「演習量は多いのに，模試などで点数が取れない」と悩む高校生を多く見てきました。そうした人たちの共通点は，教科書や参考書の例題の解法をただ覚える勉強をしていることです。

解法を覚えた問題の類題であれば，問題の設定に合わせて数値を変えて，覚えた解法に当てはめれば解くことができるでしょう。しかし，初見の問題や，入試で差のつく“ちょっとひねった問題”になるとどうでしょうか？　解法を知らないので，解くことはできないでしょう。

数学の問題には，教科書や参考書に載っているものを含め無数のパターンが存在し，それらの解法を1つ1つ覚えるのは不可能です。また，どれだけ多くの問題の解法を覚えても，知らない問題が出題されると対応できません。つまり，この勉強法は，苦労する割に，効果が薄いのです。

この本は，大学入試において使いこなせなければならない数学の定理・公式や定石的解法を題材に，「なぜそのように考えて問題を解くのか」を学びます。遠回りに思えるかもしれませんが，考え方を身につけるのが数学の実力アップの近道です。ただ覚えるのではなく，理解を深め，忘れない勉強をしていきましょう。

Z会編集部

目次

第6章　場合の数と確率

第7章　図形の性質

第8章　数学と人間の活動

本書の構成と利用法

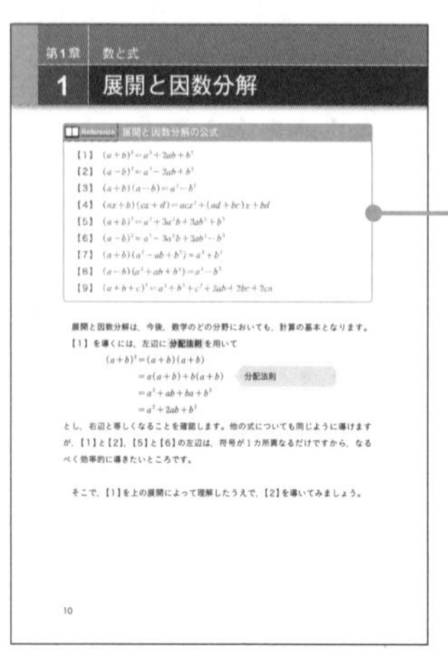

第1章　数と式

1　展開と因数分解

Reference　展開と因数分解の公式

【1】　$(a+b)^2=a^2+2ab+b^2$
【2】　$(a-b)^2=a^2-2ab+b^2$
【3】　$(a+b)(a-b)=a^2-b^2$
【4】　$(ax+b)(cx+d)=acx^2+(ad+bc)x+bd$
【5】　$(a+b)^3=a^3+3a^2b+3ab^2+b^3$
【6】　$(a-b)^3=a^3-3a^2b+3ab^2-b^3$
【7】　$(a+b)(a^2-ab+b^2)=a^3+b^3$
【8】　$(a-b)(a^2+ab+b^2)=a^3-b^3$
【9】　$(a+b+c)^2=a^2+b^2+c^2+2ab+2bc+2ca$

展開と因数分解は，今後，数学のどの分野においても，計算の基本となります。
【1】を導くには，左辺に**分配法則**を用いて

$$\begin{aligned}(a+b)^2&=(a+b)(a+b)\\&=a(a+b)+b(a+b)\quad\text{分配法則}\\&=a^2+ab+ba+b^2\\&=a^2+2ab+b^2\end{aligned}$$

とし，右辺と等しくなることを確認します。他の式についても同じように導けますが，【1】と【2】，【5】と【6】の左辺は，符号が1カ所異なるだけですから，なるべく効率的に導きたいところです。

そこで，【1】を上の展開によって理解したうえで，【2】を導いてみましょう。

10

このテーマで扱う定理・公式です。

本書で学習したあと，いろいろな問題に取り組むときには，**この部分だけを見返すという，定理・公式集としての使い方**もできます。

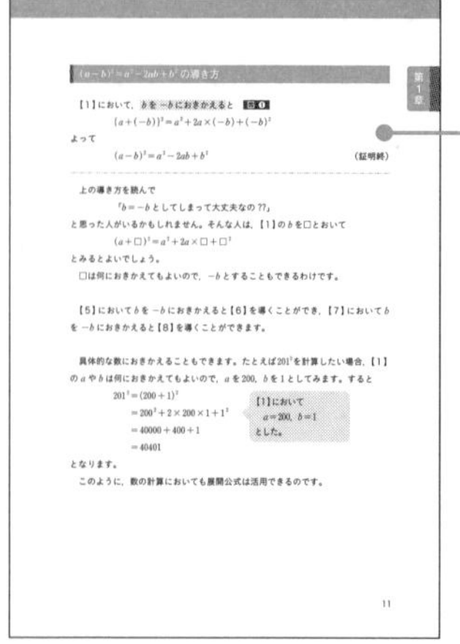

$(a-b)^2=a^2-2ab+b^2$ の導き方

第1章

【1】において，b を $-b$ におきかえると　図❶

$$(a+(-b))^2=a^2+2a\times(-b)+(-b)^2$$

よって

$$(a-b)^2=a^2-2ab+b^2$$

（証明終）

上の導き方を読んで

「$b=-b$ としてしまって大丈夫なの ??」

と思った人がいるかもしれません。そんな人は，【1】の b を□とおいて

$$(a+\square)^2=a^2+2a\times\square+\square^2$$

とみるとよいでしょう。

□は何におきかえてもよいので，$-b$ とすることもできるわけです。

【5】において b を $-b$ におきかえると【6】を導くことができ，【7】において b を $-b$ におきかえると【8】を導くことができます。

具体的な数におきかえることもできます。たとえば 201^2 を計算したい場合，【1】の a や b は何におきかえてもよいので，a を200，b を1としてみます。すると

$$\begin{aligned}201^2&=(200+1)^2\\&=200^2+2\times200\times1+1^2\\&=40000+400+1\\&=40401\end{aligned}$$

【1】において　$a=200$，$b=1$　とした。

となります。

このように，数の計算においても展開公式は活用できるのです。

11

Reference に挙げた定理の証明，公式の導き方です。

定理・公式は，そのものを覚えるのではなく，証明・導き方を理解するようにしましょう。

定理の証明，公式の導き方の中に見られる，「いろいろな数学の問題を解くときに応用できる重要な考え方」には☑マークをつけてありますので，とくに注意して読んで，考え方を自分のものにしてください。

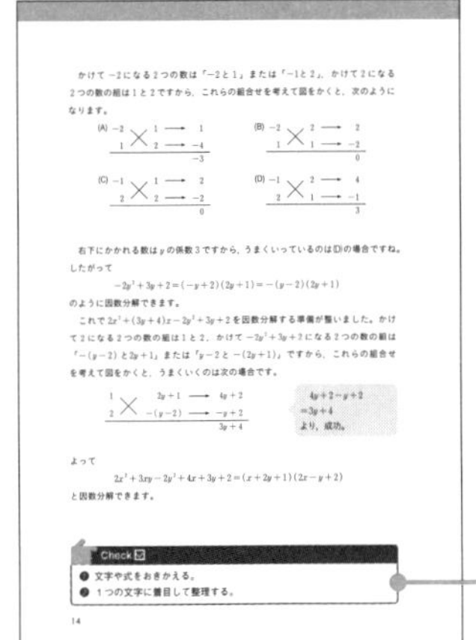

かけて -2 になる2つの数は「-2 と1」または「-1 と2」，かけて2になる2つの数の組は1と2ですから，これらの組合せを考えて図をかくと，次のようになります。

(A) -2 ╲╱ 1 → 1 ／ 1 ╱╲ 2 → -4 ／ -3

(B) -2 ╲╱ 2 → 2 ／ 1 ╱╲ 1 → -2 ／ 0

(C) -1 ╲╱ 1 → 2 ／ 2 ╱╲ 2 → -2 ／ 0

(D) -1 ╲╱ 2 → 4 ／ 2 ╱╲ 1 → -1 ／ 3

右下にかかれる数は y の係数3ですから，うまくいっているのは(D)の場合ですね。したがって

$$-2y^2+3y+2=(-y+2)(2y+1)=-(y-2)(2y+1)$$

のように因数分解できます。

これで $2x^2+(3y+4)x-2y^2+3y+2$ を因数分解する準備が整いました。かけて2になる2つの数の組は1と2，かけて $-2y^2+3y+2$ になる2つの数の組は「$-(y-2)$ と $2y+1$」または「$y-2$ と $-(2y+1)$」ですから，これらの組合せを考えて図をかくと，うまくいくのは次の場合です。

1 ╲╱ $2y+1$ → $4y+2$ ／ 2 ╱╲ $-(y-2)$ → $-y+2$ ／ $3y+4$

$4y+2-y+2$
$=3y+4$
より，成功。

よって

$$2x^2+3xy-2y^2+4x+3y+2=(x+2y+1)(2x-y+2)$$

と因数分解できます。

Check ☑
● 文字や式をおきかえる。
● 1つの文字に着目して整理する。

14

このテーマで学習した「いろいろな数学の問題を解くときに応用できる重要な考え方」です。本文中の☑マークの番号と対応しています。

定理の証明，公式の導き方の中で，これらの考え方がどのような形で現れていたかを振り返ったうえで，練習問題に進みましょう。

練習問題　▶解答冊子 p2

第1章

(1) 次の式を展開せよ。
(i) $(x^2+xy+y^2)(x^2-xy+y^2)(x^4-x^2y^2+y^4)$ （札幌学院大）
(ii) $(a+b+c)^3-(b+c-a)^3$ （奈良大・改）

(2) 次の式を因数分解せよ。
(i) $(2x^2-5x)^2-15(2x^2-5x)+36$
(ii) a^6-7a^3-8 （名古屋女子大）
(iii) $(ac+bd)^2-(ad+bc)^2$ （関西医大）
(iv) $x^2+2xy+y^2-3x-3y+2$ （東海大）

15

このテーマで学習した内容を確認するための練習問題です。

問題に取り組むことで，Reference に挙げた定理・公式が使えるかを確認するだけではなく，Check ☑の考え方が身についているかも確認しましょう。

本書に取り組んだあとには…

本書で学習したCheck ☑の考え方を意識しながら問題演習に取り組み，定理・公式の理解を確実なものにしましょう。演習の中で，定理・公式が正しく使えずに行き詰まることがあれば，本書の Reference やCheck ☑に戻ってみてください。問題を考えるうえでのヒントがきっと得られるでしょう。

第 1 章

数と式

1　展開と因数分解

Reference　展開と因数分解の公式

【1】 $(a+b)^2=a^2+2ab+b^2$

【2】 $(a-b)^2=a^2-2ab+b^2$

【3】 $(a+b)(a-b)=a^2-b^2$

【4】 $(ax+b)(cx+d)=acx^2+(ad+bc)x+bd$

【5】 $(a+b)^3=a^3+3a^2b+3ab^2+b^3$

【6】 $(a-b)^3=a^3-3a^2b+3ab^2-b^3$

【7】 $(a+b)(a^2-ab+b^2)=a^3+b^3$

【8】 $(a-b)(a^2+ab+b^2)=a^3-b^3$

【9】 $(a+b+c)^2=a^2+b^2+c^2+2ab+2bc+2ca$

展開と因数分解は，今後，数学のどの分野においても，計算の基本となります。

【1】を導くには，左辺に **分配法則** を用いて

$$\begin{aligned}(a+b)^2&=(a+b)(a+b)\\&=a(a+b)+b(a+b)\\&=a^2+ab+ba+b^2\\&=a^2+2ab+b^2\end{aligned}$$

分配法則

とし，右辺と等しくなることを確認します。他の式についても同じように導けますが，【1】と【2】，【5】と【6】の左辺は，符号が1カ所異なるだけですから，なるべく効率的に導きたいところです。

そこで，【1】を上の展開によって理解したうえで，【2】を導いてみましょう。

$(a-b)^2=a^2-2ab+b^2$ の導き方

【1】において，b を $-b$ におきかえると ☑❶

$$\{a+(-b)\}^2=a^2+2a\times(-b)+(-b)^2$$

よって

$$(a-b)^2=a^2-2ab+b^2$$

（証明終）

上の導き方を読んで

「$b=-b$ としてしまって大丈夫なの ??」

と思った人がいるかもしれません。そんな人は，【1】の b を□とおいて

$$(a+\square)^2=a^2+2a\times\square+\square^2$$

とみるとよいでしょう。

□は何におきかえてもよいので，$-b$ とすることもできるわけです。

【5】において b を $-b$ におきかえると【6】を導くことができ，【7】において b を $-b$ におきかえると【8】を導くことができます。

具体的な数におきかえることもできます。たとえば 201^2 を計算したい場合，【1】の a や b は何におきかえてもよいので，a を 200，b を 1 としてみます。すると

$$\begin{aligned}201^2&=(200+1)^2\\&=200^2+2\times200\times1+1^2\\&=40000+400+1\\&=40401\end{aligned}$$

【1】において
$a=200$，$b=1$
とした。

となります。

このように，数の計算においても展開公式は活用できるのです。

【9】も，おきかえを使うとスムーズに展開できます。

$(a+b+c)^2=a^2+b^2+c^2+2ab+2bc+2ca$ の導き方

$b+c=X$ とおきかえると ☑ ❶

$$
\begin{aligned}
(a+b+c)^2 &= (a+X)^2 \\
&= a^2+2aX+X^2 \\
&= a^2+2a(b+c)+(b+c)^2 \\
&= a^2+2ab+2ac+b^2+2bc+c^2 \\
&= a^2+b^2+c^2+2ab+2bc+2ca
\end{aligned}
$$

（証明終）

展開と因数分解の公式を導くことができたので，次は，この公式を用いた因数分解の方法を考えてみましょう。ここでは，最も考えにくい

【4】 $(ax+b)(cx+d)=acx^2+(ad+bc)x+bd$

を用いるパターンについて説明します。

たとえば，$3x^2+7x+2$ を因数分解したい場合，【4】に当てはめると

$$ac=3,\quad ad+bc=7,\quad bd=2$$

をみたす数 a，b，c，d を求めることになりますが，式だけを眺めていても，これらをみたす数はなかなか求められません。

そこで，次のような図を用いて考えます。

$$
\begin{array}{ccccc}
a & \diagdown\!\!\!\!\diagup & b & \longrightarrow & bc \\
c & & d & \longrightarrow & ad \\
\hline
ac & & bd & & ad+bc
\end{array}
$$

一番左の列には，かけて ac になる 2 つの数を縦に並べてかきます。その隣の列には，かけて bd になる 2 つの数を縦に並べてかきます。そして，たすきをかける形で 2 つの数をかけ，2 つの積 bc，ad を縦に並べてかき，右下にその和 $ad+bc$ をかきます。

このような図を用いて因数分解することを，「**たすきがけ**」といいます。a，b，c，d に適当な数をあてはめて図をかき，うまくいく数の組を求めるわけです。

$3x^2+7x+2$ の因数分解を，たすきがけによって考えてみましょう。

かけて 3 になる 2 つの数の組は 1 と 3，かけて 2 になる 2 つの数の組は 1 と 2 です。これらの組合せを考えて図をかくと，次のようになります。

(A)
$$\begin{array}{ccccc} 1 & \diagdown\!\!\!\!\diagup & 1 & \longrightarrow & 3 \\ 3 & & 2 & \longrightarrow & 2 \\ \hline & & & & 5 \end{array}$$

(B)
$$\begin{array}{ccccc} 1 & \diagdown\!\!\!\!\diagup & 2 & \longrightarrow & 6 \\ 3 & & 1 & \longrightarrow & 1 \\ \hline & & & & 7 \end{array}$$

右下にかかれる数は x の係数 7 ですから，うまくいっているのは(B)の場合ですね。したがって

$$3x^2+7x+2=(x+2)(3x+1)$$

と因数分解できます。

$2x^2+3xy-2y^2+4x+3y+2$ のように 2 つの文字をふくむ式を因数分解するときにも，たすきがけは有効です。ただし，この場合は

$$2x^2+3xy-2y^2+4x+3y+2=2x^2+(3y+4)x-2y^2+3y+2$$

のように，**まずどちらかの文字について整理する**という準備が必要です。 ☑ ❷

今回は x について整理しましたが，因数分解においては，**次数がより小さい文字について整理する**と，計算を進めやすくなります(今回は x についても y についても 2 次のため，係数が正である x について整理しました)。

かけて 2 になる 2 つの数の組と，かけて $-2y^2+3y+2$ になる 2 つの式の組を求めることになるので，まず，$-2y^2+3y+2$ の因数分解を考えましょう。

かけて -2 になる2つの数は「-2 と 1」または「-1 と 2」，かけて2になる2つの数の組は1と2ですから，これらの組合せを考えて図をかくと，次のようになります。

(A)
$$\begin{array}{cccc} -2 & \diagdown\!\!\!\!\diagup & 1 \longrightarrow & 1 \\ 1 & & 2 \longrightarrow & -4 \\ \hline & & & -3 \end{array}$$

(B)
$$\begin{array}{cccc} -2 & \diagdown\!\!\!\!\diagup & 2 \longrightarrow & 2 \\ 1 & & 1 \longrightarrow & -2 \\ \hline & & & 0 \end{array}$$

(C)
$$\begin{array}{cccc} -1 & \diagdown\!\!\!\!\diagup & 1 \longrightarrow & 2 \\ 2 & & 2 \longrightarrow & -2 \\ \hline & & & 0 \end{array}$$

(D)
$$\begin{array}{cccc} -1 & \diagdown\!\!\!\!\diagup & 2 \longrightarrow & 4 \\ 2 & & 1 \longrightarrow & -1 \\ \hline & & & 3 \end{array}$$

右下にかかれる数は y の係数3ですから，うまくいっているのは(D)の場合ですね。したがって

$$-2y^2+3y+2=(-y+2)(2y+1)=-(y-2)(2y+1)$$

のように因数分解できます。

これで $2x^2+(3y+4)x-2y^2+3y+2$ を因数分解する準備が整いました。かけて2になる2つの数の組は1と2，かけて $-2y^2+3y+2$ になる2つの数の組は「$-(y-2)$ と $2y+1$」または「$y-2$ と $-(2y+1)$」ですから，これらの組合せを考えて図をかくと，うまくいくのは次の場合です。

$$\begin{array}{cccc} 1 & \diagdown\!\!\!\!\diagup & 2y+1 \longrightarrow & 4y+2 \\ 2 & & -(y-2) \longrightarrow & -y+2 \\ \hline & & & 3y+4 \end{array}$$

$4y+2-y+2$
$=3y+4$
より，成功。

よって

$$2x^2+3xy-2y^2+4x+3y+2=(x+2y+1)(2x-y+2)$$

と因数分解できます。

Check ☑

❶ 文字や式をおきかえる。
❷ 1つの文字に着目して整理する。

練習問題

▶解答冊子 p2

(1) 次の式を展開せよ。

(i) $(x^2+xy+y^2)(x^2-xy+y^2)(x^4-x^2y^2+y^4)$ 〔札幌学院大〕

(ii) $(a+b+c)^2-(b+c-a)^2$ 〔奈良大・改〕

(2) 次の式を因数分解せよ。

(i) $(2x^2-5x)^2-15(2x^2-5x)+36$

(ii) a^6-7a^3-8 〔名古屋女子大〕

(iii) $(ac+bd)^2-(ad+bc)^2$ 〔関西医大〕

(iv) $x^2+2xy+y^2-3x-3y+2$ 〔東海大〕

2 根号を含む式の計算

Reference 根号の基本計算

a, b, k を正の数とする。

【1】 $\sqrt{a}\sqrt{b}=\sqrt{ab}$

【2】 $\dfrac{\sqrt{a}}{\sqrt{b}}=\sqrt{\dfrac{a}{b}}$

【3】 $\sqrt{k^2a}=k\sqrt{a}$

【4】 $\dfrac{1}{\sqrt{a}}=\dfrac{\sqrt{a}}{a}$

【5】 $\dfrac{1}{\sqrt{a}+\sqrt{b}}=\dfrac{\sqrt{a}-\sqrt{b}}{a-b}$ (ただし，$a \neq b$)

平方根$\sqrt{\ }$を含む式の計算においてとくに基本となるのが，上の【1】～【3】で，これらは，**平方根の定義を用いる**と簡単に証明できます。☑ ③

$\sqrt{a}\sqrt{b}=\sqrt{ab}$ の導き方

左辺と右辺の 2 乗はそれぞれ

$$(\sqrt{a}\sqrt{b})^2=ab, \quad (\sqrt{ab})^2=ab$$

となり，等しい。

そして，$\sqrt{a}\sqrt{b}$ と$\sqrt{ab}$ はどちらも正であることから

$$\sqrt{a}\sqrt{b}=\sqrt{ab}$$

(証明終)

【2】，【3】も同じように，左辺と右辺をそれぞれ 2 乗すると等しいことと，左辺と右辺はともに正であることを確認すれば正しいことを証明できます。

さて，**分母の有理化**とよばれる【4】，【5】の変形については，**分母，分子に同じ数をかけても値は変わらない**ことを利用して，右辺の形をつくることで証明してみます。 ☑ ❹

$\frac{1}{\sqrt{a}}=\frac{\sqrt{a}}{a}$，$\frac{1}{\sqrt{a}+\sqrt{b}}=\frac{\sqrt{a}-\sqrt{b}}{a-b}$ の導き方

$$\frac{1}{\sqrt{a}}=\frac{\sqrt{a}}{\sqrt{a}\sqrt{a}}$$

分母，分子に$\sqrt{a}$をかけると
分母の$\sqrt{\ }$がなくなる。

$$=\frac{\sqrt{a}}{a}$$

$$\frac{1}{\sqrt{a}+\sqrt{b}}=\frac{\sqrt{a}-\sqrt{b}}{(\sqrt{a}+\sqrt{b})(\sqrt{a}-\sqrt{b})}$$

分母，分子に$\sqrt{a}-\sqrt{b}$をかけると
分母の$\sqrt{\ }$がなくなる。

$$=\frac{\sqrt{a}-\sqrt{b}}{(\sqrt{a})^2-(\sqrt{b})^2}$$

$$=\frac{\sqrt{a}-\sqrt{b}}{a-b}$$

（証明終）

分母の有理化の基本的な手順は，上のように**分母の根号がなくなるように分母，分子に同じ数をかける**というものですが，ここで

「そもそも，何のために分母を有理化するの ??」

と疑問に思う人もいるでしょう。そこで，分母を有理化する利点について簡単に説明しておきます。

たとえば，$\frac{1}{\sqrt{3}}$ のおよその値を求めてみましょう。$\sqrt{3}=1.732\cdots$から

$$\frac{1}{\sqrt{3}}=\frac{1}{1.732\cdots}$$

で，分母の「…」を適当な位までで四捨五入すれば，筆算などでおよその値を計算できますが，小数で割ることになるので計算が煩雑ですね。

ところが，分母を有理化すれば

$$\frac{1}{\sqrt{3}}=\frac{\sqrt{3}}{3}=\frac{1.732\cdots}{3}=0.577\cdots$$

のようにおよその値を計算しやすくなります。

分母の有理化の最も基本的な形は【4】，【5】ですが，実際の計算では，分子がもう少し複雑な値であることがほとんどです。

たとえば，$\dfrac{\sqrt{7}}{\sqrt{2}}$ の分母を有理化すると

$$\frac{\sqrt{7}}{\sqrt{2}}=\frac{\sqrt{7}\times\sqrt{2}}{\sqrt{2}\times\sqrt{2}}$$

$$=\frac{\sqrt{14}}{2}$$

分母，分子に$\sqrt{2}$をかけると分母の$\sqrt{\ }$がなくなる。

$\dfrac{2-\sqrt{3}}{2+\sqrt{3}}$ の分母を有理化すると

$$\frac{2-\sqrt{3}}{2+\sqrt{3}}=\frac{(2-\sqrt{3})(2-\sqrt{3})}{(2+\sqrt{3})(2-\sqrt{3})}$$

$$=\frac{(2-\sqrt{3})^2}{2^2-(\sqrt{3})^2}$$

$$=\frac{2^2-2\times2\times\sqrt{3}+(\sqrt{3})^2}{4-3}$$

$$=7-4\sqrt{3}$$

分母，分子に$2-\sqrt{3}$をかけると分母の$\sqrt{\ }$がなくなる。

のようになります。

根号を含む式の計算でもう 1 つ重要なものとして，$\sqrt{5+2\sqrt{6}}$ や $\sqrt{-1+2\sqrt{2}}$ のように，根号の中の数にさらに根号を含む**2 重根号**の処理があります。

2 重根号は，そのままではどのような値なのかを判断しづらいですが，外側にある根号をはずすことで，値の判断をしやすくできる場合があります。

第1章

Reference 2重根号

$a>b>0$ とする。

【1】 $\sqrt{a+b+2\sqrt{ab}}=\sqrt{a}+\sqrt{b}$

【2】 $\sqrt{a+b-2\sqrt{ab}}=\sqrt{a}-\sqrt{b}$

【1】，【2】を見ると，左辺よりも右辺の方が簡単な形をしていて，値の判断がしやすいですね。では，【1】を導いておきましょう。

$\sqrt{a+b+2\sqrt{ab}}=\sqrt{a}+\sqrt{b}$ の導き方

左辺を2乗すると

$$(\sqrt{a+b+2\sqrt{ab}})^2=a+b+2\sqrt{ab}$$ ☑ ❸

右辺を2乗すると

$$(\sqrt{a}+\sqrt{b})^2=(\sqrt{a})^2+2\sqrt{a}\sqrt{b}+(\sqrt{b})^2$$

$$=a+2\sqrt{ab}+b$$

$$=a+b+2\sqrt{ab}$$ ☑ ❸

ここで，$\sqrt{a+b+2\sqrt{ab}}$ と $\sqrt{a}+\sqrt{b}$ はともに正の数であるから ☑ ❸

$$\sqrt{a+b+2\sqrt{ab}}=\sqrt{a}+\sqrt{b}$$ （証明終）

【2】についても同じように，左辺の2乗と右辺の2乗は等しくなります。

さて，「$a>b>0$ とする」という条件にはどんな意味があるのでしょうか。具体的な値で考えてみましょう。

たとえば，$\sqrt{5+2\sqrt{6}}=\sqrt{a}+\sqrt{b}$ と表せるとすると

$$a+b=5,\ ab=6$$

です。これをみたす正の数 a，b の値の組は

「$a=2$，$b=3$」または「$a=3$，$b=2$」

と求められ，どちらにしても

$$\sqrt{5+2\sqrt{6}}=\sqrt{2}+\sqrt{3}$$

のように2重根号をはずすことができます。

では，$\sqrt{5-2\sqrt{6}}$ だとどうなるでしょうか。先ほどと同じように，$a+b=5$, $ab=6$ をみたす a，b の値の組は

「$a=2$，$b=3$」または「$a=3$，$b=2$」

ですが

$a=2$，$b=3$とすると$\sqrt{5-2\sqrt{6}}=\sqrt{2}-\sqrt{3}$

$a=3$，$b=2$とすると$\sqrt{5-2\sqrt{6}}=\sqrt{3}-\sqrt{2}$

となります。どちらが正しいでしょうか。

ここで

$\sqrt{5-2\sqrt{6}}>0$ （$5-2\sqrt{6}$ の正の平方根!!)

であることに注意してください。左辺は正の数ですから，右辺も正の数のはずで，$\sqrt{2}-\sqrt{3}$ (負の数)は誤りです。

よって，正しく 2 重根号をはずすと

$\sqrt{5-2\sqrt{6}}=\sqrt{3}-\sqrt{2}$

となります。$a>b>0$としているのは，このためです。

なお，2 重根号で表される数は，どのようなものでもうまくはずせるわけではありません。たとえば，$\sqrt{-1+2\sqrt{2}}$ の 2 重根号をはずそうとすると

$a+b=-1$，$ab=2$

をみたす正の数 a，b の組をさがすことになりますが，そのような組はありません。したがって，$\sqrt{-1+2\sqrt{2}}$ の 2 重根号をはずすことはできません。

Check ☑

❸ 定義に戻る。
❹ つくりたい形を見越して変形する。

練習問題

▶解答冊子 p5

(1) 次の各問いに答えよ。

(i) $\dfrac{1}{2-\sqrt{2}}+\dfrac{1}{2+\sqrt{2}}$，$\dfrac{2+\sqrt{2}}{2-\sqrt{2}}+\dfrac{2-\sqrt{2}}{2+\sqrt{2}}$ を計算せよ。〔足利工大〕

(ii) $(1+\sqrt{5}-\sqrt{6})(1+\sqrt{5}+\sqrt{6})$ を計算し，$\dfrac{10}{1+\sqrt{5}-\sqrt{6}}$ の分母を有理化せよ。〔富山県立大〕

(iii) $A=\dfrac{1}{1+\sqrt{3}+\sqrt{6}}$，$B=\dfrac{1}{1-\sqrt{3}+\sqrt{6}}$ とする。このとき

$$AB=\frac{1}{(1+\sqrt{6})^2-\square}=\frac{\sqrt{6}-\square}{\square}$$

であり，また $\dfrac{1}{A}+\dfrac{1}{B}=\square+\square\sqrt{6}$ である。以上により

$$A+B=\frac{\square-\sqrt{6}}{\square}$$

となる。〔センター試験〕

(2) 次の各問いに答えよ。

(i) $\sqrt{34-24\sqrt{2}}$ の 2 重根号をはずせ。

(ii) $\sqrt{5+\sqrt{21}}$ の 2 重根号をはずし，$\sqrt{5+\sqrt{21}}-\sqrt{5-\sqrt{21}}$ を簡単にせよ。

〔大阪経済大・改〕

3　方程式と不等式

Reference　不等式の性質

【1】 $A<B$ ならば，$A+C<B+C$，$A-C<B-C$

【2】 $A<B$，$C>0$ ならば，$AC<BC$，$\dfrac{A}{C}<\dfrac{B}{C}$

【3】 $A<B$，$C<0$ ならば，$AC>BC$，$\dfrac{A}{C}>\dfrac{B}{C}$

不等式を解くときには，これらの性質を組み合わせて式を整理します。

たとえば，$3x>6$ という不等式を解くとき，3 は正の数ですから，両辺を 3 で割ると，【2】より

$$x>2$$

となります。

また，$x+3\leqq 4x-1$ という不等式を解くとき，まず，両辺から $4x+3$ を引くと，【1】より

$$x+3-(4x+3)\leqq 4x-1-(4x+3)$$

$$x-4x+3-3\leqq 4x-4x-1-3$$

$$-3x\leqq -4$$

そして，-3 は負の数ですから，両辺を -3 で割ると，【3】より，不等号の向きが変わり

$$x\geqq \frac{4}{3}$$

となります。

いくつかの不等式を組み合わせたものが**連立不等式**です。

Reference 連立不等式

【1】x についての連立不等式 $\begin{cases} ax+b<0 \\ cx+d<0 \end{cases}$ を解くとは

$ax+b<0$ かつ $cx+d<0$

をみたす x の範囲を求めることをいう。

【2】x についての連立不等式 $ax+b<cx+d<ex+f$ を解くとは

$ax+b<cx+d$ かつ $cx+d<ex+f$

をみたす x の範囲を求めることをいう。

たとえば，連立不等式

$$\begin{cases} 5x<7 & \cdots\cdots\cdots\cdots ① \\ x-3 \leqq 3x-1 & \cdots\cdots\cdots\cdots ② \end{cases}$$

を解いてみます。

①を解くと

$$x<\frac{7}{5}$$

両辺を5で割った。

②を解くと

$$-2x \leqq 2$$

$$x \geqq -1$$

両辺を -2 で割った。
不等号の向きに注意。

です。

これらより，連立不等式の解は

$$-1 \leqq x<\frac{7}{5}$$

と求められます。

複数の x の値の範囲をまとめて連立不等式の解を求めるには，右のように**数直線をかく**とわかりやすいでしょう。☑ ❺

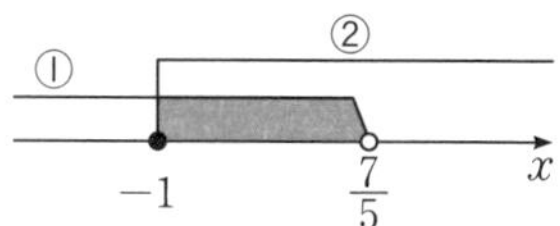

絶対値記号を含む方程式・不等式を考えることもよくあります。

Reference 絶対値記号を含む方程式，不等式の解

c を正の数とする。

【1】 $|x|=c$ の解は，$x=\pm c$

【2】 $|x|<c$ の解は，$-c<x<c$

【3】 $|x|>c$ の解は，「$x<-c$ または $c<x$」

まず，絶対値について確認しておきます。実数 p の絶対値 $|p|$ とは，**数直線上において原点と座標 p の点の間の距離**のことで，式では

$$|p|=\begin{cases} p & (p\geqq 0) \\ -p & (p<0) \end{cases}$$

$|p|=p$
0　p　x
$(p\geqq 0)$

$|p|=-p$
p　0　x
$(p<0)$

と表されます。点と点の間の距離は必ず 0 以上ですから，$p<0$ のときは $|p|=-p(>0)$ となります。

このように**絶対値記号は場合を分けて扱うのが基本**です。そこで，【1】，【2】，【3】についても，まずは場合を分けて考えてみます。☑⑥

場合の分け方と，**それぞれの場合において出した解が条件に合うかの確認**に注意して読んでください。

絶対値記号を含む方程式，不等式（場合を分ける）

● $|x|=c$ について

$x\geqq 0$ のとき

$$x=c$$

$c>0$ より，これは $x\geqq 0$ に適する。

$x<0$ のとき

$$-x=c \text{ より } x=-c$$

$-c<0$ より，これは $x<0$ に適する。

よって，$|x|=c$ の解は

$$x=\pm c$$

● $|x|<c$ について

$x \geqq 0$ のとき

$$x<c$$

これと $c>0$, $x \geqq 0$ を合わせて

$$0 \leqq x<c$$

$x<0$ のとき

$$-x<c \text{ より } x>-c$$

これと $c>0$, $x<0$ を合わせて

$$-c<x<0$$

よって, $|x|<c$ の解は

$$0 \leqq x<c \text{ または } -c<x<0$$

より

$$-c<x<c$$

● $|x|>c$ について

$x \geqq 0$ のとき

$$x>c$$

$c>0$ より, これは $x \geqq 0$ に適する。

$x<0$ のとき

$$-x>c \text{ より } x<-c$$

$-c<0$ より, これは $x<0$ に適する。

よって, $|x|>c$ の解は

$$x<-c \text{ または } x>c$$

(説明終)

これらは, **絶対値を数直線上における原点と座標 c の点の間の距離と捉える**と, もっとスッキリと求めることができます。 ☑⑤

絶対値記号を含む方程式，不等式（数直線の活用）

数直線上において，原点からの距離が c である点は c と $-c$ の 2 つである。

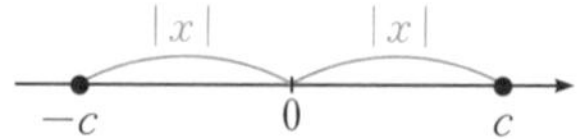

よって，$|x|=c$ となる x は

$$x=\pm c$$

$|x|<c$ となるのは，原点と座標 x の点の距離が c より小さいときである。

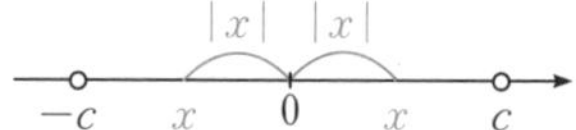

よって

$$-c<x<c$$

$|x|>c$ となるのは，原点と座標 x の点の距離が c より大きいときである。

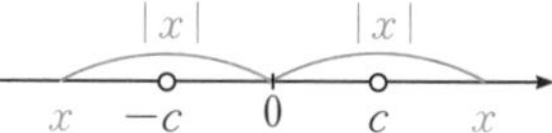

よって

$$x<-c \text{ または } c<x$$

（説明終）

Check ☑

❺ 図を活用し，視覚で捉える。

❻ 場合を分けて処理する。

練習問題

▶解答冊子 p9

(1) 不等式 $ax+3>2x$ を解け。ただし，a は定数とする。〔広島工大〕

(2) x についての連立不等式 $\begin{cases} x-2<\dfrac{2x-3}{3} \\ 2(x+1)>x+a+3 \end{cases}$ に解が存在しないような実数 a の値の範囲は[　　]である。〔京都産業大〕

(3) 不等式 $|x-5|<4$ を解くと，[　　] $<x<$ [　　]である。〔自治医大〕

(4) 不等式 $|x-6|\leqq 3x$ を解け。〔岡山理科大〕

4　循環小数と分数

Reference　循環小数と分数

循環小数 $x=0.\underbrace{\dot{a}\cdots\dot{b}}_{\text{数字 }k\text{ 個}}$ は，10^kx-x を考えることで分数で表すことができる。

整数は，「正の数」，「0」，「負の数」の 3 つに分類でき，これらはすべて

$$2=\frac{2}{1},\quad -3=\frac{-3}{1},\quad 0=\frac{0}{1}$$

のように，$\dfrac{(\text{整数})}{(\text{整数})}$の形で表すことができます(無理やりですが…)。

$\dfrac{(\text{整数})}{(\text{整数})}$の形で表すことができる数は

$$\frac{3}{2},\quad \frac{-84}{100},\quad \frac{1}{3},\quad \frac{17}{7}$$

など，整数以外にもあり，これらを**有理数**といいます。

さて，これらの有理数を小数で表すとどうなるでしょうか。最初の 2 つは

$$\frac{3}{2}=1.5$$

$$\frac{-84}{100}=-0.84$$

となりますが，後ろの 2 つは

$$\frac{1}{3}=0.333\cdots$$

$$\frac{17}{7}=2.\underbrace{428571}\,\underbrace{428571}\,\underbrace{428571}\cdots$$

のように，同じ数字の並びが繰り返し現れます。

1.5 や -0.84 のように，途中で終わる形の小数を，**有限小数**といいます。一方，0.333…や2.428571428571428571…のように，同じ数字の列が繰り返し現れて無限に続く小数を，**循環小数**といいます。有理数は必ず，整数，有限小数，循環小数のどれかになります。

なお，循環小数を0.333…や2.428571428571428571…などと書き連ねるのは面倒なため

$$0.333\cdots = 0.\dot{3}$$

$$2.428571428571428571\cdots = 2.\dot{4}2857\dot{1}$$

のように表します。1つの数字を繰り返す場合は，その数字の上に“・”をつけます。2つ以上の数字の列を繰り返す場合は，その数字の列の両端に“・”をつけます。

有限でなく，循環する部分もない小数はどのようになるでしょうか。たとえば，$\sqrt{2} = 1.41421356\cdots$は，有限小数でも，循環小数でもありません。整数，有限小数，循環小数はどれも$\dfrac{(\text{整数})}{(\text{整数})}$の形で表せますが，$\sqrt{2}$は，この形では表せません。このような数を**無理数**といいます。

無理数には，$\sqrt{2}$や$-\sqrt{3}$のような根号を含む数のほか，円周率$\pi\,(=3.1415926535\cdots)$などもあります。なお，有限小数以外の小数を**無限小数**といいます。無限小数は，循環小数と無理数に分けられます。

そして，有理数と無理数を合わせて**実数**といいます。

実数

有理数			無理数
整数	有限小数	循環小数	
0，±1，±2，…	$\frac{3}{2}$，$\frac{-84}{100}$ など	$\frac{1}{3}$，$\frac{17}{7}$ など	$\sqrt{2}$，$-\sqrt{3}$，π など
		無限小数	無限小数

次のページで，循環小数を分数に直す具体的な方法を確認しておきましょう。

循環小数を分数に直す計算の例

● $0.\dot{4}=0.444\cdots$の場合

$x=0.\dot{4}$とおき，10xを考えると ☑❼

$$10x=4.444\cdots$$
$$x=0.444\cdots$$

10x，xともに小数点以下の4は限りなく続くから，辺々を引くと

$$9x=4$$

循環する部分(4)が消える。

より，$x=\dfrac{4}{9}$と表せる。

● $0.\dot{2}0\dot{7}=0.207207207\cdots$の場合

$x=0.\dot{2}0\dot{7}$とおき，10xを考えると

$$10x=2.072072072\cdots$$
$$x=0.207207207\cdots$$

100xを考えると

$$100x=20.720720720\cdots$$
$$x=\ \ 0.207207207\cdots$$

となり，どちらについても，辺々を引いても小数部分はなくならない。

そこで，繰り返す同じ数字の列の長さが3であることに着目し，$10^3=1000$をかけたもの，すなわち1000xを考えると ☑❼

$$1000x=207.207207207\cdots$$
$$x=\ \ \ \ 0.207207207\cdots$$

となり，辺々を引くと小数部分が消え

$$999x=207$$

循環する部分(207)が消える。

より，$x=\dfrac{207}{999}=\dfrac{23}{111}$と表せる。

Check ☑

❼ 周期性に着目する。

練習問題

▶解答冊子 p12

(1) 分数 $\dfrac{3}{7}$ を小数で表したとき，小数第１位の数と同じ数が次に現れるのは小数第$\square$位である。また，小数第2016位の数は$\square$である。　〔愛知工大〕

(2) 次の循環小数に関して，以下の式が成り立つ。

(ア) $0.\dot{7}=\dfrac{\square}{\square}$　(イ) $1.\dot{1}4\dot{8}=\dfrac{\square}{\square}$　〔大阪経済大〕

(3) 循環小数$1.\dot{4}\dot{6}$を分数で表すと$\square$である。$1.\dot{4}\dot{6}+2.\dot{7}$ を循環小数で表すと$\square$となる。　〔南山大〕

コラム　～有限小数・循環小数になるための条件～

分数のうち，どのようなものが有限小数になり，どのようなものが循環小数になるかを考えてみましょう。

たとえば

$$\frac{3}{2}=1.5, \qquad \frac{-84}{100}=-0.84,$$

$$\frac{6}{5}=1.2, \qquad \frac{13}{25}=0.52$$

などは有限小数になります。

一方で

$$\frac{1}{3}=0.333\cdots, \qquad \frac{17}{7}=2.428571428571428571\cdots$$

などは循環小数になります。

有限小数になる分数，循環小数になる分数のそれぞれに共通する性質が何かないでしょうか…？

たとえば

$$\frac{3}{2}=\frac{3\times5}{2\times5}=\frac{15}{10}=1.5$$

$$\frac{13}{25}=\frac{13\times2^2}{5^2\times2^2}=\frac{52}{100}=0.52$$

のように，分母に2や5を何回かかけることで，分母を10，100，1000，…にできる場合は，有限小数になります。つまり，分数をこれ以上約分できない形$\frac{n}{m}$(既約分数；mは2以上の整数，nは整数)にしたとき，**mが2と5以外の素因数をもたない場合は，有限小数**になるということです。

そして，mが2と5以外の素因数をもつ場合は，循環小数になります。

覚えておくとよいでしょう。

第2章

論理と集合

1 集合の基本法則

Reference 集合の基本法則

全体集合をUとし，A，BをUの部分集合とする。また，集合Xの要素の個数を$n(X)$とする。

【1】 $\overline{A \cap B}=\overline{A} \cup \overline{B}$, $\overline{A \cup B}=\overline{A} \cap \overline{B}$ (ド・モルガンの法則)

【2】 $n(\overline{A})=n(U)-n(A)$

【3】 $n(A \cup B)=n(A)+n(B)-n(A \cap B)$

たとえば，「人口が100万人以上の都市の集合」を考える場合，世界の都市の中で考えるのか日本の都市の中で考えるのかによって，集合の要素は変わります。

そこで

「いま問題にしているもの全体は，これです」

と，あらかじめ決めておく必要があります。これを**全体集合**といい，通常，Uという記号で表します。

また，Aという集合のどの要素もUの要素であるとき，「AはUの**部分集合**である」といいます。

Aという集合に対し，Aに含まれないものの集まりをAの**補集合**といい，$\overline{\boldsymbol{A}}$と表します。

また，「AかつB」，つまりAとBの両方に含まれるものの集合を**「$\boldsymbol{A}$と$\boldsymbol{B}$の共通部分」**といい，$\boldsymbol{A \cap B}$と表します。

さらに，「AまたはB」，つまりAとBのどちらかに含まれるもの(両方に含まれてもよい)の集合を**「$\boldsymbol{A}$と$\boldsymbol{B}$の和集合」**といい，$\boldsymbol{A \cup B}$と表します。

$\overline{A}$, $A\cap B$, $A\cup B$ を図に示すと，次のようになります。 ☑❺

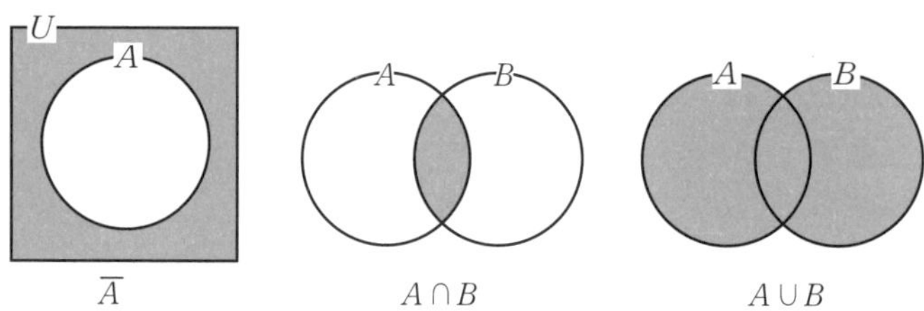

$\overline{A}$　　$A\cap B$　　$A\cup B$

図示すると，具体的なイメージができてわかりやすいですね。集合の問題を考えるときは，このような図（**ベン図**）をかいて状況をつかむことが重要です。

さて，【1】～【3】が成り立つことを，まずは具体例で確認しておきます。この例を通して，集合の表し方をしっかり身につけましょう。

1から10までの整数の集合を全体集合 U とし，そのうち2の倍数の集合を A，3の倍数の集合を B とすると

$$A=\{2,\ 4,\ 6,\ 8,\ 10\},\qquad B=\{3,\ 6,\ 9\}$$

で，$\overline{A}$ は，U のうち A に含まれないものの集合ですから

$$\overline{A}=\{1,\ 3,\ 5,\ 7,\ 9\}$$

$\overline{B}$ は，U のうち B に含まれないものの集合ですから

$$\overline{B}=\{1,\ 2,\ 4,\ 5,\ 7,\ 8,\ 10\}$$

です。

次に，$A\cap B$ は A と B の両方に含まれるものの集合ですから

$$A\cap B=\{6\}$$

$A\cup B$ は A と B のどちらかに含まれるものの集合ですから

$$A\cup B=\{2,\ 3,\ 4,\ 6,\ 8,\ 9,\ 10\}$$

です。

第2章

よって

$$\overline{A \cap B}=\{1,\ 2,\ 3,\ 4,\ 5,\ 7,\ 8,\ 9,\ 10\},$$

$$\overline{A \cup B}=\{1,\ 5,\ 7\}$$

ですね。

一方で，$\overline{A} \cup \overline{B}$ は $\overline{A}$ と $\overline{B}$ のどちらかに含まれるものの集合ですから

$$\overline{A} \cup \overline{B}=\{1,\ 2,\ 3,\ 4,\ 5,\ 7,\ 8,\ 9,\ 10\}$$

$\overline{A} \cap \overline{B}$ は $\overline{A}$ と $\overline{B}$ の両方に含まれるものの集合ですから

$$\overline{A} \cap \overline{B}=\{1,\ 5,\ 7\}$$

です。

これで

$$\overline{A \cap B}=\overline{A} \cup \overline{B},$$

$$\overline{A \cup B}=\overline{A} \cap \overline{B}$$

が成り立っていることが確認できました。

また

$$n(A \cup B)=7,\ n(A)=5,\ n(B)=3,\ n(A \cap B)=1$$

より

$$n(A \cup B)=n(A)+n(B)-n(A \cap B)$$

も成り立っていることが確認できますね。

では，【1】と【3】について，図を用いて確認していきましょう。【2】については，35ページの図を見ればほぼ明らかでしょう。 ☑❺

$\overline{A \cap B} = \overline{A} \cup \overline{B}$, $\overline{A \cup B} = \overline{A} \cap \overline{B}$ の導き方

$\overline{A \cap B}$ は $A \cap B$ の補集合であるから，右の図1で色をつけた部分である。

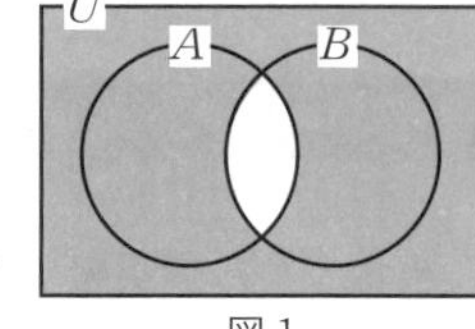

図1

一方，$\overline{A} \cup \overline{B}$ は，$\overline{A}$ または $\overline{B}$ であるから，次の図2で色をつけた部分である。

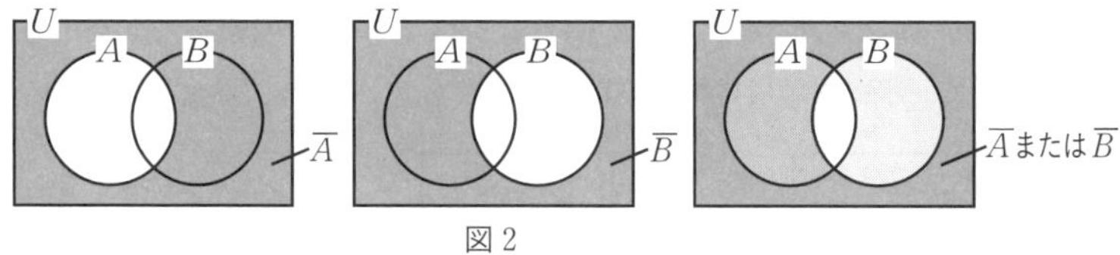

図2

よって，$\overline{A \cap B} = \overline{A} \cup \overline{B}$ が成り立つ。　（証明終）

次に，$\overline{A \cup B}$ は $A \cup B$ の補集合であるから，右の図3で色をつけた部分である。

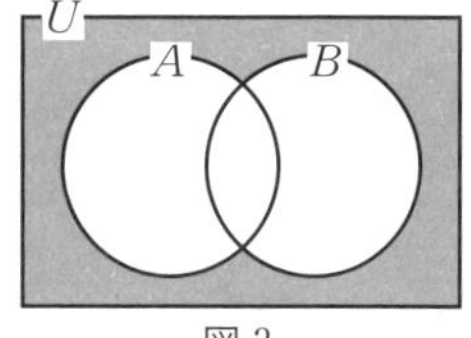

図3

一方，$\overline{A} \cap \overline{B}$ は，$\overline{A}$ かつ $\overline{B}$ であるから，次の図4で色をつけた部分である。

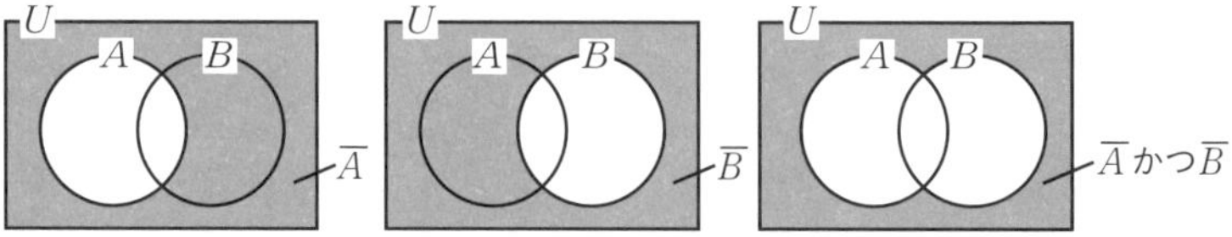

図4

よって，$\overline{A \cup B} = \overline{A} \cap \overline{B}$ が成り立つ。　（証明終）

【3】についても，最初に確認した補集合，共通部分，和集合の定義に従って，1つ1つの集合を図示していけば導くことができます。 ☑❺

$n(A\cup B)=n(A)+n(B)-n(A\cap B)$ の導き方

集合 $A\cap B$ の要素は集合 A，B の両方に含まれるから，$n(A)+n(B)$ を計算する際には，$A\cap B$ の要素が2回数えられる。

よって，$n(A\cup B)$ を求めるには，2回数えられた $A\cap B$ の要素のうち1回分を $n(A)+n(B)$ から除かなければならない。

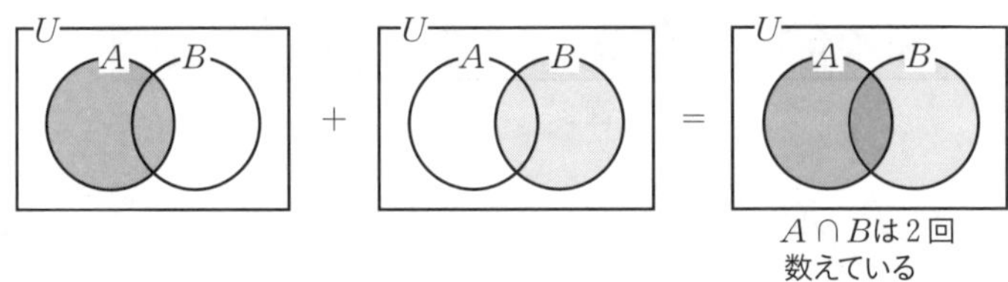

したがって

$$n(A\cup B)=n(A)+n(B)-n(A\cap B)$$ （証明終）

Check ☑

❺ 図を活用し，視覚で捉える。

練習問題

▶解答冊子 p14

⑴　100以下の正の整数のうち，6で割り切れる数は□個あり，8で割り切れる数は□個ある。100以下の正の整数のうち，6でも8でも割り切れない数は□個ある。　〔京都産業大〕

⑵　1桁の自然数全体からなる集合を全体集合 U とする。U の部分集合 A，B が

$$A \cap B = \{1,\ 9\},\qquad \overline{A} \cap B = \{6,\ 8\},\qquad \overline{A \cup B} = \{2,\ 4,\ 7\}$$

を満たすとすると，$A=$□，$B=$□である。ただし，$\overline{A}$ で A の補集合を表すものとする。　〔愛知大〕

⑶　2つの集合を A，B とし，$n(A)+n(B)=10$ かつ $n(A \cup B)=7$ とするとき，$n(\overline{A} \cap B)+n(A \cap \overline{B})$ を求めよ。なお，$n(X)$ は集合 X の要素の個数を表すものとする。　〔神戸女学院大〕

⑷　有限集合 X の要素の個数を $n(X)$ で表すことにする。全体集合 U は有限集合で $n(U)=100$ とし，A，B は U の部分集合で $n(A)=30$，$n(B)=80$ とする。$n(A \cap B)$ のとりうる値の最大値および最小値を求めよ。　〔鹿児島大〕

2　「かつ」「または」と否定

Reference　「かつ」「または」と否定

【1】「A かつ B」の否定は「$\overline{A}$ または $\overline{B}$」

【2】「A または B」の否定は「$\overline{A}$ かつ $\overline{B}$」

【3】「ある～について，…である」の否定は，「すべての～について，…でない」

【4】「すべての～について，…である」の否定は，「ある～について，…でない」

命題や条件の問題を考える際には，「かつ」「または」「ある」「すべての」といった，数学特有の言い回しをすることがよくあります。はじめはとっつきにくいかもしれませんが，自分で言い換えを行うなどして慣れていきましょう。

まず，【1】と【2】についてです。たとえば，ある高校の中で

「A と B 両方の都市に行ったことのある生徒」の否定

を考えてみましょう。このとき，全ての生徒から「A と B 両方の都市に行ったことのある生徒」を除くと，残りは

「A に行ったことが**ない**，**または** B に行ったことが**ない**生徒」

ですね。

今度は，ある高校の中で

「A または B のどちらかの都市に行ったことのある生徒」の否定

を考えてみましょう。すべての生徒から「A または B のどちらかの都市に行ったことのある生徒」を除くと，残りは

「A に行ったことが**ない**，**かつ** B に行ったことが**ない**生徒」

となります。

このことをきちんと示すには，集合を用いるとよいでしょう。

【1】，【2】の導き方

全体集合 U の部分集合 A，B を定めると，「A かつ B」を表す集合は $A\cap B$ であり，これの否定は $\overline{A\cap B}$ である。

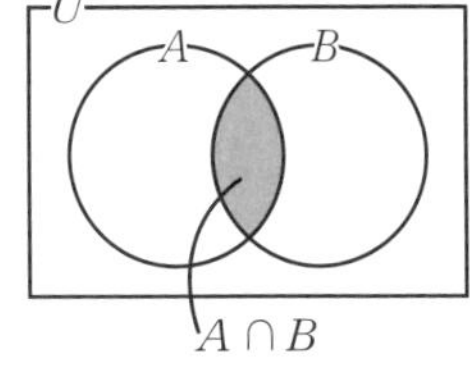

ド・モルガンの法則より

$$\overline{A\cap B}=\overline{A}\cup\overline{B}$$

であるから，これは

「A でない，または B でない」

を表す。（証明終）

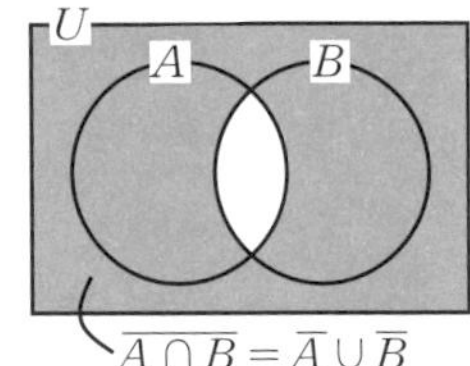

次に，「A または B」を表す集合は $A\cup B$ であり，これの否定は $\overline{A\cup B}$ である。

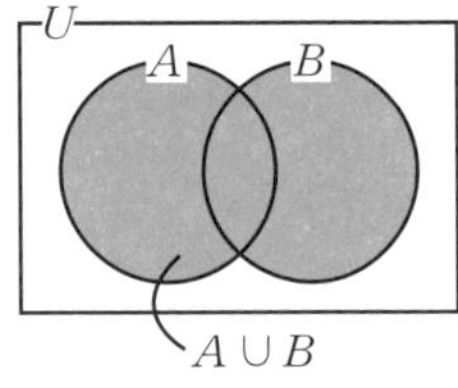

ド・モルガンの法則より

$$\overline{A\cup B}=\overline{A}\cap\overline{B}$$

であるから，これは

「A でない，かつ B でない」

を表す。（証明終）

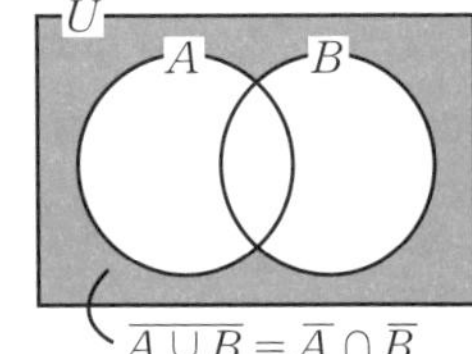

「かつ」「または」の否定がからむ問題では，自分でベン図をかくなどして，どのような集合を考えるのかを正しく捉えるようにしましょう。 ☑ ⑤

次は，【3】と【4】です。まず，「ある」と「すべて」の違いについて理解しておきましょう。

たとえば，「ある実数xについて，$x>0$である」と言う場合，これは「$x>0$である実数が**ある(存在する)**」ということ，つまり

「$x>0$である実数xが少なくとも1つ存在する」

ということです。

一方，「すべての実数xについて，$x>0$である」と言う場合は

「どのような実数xに対しても，$x>0$である」

「任意の実数xについて，$x>0$である」

という言い方をすることもあります。

では，上の例**「ある**実数xについて，$\boldsymbol{x>0}$ **である」**の否定を考えてみましょう。「$x>0$である実数xが存在する」ということを否定するので，$x>0$である実数xは存在しない，つまり

「すべての実数xについて，$\boldsymbol{x\leqq 0}$ **である」**

となります。

同様に，**「すべての**実数xについて，$\boldsymbol{x>0}$ **である」**の否定を考えてみましょう。「あらゆる実数xが$x>0$である」ということを否定するので，$x>0$でない実数xが存在することになります。よって

「$x\leqq 0$である実数xが存在する」

つまり

「ある実数xについて，$\boldsymbol{x\leqq 0}$ **である」**

となります。

Check ☑

❺ 図を活用し，視覚で捉える。

練習問題

▶解答冊子 p18

次の各問いに答えよ。

(1) 整数 n に関する条件「n は 2 でも 3 でも割り切れない」の否定を述べよ。

(2) 実数 x に関する条件「$x \leqq 1$ または $x > 3$」の否定を述べよ。

(3) 実数 p, q に関する条件「$(p-3)(q+5) \neq 0$」の否定を，「かつ」もしくは「または」を用いて述べよ。

(4) 実数 p, q に関する条件「$(p-3)^2+(q+5)^2=0$」の否定を，「かつ」もしくは「または」を用いて述べよ。

(5) 実数 x に関する条件「すべての x に対して，$x^2>0$」の否定を述べよ。

(6) 実数 x に関する条件「ある x に対して，$x^2+3x+2=0$」の否定を述べよ。

3 命題の真偽と証明

Reference 命題の証明，対偶

【1】 命題「p ならば q」が真であるとは，「条件 p をみたすものの集合が，条件 q をみたすものの集合に含まれる」ということである。

【2】 命題「p ならば q」の真偽と，その対偶「q でないならば，p でない」の真偽は一致する。

正しいか誤りかが判断できる事柄を，**命題**といいます。

例として

「ある実数 x について，$x>0$である」

について考えると，$x>0$ である実数，たとえば $x=1$ が存在することから，正しいと判断できますね。

一方で

「すべての実数 x について，$x>0$ である」

について考えると，$x>0$ でない実数，たとえば $x=-1$ が存在することから，誤りであると判断できます。

よって，上の 2 つの事柄は命題といえます。

命題が正しいことを**真**，誤っていることを**偽**といいます。

命題「ある実数 x について，$x>0$ である」は真，

命題「すべての実数 x について，$x>0$ である」は偽

ということです。

よく扱われる命題は，「p ならば q」という形のものです。たとえば

「n が 2 の倍数ならば，n^2 は 4 の倍数である」………………（＊）

という命題が真であることを証明してみましょう。

命題(＊)が真であることの証明

n は 2 の倍数であるから，k を整数として，$n=2k$ と表すことができる。このとき

$$n^2=4k^2=4\times(\text{整数})$$

より，n^2 は 4 の倍数であるから，命題(＊)は真である。　(証明終)

第2章

命題の真偽を，集合を用いて捉えることもできます。たとえば

「$-1\leqq x\leqq 1$ ならば，$x\geqq -2$ である」……………………(＊＊)

という命題が真であることを，集合を用いて説明してみます。

命題(＊＊)が真であることの説明

$-1\leqq x\leqq 1$ をみたす実数 x の集合を P，$x\geqq -2$ をみたす実数 x の集合を Q とすると，右の図のように

$P\subset Q$ (P は Q の部分集合)

である。 ☑❺

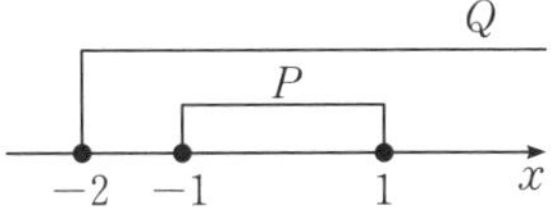

つまり，$-1\leqq x\leqq 1$ をみたす実数 x はすべて，$x\geqq -2$ をみたすから，命題(＊＊)は真である。　(説明終)

さて

「$-1\leqq x\leqq 1$ ならば，$x\geqq 0$ である」

という命題の真偽はどうなるでしょうか。

$-1\leqq x\leqq 1$ をみたす実数 x の集合を P，$x\geqq 0$ をみたす実数 x の集合を R とすると，右の図のように $\boldsymbol{P\not\subset R}$ ですから，この命題は偽です。 ☑❺

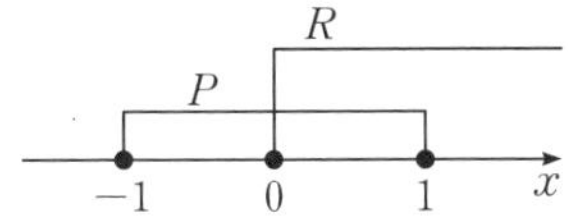

実際，$x=-\dfrac{1}{2}$ は $-1\leqq x\leqq 1$ をみたしますが，$x\geqq 0$ はみたしません。このような例を**反例**といいます。

1つでも反例を挙げることができれば，その命題は偽であるといえます。

さて，「p ならば q」という命題に対して，「q でないならば，p でない」という命題を**対偶**といいます。

【2】は，**命題が真であることを，対偶を用いて証明することもできる**ということです。

ある命題とその対偶の真偽が一致することの証明

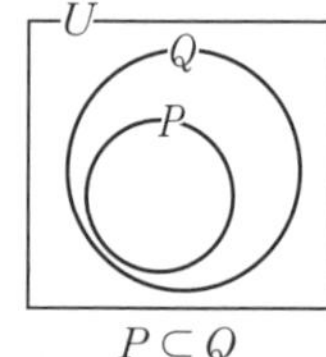

$P \subset Q$

条件 p をみたすものの集合を P，条件 q をみたすものの集合を Q とする。

このとき，条件 p をみたさないものの集合は P の補集合 $\overline{P}$，条件 q をみたさないものの集合は Q の補集合 $\overline{Q}$ である。

命題「p ならば q」が真であるとは，「$P \subset Q$ が成り立つ」ということである。

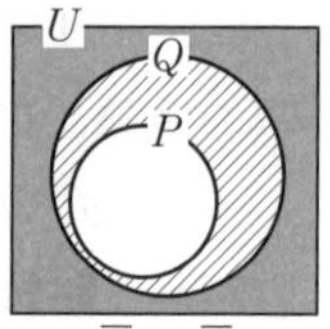

$\overline{Q} \subset \overline{P}$

$P \subset Q$ が成り立つとき，右の図より，$\overline{Q} \subset \overline{P}$ が成り立つから，q でないものはすべて p でない。つまり，q でないならば p でないから，対偶も真である。

また，命題「p ならば q」が偽であるとは，「$P \subset Q$ が成り立たない」ということ，つまり，「P には含まれ，Q には含まれないものがある」ということである。

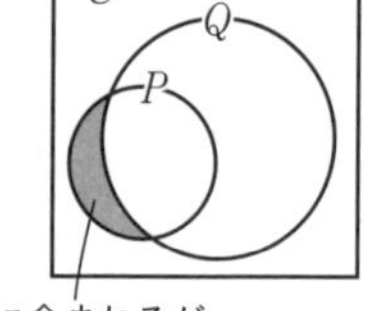

Pに含まれるが
Qに含まれない。

P には含まれ，Q には含まれないものがあるとき，右の図のとおり，$\overline{Q}$ には含まれ，$\overline{P}$ には含まれないものがあるから，「q でないならば p でない」も偽である。

したがって，命題「p ならば q」の真偽と，その対偶「q でないならば p でない」の真偽は一致する。　　　　（証明終）

Check ☑

❺ 図を活用し，視覚で捉える。

練習問題

▶解答冊子 p21

(1) 自然数全体の集合を U とする。U の要素に関する条件 p, q について，p をみたす要素の集合を P とし，q をみたす要素の集合を Q とする。さらに，U を全体集合とする P, Q の補集合をそれぞれ $\overline{P}$, $\overline{Q}$ とする。次の各文の空欄にあてはまるものを，下の⓪～⑤のうちから一つずつ選べ。ただし，同じものを繰り返し選んでもよい。

(ア) 命題「$p \Longrightarrow q$」が真であることと□が成り立つことは同じである。

(イ) 命題「$p \Longrightarrow q$」の逆が真であることと□が成り立つことは同じである。

(ウ) 命題「$\overline{p} \Longrightarrow q$」が真であることと□が成り立つことは同じであり，また，これ以外に□が成り立つこととも同じである。

(エ) すべての自然数が条件「$\overline{p}$ または q」を満たすことと□が成り立つことは同じである。

⓪ $P \subset Q$　　① $P \supset Q$　　② $P \subset \overline{Q}$

③ $\overline{P} \subset Q$　　④ $P \supset \overline{Q}$　　⑤ $\overline{P} \supset Q$

〔センター試験〕

(2) 整数 m, n に関する次の命題について，正しければ○，誤っていれば × と答えよ。

(ア) $m+n$ が 2 で割り切れないならば，mn は 2 で割り切れる。

(イ) mn が 2 で割り切れないならば，$m+n$ は 2 で割り切れない。

(ウ) $m+n$ が 2 で割り切れるならば，mn は 2 で割り切れる。

〔日本女子大〕

第3章

2次関数

1　2次関数の表し方と最大・最小

Reference　2次関数の表し方

$a \neq 0$ とする。y が x の2次式で表されるとき，y は x の2次関数であるという。2次関数には次のような表し方がある。

【1】　$y=ax^2+bx+c$　（一般形）

【2】　$y=a(x-p)^2+q$　（標準形）

【3】　$y=a(x-\alpha)(x-\beta)$

2次関数の問題を考えるときには，与えられた条件に応じて適切な表し方を選ぶ必要があります。

2次関数の最も一般的な表し方が，【1】の $y=ax^2+bx+c$ の形です。

この式は，次のように変形できます。

$$
\begin{aligned}
y&=ax^2+bx+c\\
&=a\left(x^2+\frac{b}{a}x\right)+c\\
&=a\left(x^2+\frac{b}{a}x+\frac{b^2}{4a^2}-\frac{b^2}{4a^2}\right)+c\\
&=a\left(x^2+\frac{b}{a}x+\frac{b^2}{4a^2}\right)-\frac{b^2}{4a}+c\\
&=a\left(x+\frac{b}{2a}\right)^2-\frac{b^2}{4a}+c
\end{aligned}
$$

4

$(x+\bigcirc)^2$ の形になるものを無理やりつくった。

ここで

$$-\frac{b}{2a}=p,\quad -\frac{b^2}{4a}+c=q$$

とおきかえたのが【2】です。

2次関数を【2】の形に変形することを，**平方完成する**といいます。

さて，平方完成した式にはどのような意味があるでしょうか。
$y=2(x-1)^2-3$ を例に考えてみます。

まず，$(x-1)^2 \geqq 0$ で，等号は $x=1$ のとき成り立つことから，y の値は $x=1$ のとき -3 と最も小さくなります。

$y=2(x-1)^2-3$ の x に具体的な値を代入したときの y の値を表にまとめると，次のようになります。

x	-2	-1	0	1	2	3	4
y	15	5	-1	-3	-1	5	15

表を見ると，$x=1$ に関して対称な形で y の値が大きくなっていることがわかるでしょう。

これは，点 $(1,\ -3)$ が $y=2(x-1)^2-3$ のグラフの頂点ということです。

$y=2x^2$ のグラフの頂点が $(0,\ 0)$ であることに注目すると，$y=2(x-1)^2-3$ のグラフは，$y=2x^2$ のグラフを

x 軸方向に 1，y 軸方向に -3

だけ平行移動したものであることがわかります。

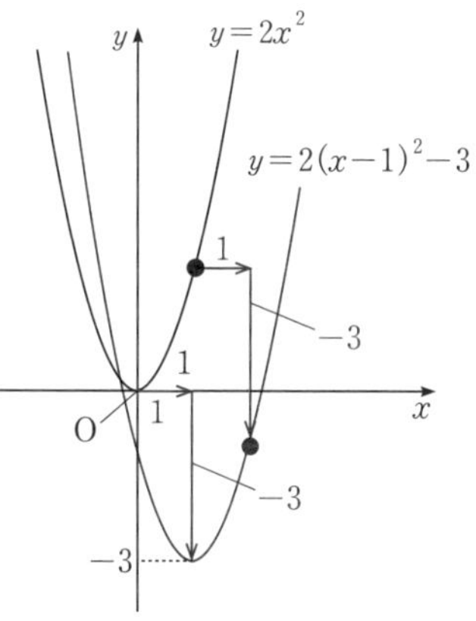

一般に，2 次関数 $y=a(x-p)^2+q$ のグラフは，直線 $x=p$ を軸とし，点 $(p,\ q)$ を頂点とする**放物線**です。そして，これは $y=ax^2$ のグラフを

x 軸方向に p，y 軸方向に q

だけ平行移動したものです。

2 次関数の式を平方完成することで，グラフの軸の方程式や頂点の座標を求めることができます。平方完成は，2 次関数のグラフをかくための最も重要な式変形といえます。

次に，【3】の式 $y=a(x-\alpha)(x-\beta)$ について考えます。

$y=f(x)$ のグラフが点 $(p,\ q)$ を通る $\Longleftrightarrow$ $q=f(p)$ が成り立つ

ということを意識しながら，【3】の式の右辺に $x=\alpha$ を代入すると

$$y=a(\alpha-\alpha)(\alpha-\beta)=0$$

また，$x=\beta$ を代入すると

$$y=a(\beta-\alpha)(\beta-\beta)=0$$

です。

これらのことから，$y=a(x-\alpha)(x-\beta)$ は 2 点 $(\alpha,\ 0)$，$(\beta,\ 0)$ を通ること，つまり

【3】のグラフと x 軸の 2 つの交点の x 座標が α，β であること

がわかります。

以上をふまえると，2 次関数のグラフの方程式を考えるときには，次のようにするのがよいでしょう。

・頂点の座標や軸の方程式がわかっているときは

$y=a(x-p)^2+q$　（標準形）

の形で表す。

・x 軸との交点の座標がわかっているときは

$y=a(x-\alpha)(x-\beta)$

の形で表す。

・頂点の座標，軸の方程式，x 軸との交点の座標のどれもわかっていないときは

$y=ax^2+bx+c$　（一般形）

の形で表す。

2次関数の表し方について学んだところで，3点$(-1,\ 5)$，$(2,\ -1)$，$(-3,\ 29)$を通る放物線をグラフにもつ2次関数を求めてみましょう。

頂点の座標，軸の方程式，x軸との交点の座標のどれもわかっていないので，求める2次関数を$y=ax^2+bx+c$とおいて考えます。

3点$(-1,\ 5)$，$(2,\ -1)$，$(-3,\ 29)$を通ることから，$x=-1$，$y=5$を代入した

$$a-b+c=5 \quad \cdots\cdots ①$$

$x=2$，$y=-1$を代入した

$$4a+2b+c=-1 \quad \cdots\cdots ②$$

$x=-3$，$y=29$を代入した

$$9a-3b+c=29 \quad \cdots\cdots ③$$

が成り立ちます。

ここで，①，②，③をすべてみたすa，b，cを求めることが目標になりますが，このとき，**まず1つの文字を消去する**という方針で考えましょう。

②－①より ⑧

$$3a+3b=-6$$

$$a+b=-2 \quad \cdots\cdots ④$$

③－②より ⑧

$$5a-5b=30$$

$$a-b=6 \quad \cdots\cdots ⑤$$

④と⑤を連立させた方程式を解くと

$$a=2,\ b=-4$$

です。これらを①に代入して整理すると

$$c=-1$$

も得られ，求める2次関数は

$$y=2x^2-4x-1$$

となります。

Reference　2 次関数の最大・最小

【1】 $a>0$ のとき，x の 2 次関数 $y=a(x-p)^2+q$ は

$x=p$ で最小値 q をとり，最大値はない。

【2】 $a<0$ のとき，x の 2 次関数 $y=a(x-p)^2+q$ は

$x=p$ で最大値 q をとり，最小値はない。

2 次関数を $y=a(x-p)^2+q$ の形で表すことで，その 2 次関数の最大値・最小値を調べることができます。

たとえば，$y=2(x-1)^2-3$ について，グラフは下に凸の放物線で，頂点の座標は $(1,\ -3)$ ですから

$x=1$ のとき，**最小値 -3**

をとります。そして，$x=1$ に関して対称な形で y の値はいくらでも大きくなるため，最大値はありません。

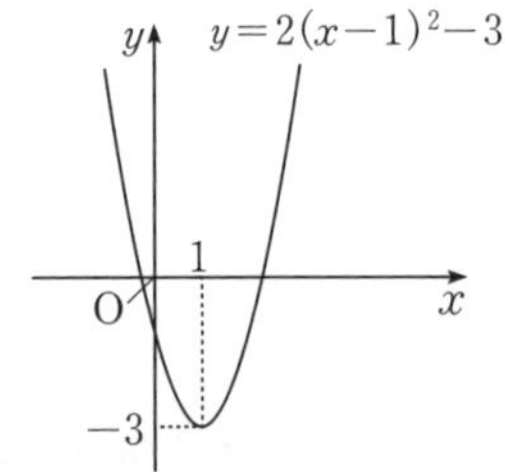

一方，$y=-2(x-1)^2-3$ については，頂点の座標は変わらず $(1,\ -3)$ ですが，グラフは上に凸の放物線ですから

$x=1$ のとき，**最大値 -3**

をとります。そして，y の値はいくらでも小さくなるため，最小値はありません。

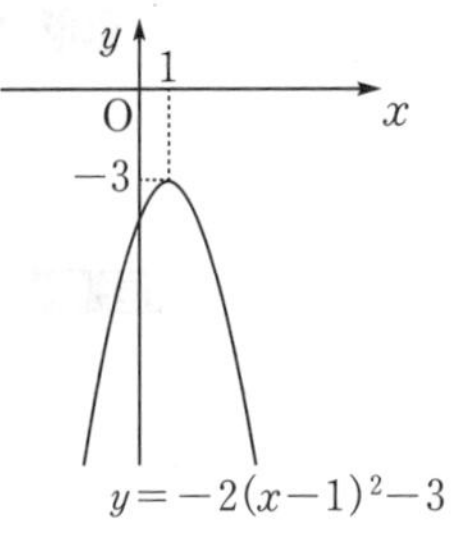

2 次関数の最大値・最小値に関する問題は，グラフをかいて考えるのが基本です。その際，$y=a(x-p)^2+q$ の形に正しく平方完成できるかがポイントになるので，よく練習しておきましょう。

Check ☑

❹ つくりたい形を見越して変形する。
❽ まず 1 つの文字を消去する。

練習問題

▶解答冊子 p24

(1) a, b, c を定数とする。2 次関数 $y=ax^2+bx+c$ のグラフは直線 $x=1$ を軸とし，点 $(0,\ 7)$，$(3,\ 11)$ を通る。このとき，a, b, c の値を求めよ。

〔金沢工大〕

(2) 3 点 $(-1,\ 0)$，$(1,\ -16)$，$(5,\ 0)$ を通るような 2 次関数のグラフの頂点の座標を求めよ。　〔東京経済大〕

(3) 放物線 $y=3x^2+6x+2$ を x 軸方向に2，y 軸方向に -1 だけ平行移動した放物線の方程式を定数 a, b, c を用いて $y=ax^2+bx+c$ と表せば，$a=$□，$b=$□，$c=$□である。　〔立教大〕

(4) 2 次関数 $y=ax^2+bx+1$ は，$x=-1$ のとき最大値3をとる。このとき，$a=$□であり，$b=$□である。　〔名城大〕

2　2次方程式の解

Reference　2次方程式の解

【1】 $k \geqq 0$ とする。2次方程式 $x^2 = k$ の解は

$x = \pm\sqrt{k}$

【2】 $k \geqq 0$ とする。2次方程式 $(x-m)^2 = k$ の解は

$x = m \pm \sqrt{k}$

【3】 $a \neq 0$, $b^2 - 4ac \geqq 0$ とする。2次方程式 $ax^2 + bx + c = 0$ の解は

$x = \dfrac{-b \pm \sqrt{b^2 - 4ac}}{2a}$　（2次方程式の解の公式）

【4】 $a \neq 0$ とする。2次方程式 $a(x-\alpha)(x-\beta) = 0$ の解は

$x = \alpha,\ \beta$

【3】の2次方程式の解の公式を覚えていれば，それに値を代入することで，すべての2次方程式を解くことができます。しかし，それを導く過程を含めて理解しておくと，不必要な計算を避けられる場合があります。

まず，【1】については問題ないでしょう。ここで，xが実数のとき$x^2 < 0$となることはありませんから，実数解をもつための条件として$k \geqq 0$に注意しましょう（$k < 0$のときは実数解をもちません）。

また，与えられた2次方程式を【4】のように因数分解された形$a(x-\alpha)(x-\beta) = 0$に変形できるならば

$$x - \alpha = 0 \text{ または } x - \beta = 0$$

より

$$x = \alpha \text{ または } x = \beta$$

として解を求めることができます。

2次方程式の解の公式の導き方

2次方程式 $(x-m)^2=k$ について，$x-m=X$ とおくと，方程式は

$$X^2=k$$ ■❶

となり，これを X の2次方程式とみて解くと，$k\geqq 0$ のとき

$$X=\pm\sqrt{k}$$

よって

$$x-m=\pm\sqrt{k}$$

より，2次方程式 $(x-m)^2=k$ の解は

$$x=m\pm\sqrt{k}$$

$k<0$ のときは
実数解をもたない。

次に，2次方程式 $ax^2+bx+c=0$ について，左辺を変形すると

$$ax^2+bx+c=a\left(x+\frac{b}{2a}\right)^2-\frac{b^2}{4a}+c$$ ■❹

$$=a\left(x+\frac{b}{2a}\right)^2-\frac{b^2-4ac}{4a}$$

$X^2=k$ の形が目標。

となるから，2次方程式 $ax^2+bx+c=0$ を変形すると

$$a\left(x+\frac{b}{2a}\right)^2=\frac{b^2-4ac}{4a}$$

すなわち

$$\left(x+\frac{b}{2a}\right)^2=\frac{b^2-4ac}{4a^2}$$

この方程式が実数解をもつのは，$\dfrac{b^2-4ac}{4a^2}\geqq 0$ つまり $b^2-4ac\geqq 0$ のときであり，そのとき

$$x+\frac{b}{2a}=\pm\sqrt{\frac{b^2-4ac}{4a^2}}=\pm\frac{\sqrt{b^2-4ac}}{2a}$$

したがって

$$x=\frac{-b\pm\sqrt{b^2-4ac}}{2a}$$ （証明終）

$b^2-4ac<0$ のときは
実数解をもたない。

第3章

2 次方程式の解の公式がこのようにして導かれるということを理解したうえで，2 次方程式 $(x+4)^2=5$ を解いてみましょう。

左辺を展開して

$$x^2+8x+16=5$$
$$x^2+8x+11=0$$

としてから，解の公式を使って

$$x=\frac{-8\pm\sqrt{8^2-4\cdot1\cdot11}}{2\cdot1}$$
$$=\frac{-8\pm2\sqrt{5}}{2}$$
$$=-4\pm\sqrt{5}$$

とする人が見られますが，これは本質的な解き方とはいえません。

$(x+4)^2=5$ からただちに

$$x+4=\pm\sqrt{5}$$
$$x=-4\pm\sqrt{5}$$

として解を求めることができます。 ☑❸

何でも展開して 2 次方程式の解の公式を使うのではなく，式の形を見て臨機応変に対応できるようにしましょう。

ところで，2 次方程式の解の公式において，2 つの解

$$x=\frac{-b+\sqrt{b^2-4ac}}{2a},\quad \frac{-b-\sqrt{b^2-4ac}}{2a}$$

はつねに異なる実数になるとは限りません。

実際には，2 次方程式の各係数や定数項によって，実数解の個数は変化します。

Reference　2次方程式の実数解の個数

$b^2-4ac=D$ とする。2次方程式 $ax^2+bx+c=0$ は

$D>0$ のとき，異なる2つの実数解をもつ

$D=0$ のとき，ただ1つの実数解(重解)をもつ

$D<0$ のとき，実数解をもたない

第3章

$b^2-4ac=0$ のときは，2つの解

$$x=\frac{-b+\sqrt{b^2-4ac}}{2a},\quad \frac{-b-\sqrt{b^2-4ac}}{2a}$$

は一致し，結果として

$$x=-\frac{b}{2a}$$

というただ1つの実数解となります。

そのただ1つの解を**重解**といい，このとき，方程式は「$(x$ の1次式$)^2=0$」の形で書けます。

また，$b^2-4ac<0$ のときは，実数解をもちません。

以上のとおり，2次方程式 $ax^2+bx+c=0$ の実数解の個数は，b^2-4ac の符号によって変わります。この b^2-4ac を，2次方程式の**判別式**といい，D と表します。

今度は，判別式 $D=b^2-4ac$ と2次関数のグラフの関係を考えてみます。

2次関数 $y=ax^2+bx+c$ は

$$y=a\left(x+\frac{b}{2a}\right)^2-\frac{b^2-4ac}{4a}$$

と変形できるので，グラフの頂点の座標は

$$\left(-\frac{b}{2a},\ -\frac{b^2-4ac}{4a}\right)\ \text{つまり}\ \left(-\frac{b}{2a},\ -\frac{D}{4a}\right)$$

です。

ここで，**2次方程式 $ax^2+bx+c=0$ の解は，2次関数 $y=ax^2+bx+c$ のグラフと x 軸(直線 $y=0$)の交点の x 座標である**ことに注意します。

$a>0$ のとき，つまり，グラフが下に凸のとき，頂点の y 座標 $-\dfrac{D}{4a}$ について

☑❾

$D>0$ ならば，$-\dfrac{D}{4a}<0$

$D=0$ ならば，$-\dfrac{D}{4a}=0$

$D<0$ ならば，$-\dfrac{D}{4a}>0$

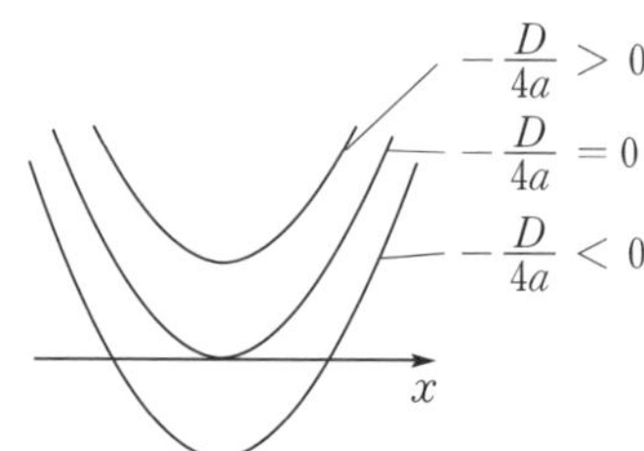

また，$a<0$ のとき，つまり，グラフが上に凸のとき，頂点の y 座標 $-\dfrac{D}{4a}$ について ☑❾

$D>0$ ならば，$-\dfrac{D}{4a}>0$

$D=0$ ならば，$-\dfrac{D}{4a}=0$

$D<0$ ならば，$-\dfrac{D}{4a}<0$

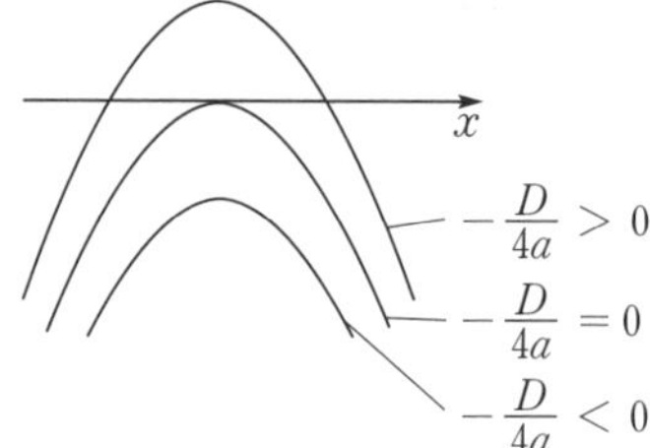

よって，$y=ax^2+bx+c$ のグラフと x 軸の共有点の個数は，次のようになります。

$D>0$ のとき，異なる2つの共有点をもつ

$D=0$ のとき，ただ1つの共有点(接点)をもつ

$D<0$ のとき，共有点をもたない

すでに考えた，判別式 $D=b^2-4ac$ と2次方程式の実数解の個数の関係と対応していることがわかりますね。

Check ☑

❶ 文字や式をおきかえる。
❸ 定義に戻る。
❹ つくりたい形を見越して変形する。
❾ 特徴的な点に着目する。

練習問題

▶解答冊子 p27

(1) 2 次方程式 $3x^2+x-1=0$ を解け。

(2) 2 次方程式 $6x^2-x-2=0$ を解け。 〔九州産業大〕

(3) a を定数とする。2 次方程式 $x^2-8x+a=0$ の 1 つの解が $4+\sqrt{2}$ であるとき a の値を求めよ。 〔金沢工大〕

(4) 2 次方程式 $x^2+2(2-a)x+1=0$ が重解をもつとき，a の値，および，そのときの重解を求めよ。 〔中部大〕

(5) 2 次関数 $y=-3x^2+4x+k$ (k は実数の定数) のグラフの頂点の座標は ($\square$, $\square+k$) であり，このグラフが x 軸と共有点をもつのは，$k \geqq \square$ のときである。グラフが x 軸と 2 点で交わり，2 点間の長さが $\dfrac{4}{3}$ であるとき，$k=\square$ である。 〔国士舘大〕

第3章

コラム　～2 次方程式 $ax^2+2b'x+c=0$ の解～

2 次方程式 $ax^2+bx+c=0$ の解は $x=\dfrac{-b\pm\sqrt{b^2-4ac}}{2a}$ であることを学びました(2 次方程式の解の公式)。この式の $\sqrt{\ \ }$ の中身 b^2-4ac をよく見ると，「もし b^2 が 4 の倍数だったら，$\sqrt{\ \ }$ の中が整理できる」と気づくでしょう。そして，b が偶数ならば，b^2 は 4 の倍数です。

では，$b=2b'$ としたとき，解はどのようになるか計算してみます。

$$x=\frac{-2b'\pm\sqrt{(2b')^2-4ac}}{2a}$$

$$=\frac{-2b'\pm\sqrt{4b'^2-4ac}}{2a}=\frac{-2b'\pm2\sqrt{b'^2-ac}}{2a}$$

$$=\frac{-b'\pm\sqrt{b'^2-ac}}{a}$$

かなりすっきりした形に変形できました。この形も，2 次方程式の解の公式として覚えておくと便利です。

3　2次不等式の解

Reference　2次不等式の解

【1】 $a>0$ とし，2次方程式 $ax^2+bx+c=0$ が異なる2つの実数解 α, $\beta(\alpha<\beta)$ をもつとする。

$ax^2+bx+c>0$ の解は，$x<\alpha$ または $\beta<x$

$ax^2+bx+c\geqq 0$ の解は，$x\leqq\alpha$ または $\beta\leqq x$

$ax^2+bx+c<0$ の解は，$\alpha<x<\beta$

$ax^2+bx+c\leqq 0$ の解は，$\alpha\leqq x\leqq\beta$

【2】 $a>0$ とし，2次方程式 $ax^2+bx+c=0$ が重解 α をもつとする。

$ax^2+bx+c>0$ の解は，$x\neq\alpha$

$ax^2+bx+c\geqq 0$ の解は，すべての実数

$ax^2+bx+c<0$ の解は，ない

$ax^2+bx+c\leqq 0$ の解は，$x=\alpha$

2次不等式の解は，それに対応する2次方程式の実数解の個数によってさまざまなパターンがあり，1つ1つ覚えるのはあまりにも大変です。

そこで，ここでは，$y=ax^2+bx+c$ のグラフと x 軸の位置関係を考えます。

つまり，グラフが x 軸よりも上側にある x の範囲において $ax^2+bx+c>0$ となり，x 軸よりも下側にある x の範囲において $ax^2+bx+c<0$ となることを利用します。

まずは，$y=ax^2+bx+c$ のグラフが x 軸と2点で交わる場合を考えてみましょう。

グラフが x 軸と 2 点で交わる場合の 2 次不等式の解

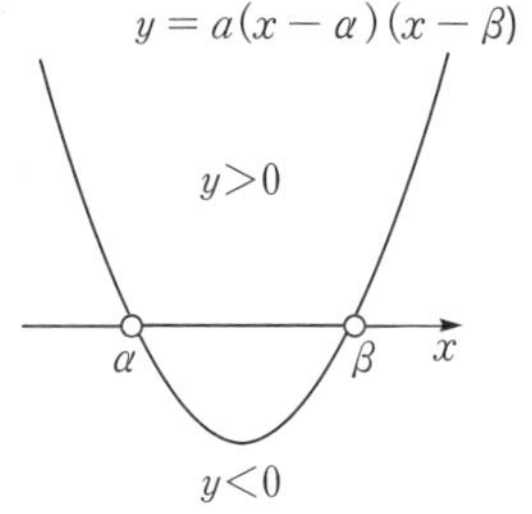

2 次関数 $y=ax^2+bx+c$ のグラフが x 軸と 2 点 $(\alpha,\ 0)$，$(\beta,\ 0)$ で交わるとき

$$y=a(x-\alpha)(x-\beta)$$

と書ける。

よって，$a>0$ のとき，そのグラフは右の図のようになる。 ☑❺

$ax^2+bx+c>0$ となるのは，$y=ax^2+bx+c$ のグラフが x 軸よりも上側にあるときであるから，2 次不等式 $ax^2+bx+c>0$ の解は

$$x<\alpha \text{ または } \beta<x$$

また，$ax^2+bx+c=0$ となるのは，$x=\alpha,\ \beta$ のときであるから，2 次不等式 $ax^2+bx+c\geqq 0$ の解は，グラフと x 軸の交点も含めて

$$x\leqq\alpha \text{ または } \beta\leqq x$$

次に，$ax^2+bx+c<0$ となるのは，$y=ax^2+bx+c$ のグラフが x 軸よりも下側にあるときであるから，2 次不等式 $ax^2+bx+c<0$ の解は

$$\alpha<x<\beta$$

また，2 次不等式 $ax^2+bx+c\leqq 0$ の解は，グラフと x 軸の交点も含めて

$$\alpha\leqq x\leqq\beta$$

（説明終）

---

2 次関数 $y=ax^2+bx+c$ のグラフが x 軸と 1 点 $(\alpha,\ 0)$ で接する場合の 2 次不等式の解についても，右のような図をかいて同様に考えることで理解できるでしょう。 ☑❺

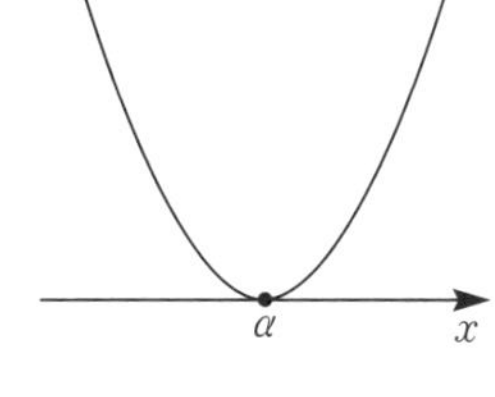

なお，ここでは $a>0$ の場合のみ考えましたが，$a<0$ のときも考え方は同じです。

Reference 2次関数の値がつねに正／つねに負となる条件

$a \neq 0$とする。

すべての実数xについて$ax^2+bx+c>0$となる条件は

$a>0$ かつ $b^2-4ac<0$

すべての実数xについて$ax^2+bx+c<0$となる条件は

$a<0$ かつ $b^2-4ac<0$

2次関数$y=ax^2+bx+c$のグラフがx軸と共有点をもたない場合について考えると，2次関数の値がつねに正になる条件，つねに負になる条件もわかります。

☑❺

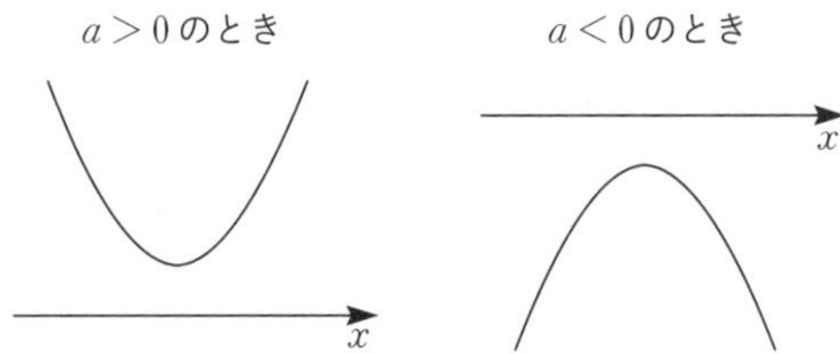

2次関数$y=ax^2+bx+c$のグラフがx軸と共有点をもたないとき，2次方程式$ax^2+bx+c=0$の判別式$D=b^2-4ac$は負です。

そして，2次関数$y=ax^2+bx+c$のグラフがx軸と共有点をもたないとき

$a>0$ならばグラフ全体がx軸よりも上側

$a<0$ならばグラフ全体がx軸よりも下側

にあることから，まとめると，上のようになるわけです。

Check ☑

❺ 図を活用し，視覚で捉える。

練習問題

▶解答冊子 p30

(1) 不等式 $2x^2-2x-1<0$ を解け。〔北海道工大〕

(2) 不等式 $-1<x^2-6x+7\leqq 0$ をみたす x の範囲を求めよ。〔愛知工大〕

(3) a, b を定数とし，$a\neq 0$ とする。2 次不等式 $ax^2+bx+5<0$ の解が $x<-3$, $5<x$ であるとき，a, b の値を求めよ。〔九州産業大〕

(4) a は実数の定数で，どんな実数 x に対しても，つねに $ax^2+(a-1)x+2(a-1)<0$ が成り立つという。このとき，a の値の範囲を求めよ。〔摂南大・改〕

4 定義域と2次関数

Reference 定義域のある2次関数の最大・最小

$a>0$ とする。$s \leqq x \leqq t$ のとき，x の2次関数 $y=a(x-p)^2+q$ の最大値，最小値は，次のようになる。

●最大値

$x=s$，t のうち，$x=p$ からより離れている方で最大値をとる。

●最小値

・$p<s$ ならば，$x=s$ のとき最小値をとる。

・$s \leqq p \leqq t$ ならば，$x=p$ のとき最小値をとる。

・$t<p$ ならば，$x=t$ のとき最小値をとる。

これまで，x の範囲(定義域)が実数全体である2次関数を扱ってきましたが，定義域のある2次関数の最大値・最小値はどのようになるでしょうか。

上には公式のように書きましたが，これを丸暗記するのは大変です。その都度グラフをかいて最大値と最小値を判断するようにしましょう。 ☑⑤

$y=x^2-2x-3\ (-1 \leqq x \leqq 4)$ を例に，最大値・最小値の求め方を見てみましょう。

$y=x^2-2x-3$ を変形すると

$$
\begin{aligned}
y&=(x^2-2x+1-1)-3\\
&=(x-1)^2-4
\end{aligned}
$$

より，グラフの頂点の座標は $(1,\ -4)$ です。

そして，$x=-1$ のとき

$$y=(-1-1)^2-4=0$$

$x=4$ のとき

$$y=(4-1)^2-4=5$$

ですから，$y=x^2-2x-3\,(-1\leqq x\leqq 4)$ のグラフは右の図のようになります。 ⑤

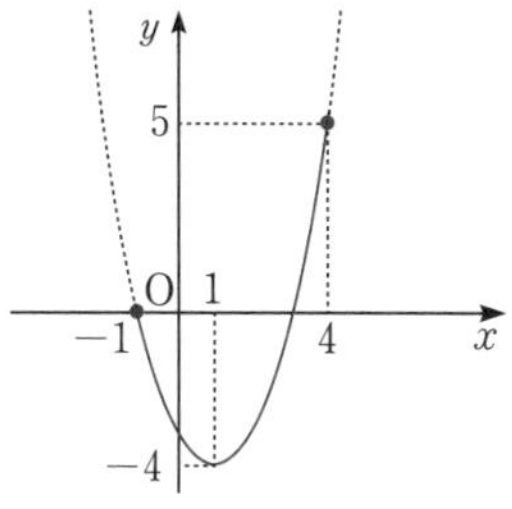

よって

$x=4$ のとき最大値 5,

$x=1$ のとき最小値 -4

をとります。

さて，同じ 2 次関数 $y=x^2-2x-3$ について，定義域が $2\leqq x\leqq 4$ のときの最大値・最小値はどうなるでしょうか。

この場合は，軸 $x=1$ が定義域に含まれず，$x=2$ のとき

$$y=(2-1)^2-4=-3$$

より，同じようにグラフをかくと右の図のようになります。 ⑤

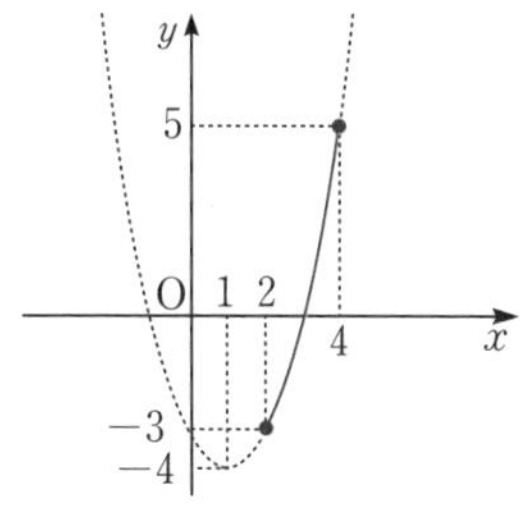

よって

$x=4$ のとき最大値 5,

$x=2$ のとき最小値 -3

をとります。

同じ関数でも，定義域が変われば，最大値・最小値も変わることが確認できました。

さらにいろいろ定義域を変えていくと，最大値・最小値をとる x の値がどのようなタイミングで切り替わるかがわかります。

まずは最大値です。

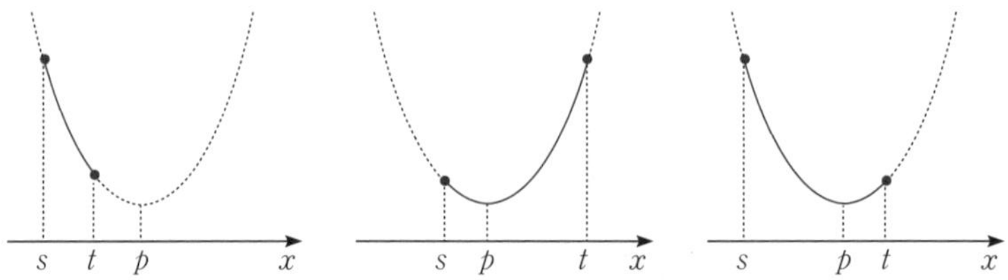

グラフを見ると，最大値をとる x の値は定義域の端点 s，t のどちらかであり，そのうち，軸 $x=p$ からより離れている端点における関数の値の方が大きいことがわかるでしょう。

ここで，最大値に関係するのは s，t がそれぞれ p からどれだけ離れているかだけであり，定義域 $s \leqq x \leqq t$ に軸 $x=p$ を含むかどうかは関係ないことに注意しましょう。

続いて最小値です。

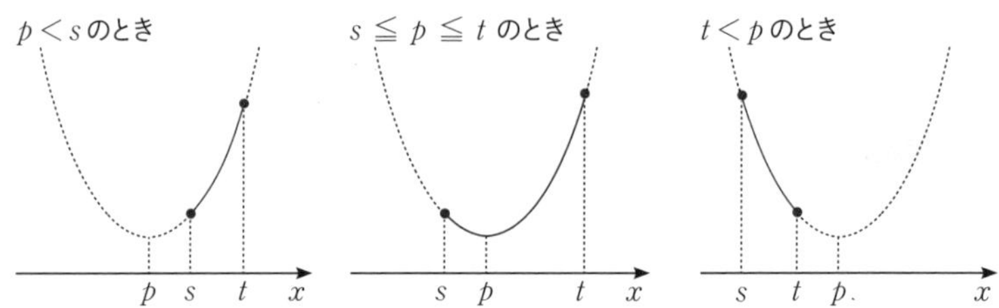

グラフを見ると，軸 $x=p$ が定義域に含まれるならば $x=p$ で最小値をとり，軸 $x=p$ が定義域に含まれないならば，定義域の端点 s，t のうち軸 $x=p$ により近い方において最小値をとることがわかりますね。

なお，ここでは $a>0$ の場合のみを考えましたが，$a<0$ のときも同じようにグラフをかき，軸と定義域の位置関係に注目することで最大値・最小値を求めることができます。

Reference　2 次方程式の解の範囲

$a>0$ とし，$f(x)=a(x-p)^2+q$ とする。2 次方程式 $f(x)=0$ について

【1】　異なる 2 つの正の解をもつための条件は

$p>0$ かつ $q<0$ かつ $f(0)>0$

【2】　異なる 2 つの負の解をもつための条件は

$p<0$ かつ $q<0$ かつ $f(0)>0$

【3】　正の解と負の解を 1 つずつもつための条件は

$f(0)<0$

第3章

最後に，与えられた範囲に 2 次方程式が解をもつための条件を考えます。

2 次方程式 $ax^2+bx+c=0$ が実数解をもつための条件は

判別式 $D=b^2-4ac \geqq 0$

ですが，解の範囲が限定されると，他の条件も考える必要が出てきます。

$D>0$ のとき，
異なる 2 つの実数解をもち，
$D=0$ のとき，
ただ 1 つの実数解をもつ。

2 次方程式 $ax^2+bx+c=0$ の実数解は，2 次関数 $y=ax^2+bx+c$ のグラフと x 軸の交点の x 座標と対応します。

そこで，$y=ax^2+bx+c$ のグラフがそれぞれ次の(i)，(ii)，(iii)のようになる条件を考えてみましょう。

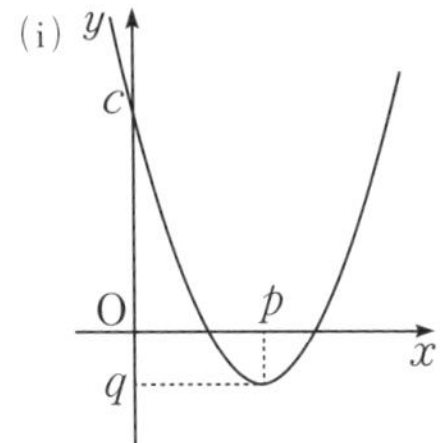

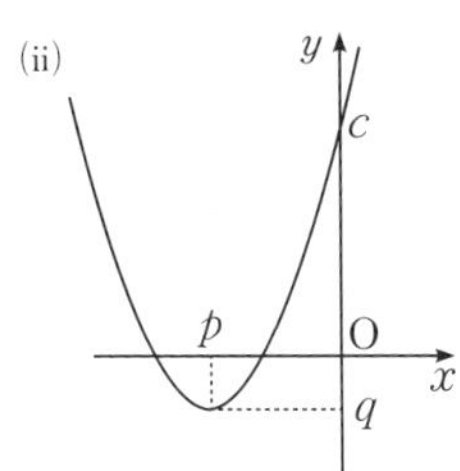

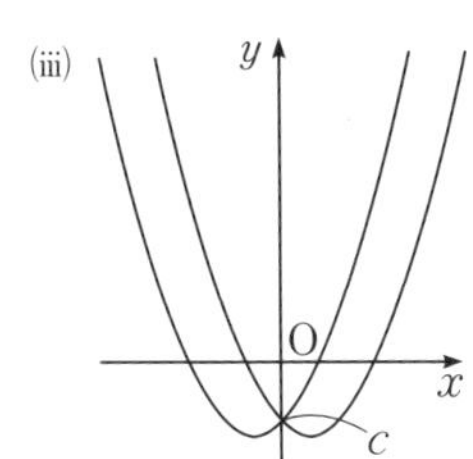

まず，どのグラフも下に凸で，しかもグラフと x 軸は 2 点で交わるので

$$a>0 \text{ かつ } b^2-4ac>0$$

です。

(i)と(ii)のグラフの違いとして，軸の位置が挙げられます。

- (i)は軸が $x>0$ の範囲にあり，交点の x 座標はともに正
- (ii)は軸が $x<0$ の範囲にあり，交点の x 座標はともに負

となっていますが

軸が $x>0$ の範囲にあれば交点の x 座標はともに正であり，

軸が $x<0$ の範囲にあれば交点の x 座標はともに負である

といえるでしょうか？

(iii)の 2 つのグラフを見ると，「そうとはいえない」とわかるでしょう。

これらはどちらも，y 軸との交点の y 座標 c が負で，x 軸との交点の x 座標のうち一方は正でもう一方は負となっています。

(i)と(ii)は，y 軸との交点の y 座標 c が正であるために，x 軸との交点の x 座標が同符号になったのです。

このように，2 次方程式の解の符号は，**軸の位置と，y 軸との交点の y 座標 c の符号により決まります。** なお，$q<0$ は，グラフが x 軸と異なる 2 点で交わる条件で，判別式 $D>0$ と考えてもかまいません。

(iii)からわかるとおり，交点の x 座標のうち一方は正でもう一方は負となる条件においては，軸の位置は関係ありません。また，$c<0$ ならグラフは必ず $y<0$ の範囲を通るので，$q<0$ の条件も不要です。

どの場合においても，大切なのは，**軸と定義域の関係や頂点の y 座標に着目し，グラフを用いて条件を求める**ことです。 ☑❺

なお，ここでは $a>0$ の場合のみ考えましたが，$a<0$ のときも考え方は同じです。

Check ☑

❺ 図を活用し，視覚で捉える。

練習問題

▶解答冊子 p33

(1) aを正の定数とする。2次関数 $y=-x^2+(a+1)x-a^2$ の $-1 \leqq x \leqq 1$ における最大値，最小値を求めよ。

(2) $y=-x^2+(m-10)x-m-14$ のグラフが，x軸の正の部分と負の部分の両方と交わるとき，$m<$ □ である。また，このグラフが，x軸の $x>1$ の部分と異なる2点で交わるとき，$m>$ □ である。〔名城大〕

(3) 2次方程式 $x^2-2ax+a=0$ が，$0<x<3$ の範囲に異なる2つの実数解をもつような定数 a の値の範囲を求めよ。〔広島工大・改〕

第4章

図形と計量

1　三角比の定義

Reference　三角比の定義

【1】　$\angle ABC = 90°$ の直角三角形 ABC において，$\angle BAC = \theta$ とすると

$\sin\theta = \frac{a}{b}$,　$\cos\theta = \frac{c}{b}$,

$\tan\theta = \frac{a}{c}$

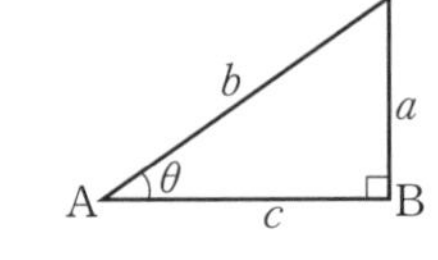

【2】　原点 O を中心とする半径 1 の半円の周上に点 $P(x,\ y)$ をとる。

$A(1,\ 0)$ とし，$\angle AOP = \theta$ とすると

$\sin\theta = y$,　$\cos\theta = x$,

$\tan\theta = \frac{y}{x}$

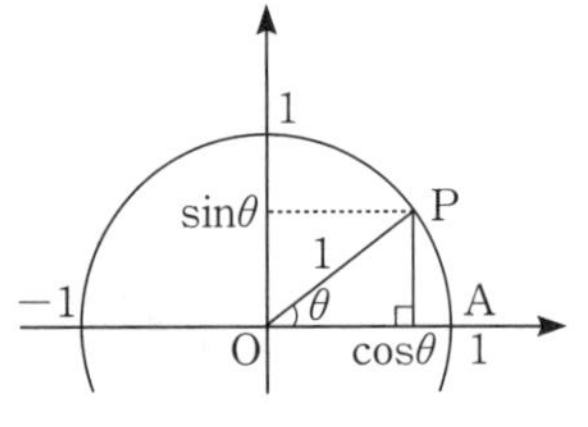

三角比についてのいろいろな問題を考える際，三角比の定義を正しく覚えていることが基本となります。定義から簡単に導くことができる性質も色々あります。

【1】は，次のようにすると覚えやすいでしょう。

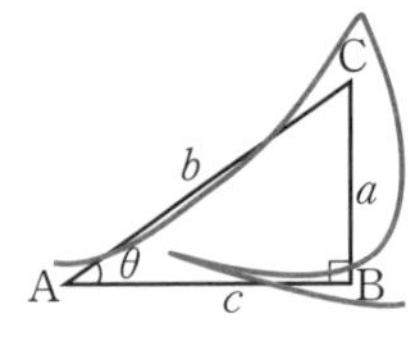

筆記体の s

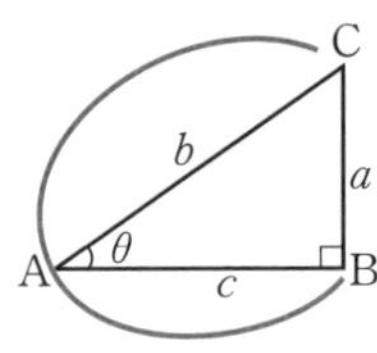

筆記体の c

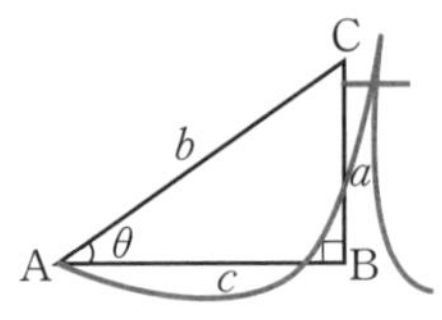

筆記体の t

この定義に従って，30°，45°，60° の三角比を求めてみましょう。

3 つの角が 45°，45°，90° である直角二等辺三角形と，30°，60°，90° である直角三角形の 3 辺の長さの比は，それぞれ次のようになっています。

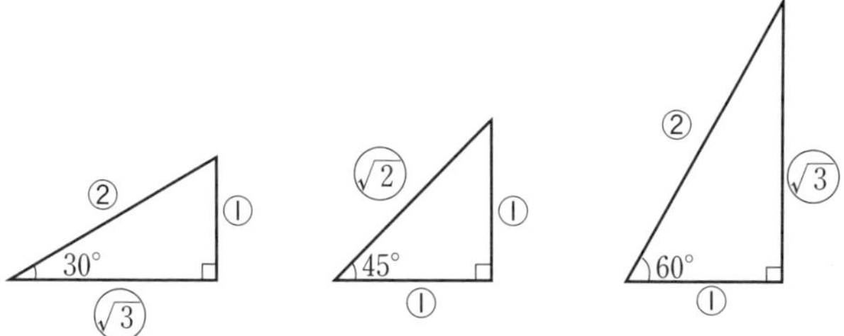

よって，【1】から，三角比は次のように求められます。

$$\sin 30^\circ = \frac{1}{2},\quad \cos 30^\circ = \frac{\sqrt{3}}{2},\quad \tan 30^\circ = \frac{1}{\sqrt{3}}$$

$$\sin 45^\circ = \frac{1}{\sqrt{2}},\quad \cos 45^\circ = \frac{1}{\sqrt{2}},\quad \tan 45^\circ = 1$$

$$\sin 60^\circ = \frac{\sqrt{3}}{2},\quad \cos 60^\circ = \frac{1}{2},\quad \tan 60^\circ = \sqrt{3}$$

直角三角形の辺の長さの比がわかれば，角の大きさがわからなくても，【1】の定義に従って三角比を求められます。

たとえば，右の図の直角三角形 ABC において，三平方の定理より

$$\mathrm{AC} = \sqrt{4^2 + 3^2} = 5$$

ですから

$$\sin\theta = \frac{3}{5},\quad \cos\theta = \frac{4}{5},\quad \tan\theta = \frac{3}{4}$$

と求められます。

さて，【1】の定義では，直角三角形の辺の長さの比を考えているため，$0^\circ < \theta < 90^\circ$ の三角比しか考えることができません。そこで，【1】をもとに，$0^\circ \leqq \theta \leqq 180^\circ$ の範囲で三角比を定義できるようにしたのが【2】です。

【1】から【2】への拡張

斜辺の長さが1である右下の図のような直角三角形において，【1】より

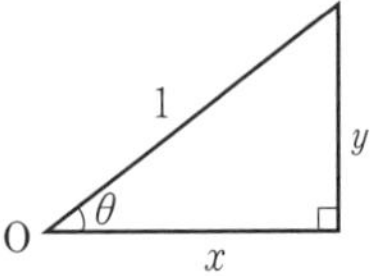

$$\sin\theta=\frac{y}{1}=y$$

$$\cos\theta=\frac{x}{1}=x$$

$$\tan\theta=\frac{y}{x}$$

この直角三角形を，下の左の図のように，原点Oを中心とする半径1の半円と重ねると，三角形の頂点Pは半円の周上の点になる。 ☑⑩

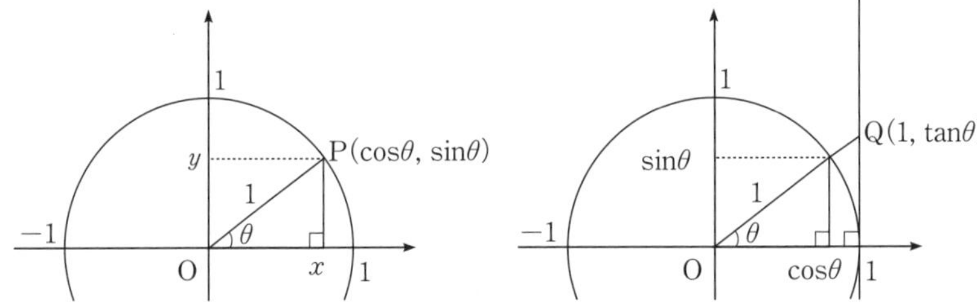

このとき，上の右の図のように，直線$x=1$と直線OPの交点をQとすると

点Pのy座標は$\sin\theta$，点Pのx座標は$\cos\theta$

点Qのy座標をYとすると，$x:y=1:Y$より，$x\neq0$のとき

$$Y=\frac{y}{x}=\tan\theta$$

である。そこで，$0^\circ<\theta<90^\circ$以外のときも同じように

点Pのy座標を$\sin\theta$，点Pのx座標を$\cos\theta$とし，

$\theta\neq90^\circ$のとき，点Qのy座標を$\tan\theta$

としたのが，【2】である。 （説明終）

A(1, 0)とし，原点Oを中心とする半径1の半円の周上に$\angle\mathrm{AOP}=\theta$となる点Pをとると，**点Pの座標は$(\cos\theta,\ \sin\theta)$と表せ，直線$x=1$と直線OPの交点Qの座標は$(1,\ \tan\theta)$と表せる**ということです。 ☑⑩

半径 1 の半円を用いた三角比の定義【2】を，150°，0°，90°，180° の三角比を例に確認しましょう。

$\angle \mathrm{AOP} = 150°$ となるように半円の周上の点 P をとると，右の図のようになります。 ☑ ⑩

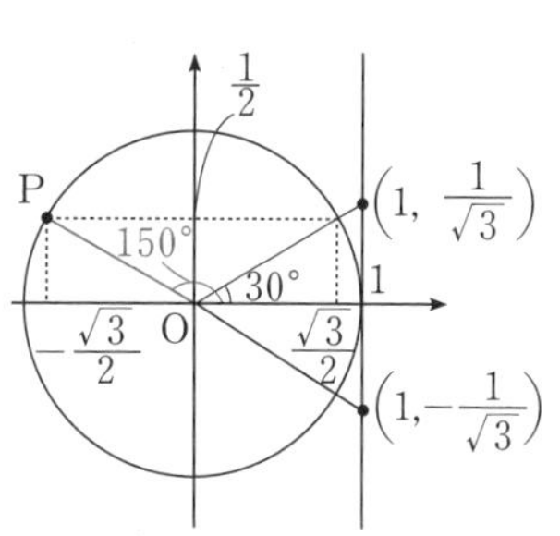

よって

$$\sin 150° = \frac{1}{2}$$

$$\cos 150° = -\frac{\sqrt{3}}{2}$$

$$\tan 150° = -\frac{1}{\sqrt{3}}$$

$\angle \mathrm{AOP} = 0°$ となるように半円の周上の点 P をとると，右の図のようになります。

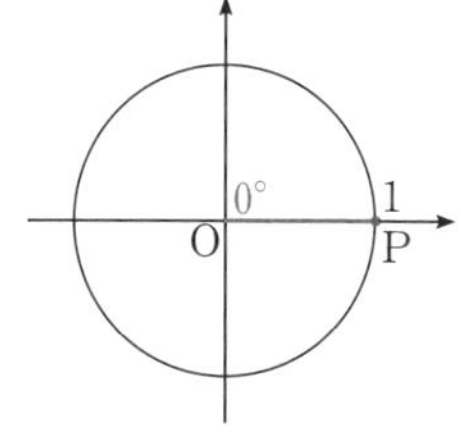

よって

$\sin 0° = 0$

$\cos 0° = 1$

$\tan 0° = 0$

$\angle \mathrm{AOP} = 90°$ となるように半円の周上の点 P をとると，右の図のようになります。

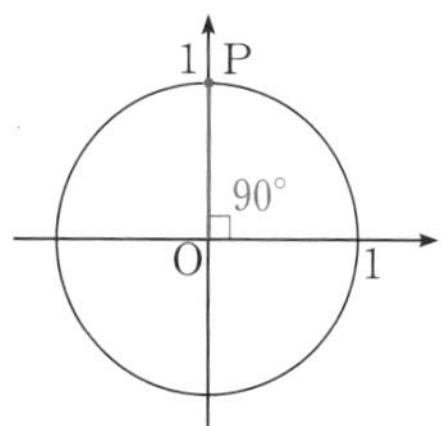

よって

$\sin 90° = 1$

$\cos 90° = 0$

$\tan 90°$ は存在しない

$\angle \mathrm{AOP} = 180°$ となるように半円の周上の点 P をとると，右の図のようになります。

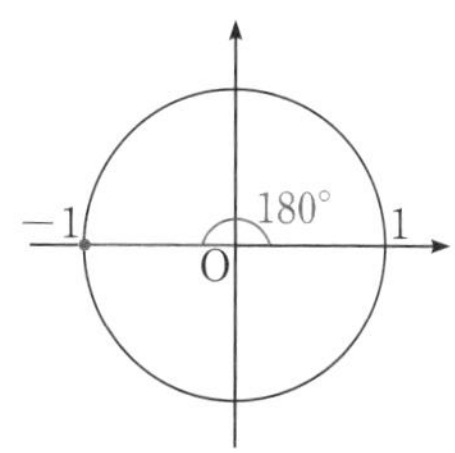

よって

$\sin 180° = 0$

$\cos 180° = -1$

$\tan 180° = 0$

第4章

Reference 三角比のとり得る値の範囲

$0^\circ \leqq \theta \leqq 180^\circ$ のとき，$\sin\theta$，$\cos\theta$ のとり得る値の範囲は

$$0 \leqq \sin\theta \leqq 1, \quad -1 \leqq \cos\theta \leqq 1,$$

また，$0^\circ \leqq \theta < 90^\circ$，$90^\circ < \theta \leqq 180^\circ$ のとき，$\tan\theta$ はすべての実数をとり得る。

三角比のとり得る値の範囲の導き方

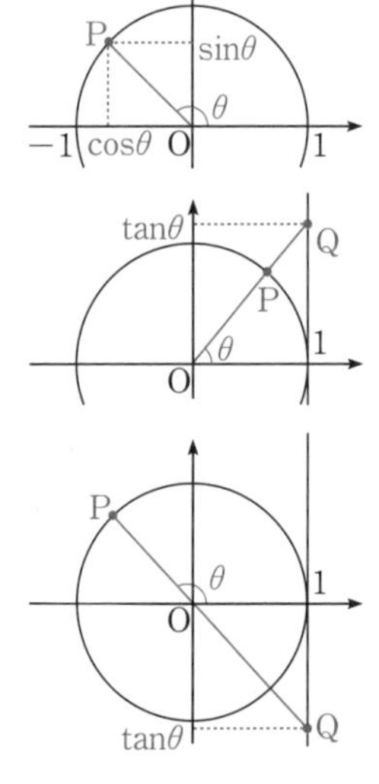

点 A(1, 0) とし，原点 O を中心とする半径 1 の半円の周上に $\angle AOP=\theta$ となる点 $P(x,\ y)$ をとる。

P は原点 O を中心とする半径 1 の半円の周上の点であるから

$$-1 \leqq x \leqq 1, \quad 0 \leqq y \leqq 1$$

である。

一方，三角比の定義【2】より

$$x=\cos\theta, \quad y=\sin\theta$$

よって

$$0 \leqq \sin\theta \leqq 1,$$
$$-1 \leqq \cos\theta \leqq 1$$

また，右の図において，直線 $x=1$ と直線 OP の交点 Q の y 座標が $\tan\theta$ である。

$0^\circ \leqq \theta < 90^\circ$ をみたすように P を動かすと，Q の y 座標は 0 以上のすべての実数をとり，$90^\circ < \theta \leqq 180^\circ$ をみたすように P を動かすと，Q の y 座標は 0 未満のすべての実数をとるから，$\tan\theta$ はすべての実数をとり得る。 （説明終）

Check ☑

❿ 直角三角形を利用する。

練習問題

▶解答冊子 p36

(1) $0° \leqq \theta < 45°$ のとき $\sin\theta < \cos\theta$，$\theta = 45°$ のとき $\sin\theta = \cos\theta$，$45° < \theta \leqq 180°$ のとき $\sin\theta > \cos\theta$ であることを説明せよ。

(2) △ABC において，AB $= 2$，$\angle$BAC $= 105°$，$\angle$ABC $= 45°$ であるとき，辺 BC の長さを求めよ。

(3) 下の図において，点 B は線分 AC 上の点であり，AB $=$ BD $= 2$，$\angle$DBC $= 30°$，$\angle$BCD $= 90°$ である。この図を用いて $\sin 15°$，$\cos 15°$，$\tan 15°$ の値をそれぞれ求めよ。

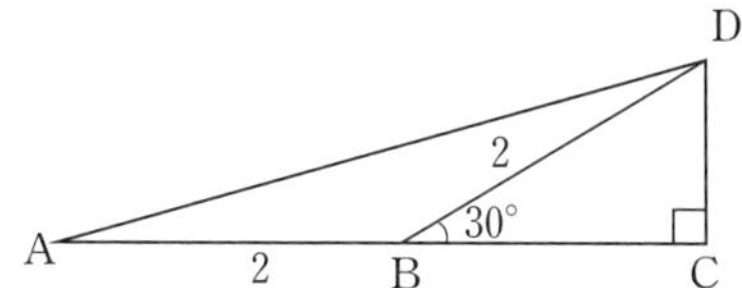

2　三角比について成り立つ式

Reference　三角比の相互関係

【1】 $\tan\theta=\dfrac{\sin\theta}{\cos\theta}$ 　$(\theta \fallingdotseq 90^\circ)$

【2】 $\sin^2\theta+\cos^2\theta=1$

【3】 $1+\tan^2\theta=\dfrac{1}{\cos^2\theta}$ 　$(\theta \fallingdotseq 90^\circ)$

三角比の相互関係を用いることで，$\sin\theta$，$\cos\theta$，$\tan\theta$ の値のうち 1 つがわかれば，残り 2 つの三角比の値も求められます。

これらの式は，三角比の定義から導くことができます。 ☑❸

三角比の相互関係の導き方

A(1, 0)，P(x, y)，H$(x, 0)$ とし，$\angle\mathrm{AOP}=\theta$ とする。

$$x=\cos\theta,\qquad y=\sin\theta$$

であるから

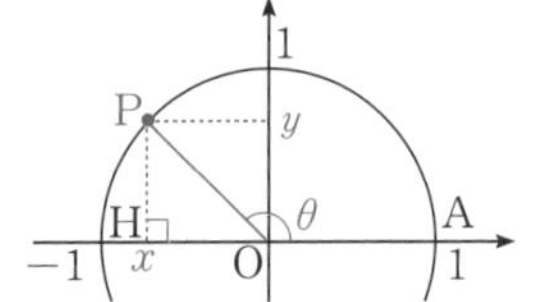

$$\tan\theta=\frac{y}{x}=\frac{\sin\theta}{\cos\theta}$$

より，【1】は成り立つ。

次に，△OPH において，三平方の定理より ☑❿

$$\mathrm{PH}^2+\mathrm{OH}^2=\mathrm{OP}^2$$

$$y^2+x^2=1$$

$$\sin^2\theta+\cos^2\theta=1$$

よって，【2】は成り立つ。

最後に，$\theta \neq 90^\circ$ のとき，$\cos^2\theta \neq 0$ であるから

$$\sin^2\theta + \cos^2\theta = 1$$

の両辺を $\cos^2\theta$ で割って

$$\frac{\sin^2\theta}{\cos^2\theta} + 1 = \frac{1}{\cos^2\theta}$$

$\dfrac{\sin\theta}{\cos\theta} = \tan\theta$ より

$$\tan^2\theta + 1 = \frac{1}{\cos^2\theta}$$

すなわち

$$1 + \tan^2\theta = \frac{1}{\cos^2\theta}$$

であるから，【3】は成り立つ。（証明終）

$\sin\theta$，$\cos\theta$，$\tan\theta$ の値のうち 1 つから他の三角比の値を求める際には，三角比の相互関係の式を組み合わせるだけではなく，与えられた条件から θ が鋭角か鈍角かを判断する必要があります。

たとえば，$0^\circ \leqq \theta \leqq 180^\circ$ で，$\tan\theta = -5$ のとき，$1 + \tan^2\theta = \dfrac{1}{\cos^2\theta}$ より

$$1 + 25 = \frac{1}{\cos^2\theta}$$

$$\cos^2\theta = \frac{1}{26}$$

よって

$$\cos\theta = \pm\frac{1}{\sqrt{26}}$$

と求められますが

$\tan\theta = -5 < 0$ より，$90^\circ < \theta \leqq 180^\circ$

ですから，$\cos\theta < 0$ であり

$$\cos\theta = -\frac{1}{\sqrt{26}}$$

となります。

第4章

Reference　$90° - \theta$ の三角比

$0° < \theta \leqq 90°$ とする。

$$\sin(90° - \theta) = \cos\theta,\quad \cos(90° - \theta) = \sin\theta,$$

$$\tan(90° - \theta) = \frac{1}{\tan\theta}$$

直角三角形において，直角でない角のうち一方を θ とすると，もう一方の大きさは $90° - \theta$ です。

このことと，直角三角形を用いた三角比の定義から，$90° - \theta$ の三角比を導いてみましょう。

$90° - \theta$ の三角比の導き方

$BC = a$，$CA = b$，$AB = c$ である直角三角形 ABC において，$\angle CAB = \theta$ とすると

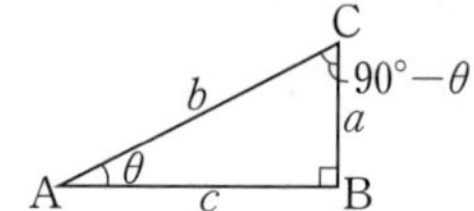

$$\sin\theta = \frac{a}{b}$$

$$\cos\theta = \frac{c}{b}$$

$$\tan\theta = \frac{a}{c}$$

ここで，$\angle BCA = 90° - \theta$ であることに着目すると

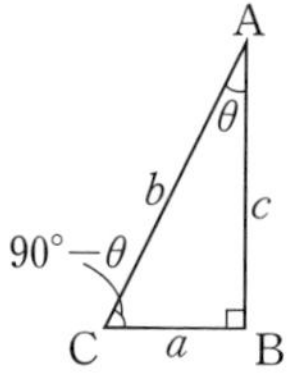

$$\sin(90° - \theta) = \frac{c}{b} = \cos\theta$$

$$\cos(90° - \theta) = \frac{a}{b} = \sin\theta$$

$$\tan(90° - \theta) = \frac{c}{a} = \frac{1}{\tan\theta}$$

Reference　180° − θ の三角比

$0° \leqq \theta \leqq 180°$ とする。

$\sin(180°-\theta)=\sin\theta$，$\cos(180°-\theta)=-\cos\theta$，

$\tan(180°-\theta)=-\tan\theta$　$(\theta \neq 90°)$

ここでは，原点Oを中心とする半径1の半円を用いた三角比の定義を思い出しましょう。

180° − θ の三角比の導き方

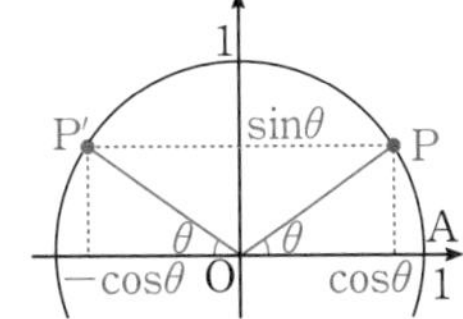

A(1，0) とし，原点Oを中心とする半径1の半円の周上に点Pをとる。$\angle AOP=\theta$ とすると，$P(\cos\theta,\ \sin\theta)$ である。

ここで，y 軸に関してPと対称な点 $P'(-\cos\theta,\ \sin\theta)$ を考える。

P′の x 座標はPと符号が逆であり，P′の y 座標はPと等しい。

P，P′ は右上の図のような位置にあり，$\angle AOP'=180°-\angle AOP$ であるから

$$\cos(180°-\theta)=(P' \text{の} x \text{座標}) = -\cos\theta$$

$$\sin(180°-\theta)=(P' \text{の} y \text{座標}) = \sin\theta$$

さらに

$$\tan(180°-\theta)=\frac{\sin(180°-\theta)}{\cos(180°-\theta)} = \frac{\sin\theta}{-\cos\theta} = -\frac{\sin\theta}{\cos\theta} = -\tan\theta$$

（証明終）

Reference　$90^\circ+\theta$ の三角比

$0^\circ<\theta\leqq 90^\circ$ とする。

$$\sin(90^\circ+\theta)=\cos\theta,\ \cos(90^\circ+\theta)=-\sin\theta,$$

$$\tan(90^\circ+\theta)=-\frac{1}{\tan\theta}$$

$180^\circ-\theta$ の三角比の導き方にならって，$90^\circ+\theta$ の三角比も原点Oを中心とする半径1の半円を用いて導いてみましょう。

$90^\circ+\theta$ の三角比の導き方

A(1, 0) とし，右の図のように，原点Oを中心とする半径1の半円の周上に点Pをとる。$\angle \mathrm{AOP}=\theta$ とすると，$\mathrm{P}(\cos\theta,\ \sin\theta)$ である。

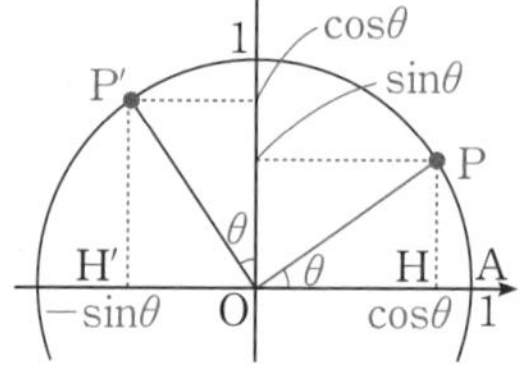

原点を中心に点Pを90°回転した点をP′とし，Pから x 軸に下ろした垂線をPH，P′から x 軸に下ろした垂線をP′H′とすると，$\triangle \mathrm{POH}\equiv\triangle \mathrm{P'OH'}$ であり，P′の x 座標は負，y 座標は正より，$\mathrm{P'}(-\sin\theta,\ \cos\theta)$ である。

$\angle \mathrm{AOP'}=90^\circ+\angle \mathrm{AOP}$ より

$$\cos(90^\circ+\theta)=-\sin\theta,\qquad \sin(90^\circ+\theta)=\cos\theta$$

さらに

$$\tan(90^\circ+\theta)=\frac{\sin(90^\circ+\theta)}{\cos(90^\circ+\theta)}=\frac{\cos\theta}{-\sin\theta}=-\frac{\cos\theta}{\sin\theta}=-\frac{1}{\tan\theta}$$

（証明終）

Check

❸ 定義に戻る。

❿ 直角三角形を利用する。

練習問題

▶解答冊子 p39

⑴ $\dfrac{\cos^2\theta}{1-\sin\theta}+\dfrac{\cos^2\theta}{1+\sin\theta}$ を簡単にせよ。ただし，$0°<\theta<90°$ とする。

〔北海学園大〕

⑵ $\tan 35°$ の値を t とするとき，$\cos^2 35°$ の値は t を用いた式で $\cos^2 35°=\square$ と表される。

したがって，$\sin 35°$，$\cos 125°$，$\cos 145°$ の値は t を用いた式で $\sin 35°=\square$，$\cos 125°=\square$，$\cos 145°=\square$ と表される。　〔新潟薬大〕

⑶ 直角三角形の内角を A，B，C とし，$\tan A=2\sin B\cos B$ となるとき，$A=\square°$，$B=\square°$ である。ただし，$C=90°$ とする。　〔埼玉工大〕

3　正弦定理と余弦定理

Reference　正弦定理

BC＝a, CA＝b, AB＝c とする。

外接円の半径が R である △ABC において

$$\frac{a}{\sin A}=\frac{b}{\sin B}=\frac{c}{\sin C}=2R$$

正弦定理は，三角形の角の大きさや辺の長さを求めるときに用いる有力な道具の1つです。とくに

・ある角の大きさと，その対辺の長さがわかっているとき

・外接円の半径がわかっているとき

に威力を発揮します。

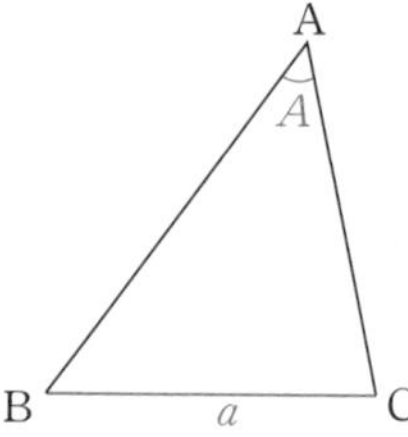

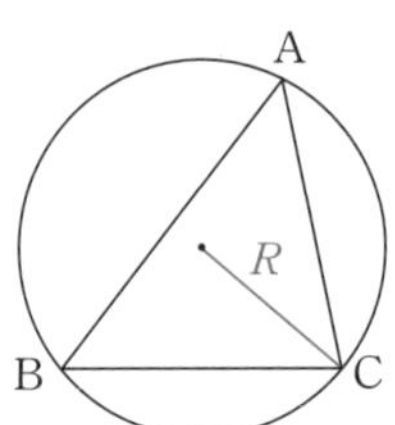

証明の際には，鋭角三角形の場合，直角三角形の場合，鈍角三角形の場合に分けて考えるのがポイントです。 ☑ ❻

正弦定理の証明

A が鋭角のとき，直角のとき，鈍角のときに分けて証明する。 ☑ ❻

(i) A が鋭角のとき

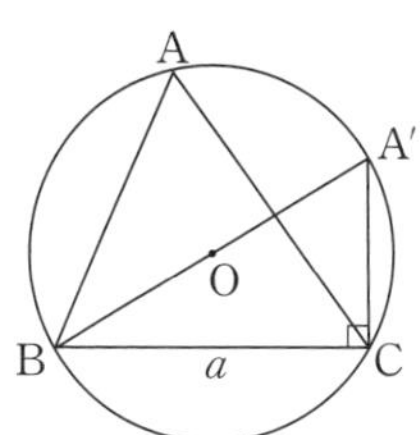

外接円の直径で点 B を通るものを引き，B と異なる端点を A′ とする。

このとき，円周角の定理より

$$\angle \mathrm{BAC} = \angle \mathrm{BA'C}$$ ☑ ❾

$\angle \mathrm{A'CB} = 90°$ より

$$\sin A' = \frac{\mathrm{BC}}{\mathrm{A'B}} = \frac{a}{2R}$$

直角三角形を用いた三角比の定義。

であるから

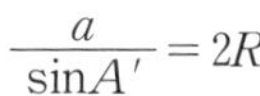

$$\frac{a}{\sin A'} = 2R$$

したがって，$\angle \mathrm{BA'C} = \angle \mathrm{BAC}$ より

$$\frac{a}{\sin A} = 2R$$

(ii) A が直角のとき

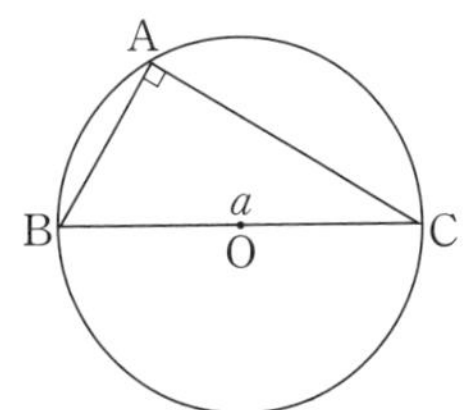

$a = 2R$，$\sin A = \sin 90° = 1$ より

$$\frac{a}{\sin A} = 2R$$

(iii) A が鈍角のとき

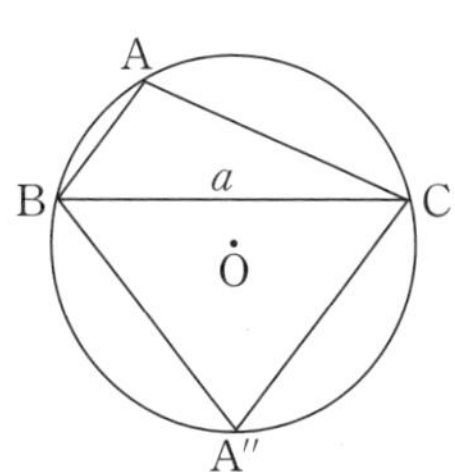

直線 BC に関して点 A と反対側にある $\overset{\frown}{\mathrm{BC}}$ 上に A″ をとる。

$A'' < 90°$ であるから，(i)より ☑ ⓫

$$\frac{a}{\sin A''} = 2R$$

が成り立つ。

$A'' = 180° - A$ より

$\sin A'' = \sin(180° - A) = \sin A$ であるから

$$\frac{a}{\sin A} = 2R$$

(i), (ii), (iii)より

$$\frac{a}{\sin A}=2R$$

B, C についても同じようにして

$$\frac{b}{\sin B}=2R, \qquad \frac{c}{\sin C}=2R$$

が成り立つから

$$\frac{a}{\sin A}=\frac{b}{\sin B}=\frac{c}{\sin C}=2R$$

（証明終）

正弦定理の式の別の見方を紹介しておきます。

$$\frac{a}{\sin A}=2R, \quad \frac{b}{\sin B}=2R, \quad \frac{c}{\sin C}=2R$$

より

$$a=2R\sin A, \qquad b=2R\sin B, \qquad c=2R\sin C$$

ですから

$$\begin{aligned} a:b:c &= 2R\sin A:2R\sin B:2R\sin C \\ &= \sin A:\sin B:\sin C \end{aligned}$$

であることがわかります。

つまり，**△ABC の辺の長さは，それと向かい合う角の sin に比例する**ということです。

「向かい合う角の大きさに比例する」ではない！

続いて，正弦定理と並んで，三角形の角の大きさや辺の長さを求めるときに用いる有力な道具の１つである，余弦定理について学びます。

Reference 余弦定理

BC$=a$, CA$=b$, AB$=c$ とする。

$$a^2=b^2+c^2-2bc\cos A, \quad \cos A=\frac{b^2+c^2-a^2}{2bc}$$

$$b^2=c^2+a^2-2ca\cos B, \quad \cos B=\frac{c^2+a^2-b^2}{2ca}$$

$$c^2=a^2+b^2-2ab\cos C, \quad \cos C=\frac{a^2+b^2-c^2}{2ab}$$

第4章

余弦定理は，とくに

- **3つの辺の長さがわかっているとき**
- **2つの辺の長さと1つの角の三角比の値がわかっているとき**

に威力を発揮します。

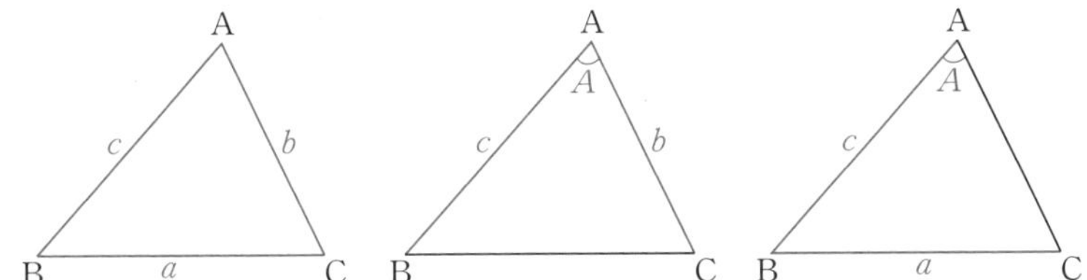

余弦定理の証明でもやはり，鋭角三角形の場合，直角三角形の場合，鈍角三角形の場合に分けて考えるのがポイントとなります。 ☑❻

余弦定理の証明

点Aから直線BCに下ろした垂線と直線BCの交点が，辺BC上(点B，Cを含む)にあるときとないときに分けて証明する。 ☑❻

(i) $C\leqq 90°$ のとき

Aから直線BCに垂線AHを引くと ☑❿

$$\mathrm{BC}=\mathrm{BH}+\mathrm{CH}$$

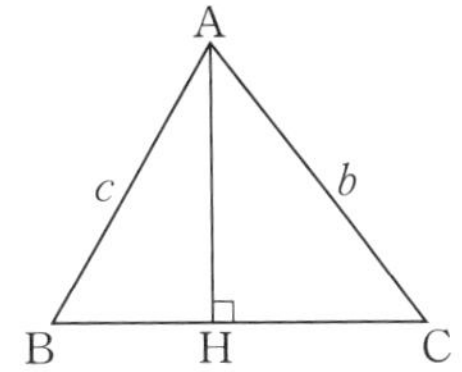

ここで

$$\mathrm{BH}=c\cos B, \quad \mathrm{CH}=b\cos C$$

より $\quad a=c\cos B+b\cos C$

(ii) $C>90°$ のとき

A から直線 BC に垂線 AH を引くと ☑❿

$$\mathrm{BC}=\mathrm{BH}-\mathrm{CH}$$

ここで

$$\mathrm{BH}=c\cos B$$

$$\mathrm{CH}=b\cos(180°-C)=-b\cos C$$

より　$a=c\cos B+b\cos C$

(i), (ii)より, C の値によらず

$$a=c\cos B+b\cos C \quad \cdots\cdots ①$$

b, c についても同じようにして ☑⓫

$$b=a\cos C+c\cos A \quad \cdots\cdots ②$$

$$c=b\cos A+a\cos B \quad \cdots\cdots ③$$

①×a−②×b より ☑❽

cos$C$ を消去する。

$$a^2-b^2=ac\cos B-bc\cos A \quad \cdots\cdots ④$$

④−③×c より ☑❽

cos$B$ を消去する。

$$a^2-b^2-c^2=-2bc\cos A$$

$$a^2=b^2+c^2-2bc\cos A$$

（証明終）

正弦定理，余弦定理のどちらも，証明の際には，注目する角が鋭角なのか，直角なのか，鈍角なのかによって場合を分けて考えました。 ☑❻

図形に関する証明問題においては，無意識のうちにすべての角が鋭角である図形で考えてしまいがちですが，**直角や鈍角を含む図形を考えた場合に証明中の式が変わる部分はないか注意**しましょう。

Check ☑

❻ 場合を分けて処理する。
❽ まず1つの文字を消去する。
❾ 特徴的な点に着目する。
❿ 直角三角形を利用する。
⓫ 前の結果を利用する。

練習問題

▶解答冊子 p41

(1) 底辺 BC の長さが 5 で底角が30° の二等辺三角形 ABC がある。

∠B の二等分線が辺 AC と交わる点を D とすると，BD の長さは［　］である。

〔藤田保健衛生大・改〕

(2) 平面上に △ABC と点 A′ が存在し，点 A′ は A′B＝AB，A′C＝2AC を満たしているとする。そして，△ABC は

$$2\cos C=5\frac{\sin B}{\sin A}$$

を満たしているものとする。このとき，三角形 A′BC はどのような三角形になるか。

〔防衛医大・改〕

(3) △ABC において，辺 BC，CA，AB の長さをそれぞれ a，b，c で表し，∠A，∠B，∠C の大きさをそれぞれ A，B，C で表す。次の問いに答えよ。

(i) $b=8$，$c=7$，$\cos A=\frac{11}{14}$ であるとき，△ABC の外接円の半径 R を求めよ。

(ii) $b=3c$，$\cos A=\frac{1}{3}$ のとき，$\sin A:\sin B:\sin C$ を求めよ。

(iii) $b=7$，$c=3$ であり，$7\cos C-3\cos B=a$ が成り立つとき，B と a の値をそれぞれ求めよ。

第4章

4　三角形の面積

Reference　三角形の面積

BC $=a$, CA $=b$, AB $=c$ とし，△ABC の面積を S とする。

【1】 $S=\frac{1}{2}bc\sin A=\frac{1}{2}ca\sin B=\frac{1}{2}ab\sin C$

【2】 △ABC の内接円の半径を r とすると

$$S=\frac{1}{2}(a+b+c)r$$

【3】 $2s=a+b+c$ とおくと

$$S=\sqrt{s(s-a)(s-b)(s-c)}$$ （ヘロンの公式）

三角形の面積については，小学校で「(底辺) × (高さ) ÷ 2」という公式を学びましたが，高さが簡単には求められない場合も多くあります。

ここでは，小学校で学んだ公式をもとに，三角形の面積を求めるいろいろな公式を見ていきます。状況に応じて，適切な面積公式を用いることができるようにしておきましょう。

まず，三角比を用いた最も基本的な面積公式である【1】です。

点 C から直線 AB に垂線 CH を引き，直角三角形をつくることがポイントですが，A の大きさによって点 H の位置が異なるため，場合を分けて考える必要があります。

$S=\frac{1}{2}bc\sin A$ の証明

A が鋭角のとき，直角のとき，鈍角のときに分けて証明する。 ☑❻

点 C から直線 AB に垂線 CH を引くと ☑❿

$$S=\frac{1}{2}\mathrm{AB}\cdot\mathrm{CH}$$

(i)　A が鋭角のとき

$$\frac{\mathrm{CH}}{\mathrm{AC}}=\sin A$$

より

$$\mathrm{CH}=b\sin A$$

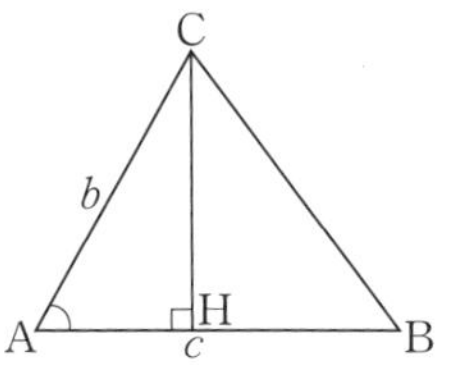

(ii)　A が直角のとき

$$\mathrm{CH}=\mathrm{CA}=b$$

$\sin A=1$ より

$$\mathrm{CH}=b\sin A$$

(iii)　A が鈍角のとき

$$\frac{\mathrm{CH}}{\mathrm{AC}}=\sin(180°-A)=\sin A$$

より

$$\mathrm{CH}=b\sin A$$

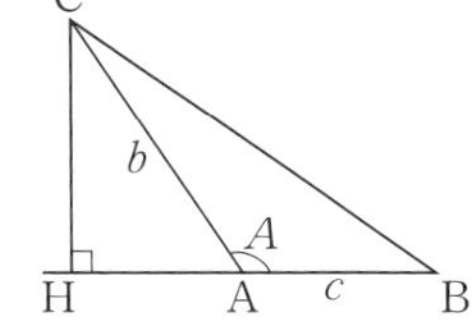

したがって，(i)，(ii)，(iii)のいずれの場合も

$$S=\frac{1}{2}c\cdot\mathrm{CH}=\frac{1}{2}bc\sin A$$

（証明終）

三角形の 3 つの辺の長さと内接円の半径がわかっていれば，【2】により面積を求めることができます。

【2】は，図形の見方を工夫し，△ABC の面積を 2 通りの方法で表すことで簡単に証明できます。

$S=\frac{1}{2}(a+b+c)r$ の証明

△ABC の内接円の中心を I とすると

$$\triangle\mathrm{IAB}=\frac{1}{2}cr$$

$$\triangle\mathrm{IBC}=\frac{1}{2}ar$$

$$\triangle\mathrm{ICA}=\frac{1}{2}br$$

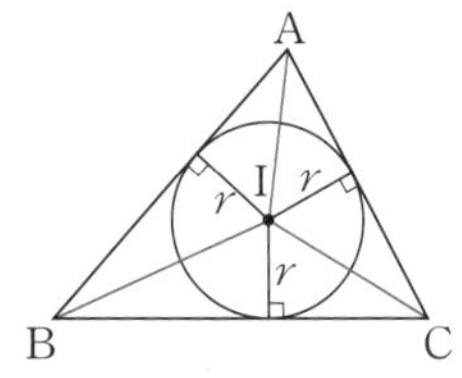

$S=\triangle\mathrm{IAB}+\triangle\mathrm{IBC}+\triangle\mathrm{ICA}$ より ☑⑫

$$S=\frac{1}{2}(a+b+c)r$$

（証明終）

最後に，三角形の 3 つの辺の長さがわかっているときに便利なヘロンの公式を確認しておきます。

$S=\frac{1}{2}bc\sin A$ からスタートし，$\sin A$ を a，b，c で表すことを目標に，これまで学んだいろいろな定理・公式を用いて変形を進めます。

ヘロンの公式 $S=\sqrt{s(s-a)(s-b)(s-c)}$ $(2s=a+b+c)$ の証明

$$S=\frac{1}{2}bc\sin A=\frac{1}{2}bc\sqrt{1-\cos^2 A}$$

$\sin^2 A+\cos^2 A=1$

$$=\frac{1}{2}bc\sqrt{(1+\cos A)(1-\cos A)}$$

余弦定理より $\cos A=\dfrac{b^2+c^2-a^2}{2bc}$ であるから

$$S=\frac{1}{2}bc\sqrt{\left(1+\frac{b^2+c^2-a^2}{2bc}\right)\left(1-\frac{b^2+c^2-a^2}{2bc}\right)}$$

$$=\frac{1}{2}bc\sqrt{\left(\frac{2bc+b^2+c^2-a^2}{2bc}\right)\left(\frac{2bc-b^2-c^2+a^2}{2bc}\right)}$$

$$=\frac{1}{4}\sqrt{\{(b+c)^2-a^2\}\{a^2-(b-c)^2\}}$$

2 乗の差の形。

$$=\frac{1}{4}\sqrt{(b+c+a)(b+c-a)(a-b+c)(a+b-c)}$$

ここで，$a+b+c=2s$ より

$$b+c-a=2s-2a,\quad a-b+c=2s-2b,\quad a+b-c=2s-2c$$

したがって

$$S=\frac{1}{4}\sqrt{(b+c+a)(b+c-a)(a-b+c)(a+b-c)}$$

$$=\frac{1}{4}\sqrt{2s(2s-2a)(2s-2b)(2s-2c)}$$

$$=\sqrt{s(s-a)(s-b)(s-c)}$$

（証明終）

Check ☑

❻ 場合を分けて処理する。
❿ 直角三角形を利用する。
⓬ 同じものを 2 通りの方法で表す

練習問題

▶解答冊子 p45

(1) 三角形 ABC において，$\angle A=60°$，$AB=4$，$AC=5$ とする。$\angle A$ の二等分線と辺 BC の交点を D とするとき，AD の長さを求めよ。〔甲南大〕

(2) $\triangle ABC$ において，辺 BC，辺 CA，辺 AB の長さを，それぞれ a，b，c で表す。また，$\angle A$，$\angle B$，$\angle C$ の大きさをそれぞれ A，B，C で表す。$\triangle ABC$ は，半径 3 の円に内接し，$4\sin(A+B)\sin C=3$，$a+b+c=3(1+\sqrt{3}+\sqrt{6})$ を満たす。このとき，C は鋭角であり，$c=$□である。さらに，$\triangle ABC$ の面積は，□である。〔芝浦工大〕

(3) $AB=7$，$BC=14$，$CA=9$ の三角形 ABC を考える。以下の問いに答えなさい。

(i) $\cos\angle BAC=$□であり，三角形 ABC の面積は□である。

(ii) 三角形 ABC の内接円の半径は□である。

〔東京理科大・改〕

第4章

コラム　〜外接円の半径を用いた三角形の面積公式〜

新しい定理・公式を学んだり，問題に取り組んだりしたあと，**条件を少し変えるとどうなるかを考える**ようにすると，数学の力を飛躍的にのばすことができます。

「三角形の面積【2】」では，$\triangle$ABC の 3 辺の長さと内接円の半径を用いて面積を表しました。そこで，ここでは，$\triangle$ABC の 3 辺の長さと外接円の半径を用いて面積を表すことはできないかを考えてみましょう。

BC$=a$，CA$=b$，AB$=c$ とし，$\triangle$ABC の外接円の半径を R とします。

$\triangle$ABC の面積 S は

$$S=\frac{1}{2}bc\sin A$$

と表せることを学びました。いまはここに外接円の半径 R を登場させたいので，正弦定理を用いると

$$\frac{a}{\sin A}=2R$$

$$\sin A=\frac{a}{2R}$$

よって

$$S=\frac{1}{2}bc\cdot\frac{a}{2R}$$

$$=\frac{abc}{4R}$$

となります。

意外と(?)簡単な式で表せました。余力があれば，この式も覚えておくと，検算の際に役に立つでしょう。

第5章

データの分析

1　分散，共分散の計算

Reference　分散の公式

変量 x のデータの分散は

$$(x^2 \text{ のデータの平均値}) - (x \text{ のデータの平均値})^2$$

により求められる。

分散の公式について考える前に，いくつか用語を確認しておきます。

A，B，C，D，E の 5 人が数学と国語の 2 つのテストを受けたときの得点のデータが右の表のようになったとすると，数学と国語のどちらのデータについても，平均値を計算すると 6 (点)となります。

平均値はデータ全体の特徴を表す値(代表値)の 1 つですが，平均値だけでは，この数学と国語のデータの違いをうまく言い表すことができませんね。

	数学	国語
A	3	5
B	4	5
C	6	6
D	7	6
E	10	8

そこで，平均値からの値のばらつきに注目します。

(データの値)−(データの平均値)を，**偏差**といいます。

数学と国語の得点のデータについて，偏差は右の表のようになり，数学の得点のほうが，平均値からのばらつきが大きな値が多いことがわかります。

	数学	国語
A	−3	−1
B	−2	−1
C	0	0
D	1	0
E	4	2

偏差の平均値を求めればデータ全体のばらつきを数値化できるように思えるのですが，偏差の和を計算する式を観察すると，**偏差の平均値はつねに0となる**ため，データ全体のばらつきを数値化するには不適切であることがわかります。

たとえば，左ページの数学の得点のデータについて，偏差の和は

$$
\begin{aligned}
&(3-6)+(4-6)+(6-6)+(7-6)+(10-6)\\
&=\underbrace{(3+4+6+7+10)}_{\text{値の総和}}-\underbrace{(6+6+6+6+6)}_{\text{(平均値)}\times\text{(値の個数)}}
\end{aligned}
$$

となり，確かに0となります。

そこで，偏差の2乗の平均値を使ったのが，**分散**や**標準偏差**です。

分散は，データの値の偏差の2乗の平均値です。また，標準偏差は，分散の正の平方根です。

第5章

数学の得点と国語の得点のそれぞれについて分散を計算してみましょう。

分散は，データの値の偏差の2乗の平均値ですから，数学の得点については

$$\frac{1}{5}\{(-3)^2+(-2)^2+0^2+1^2+4^2\}=\frac{30}{5}=6$$

国語の得点については

$$\frac{1}{5}\{(-1)^2+(-1)^2+0^2+0^2+2^2\}=\frac{6}{5}=1.2$$

となり，確かに数学の得点の方がばらつきが大きいことを数値化できました。

分散の定義をもとに計算することで，分散の公式を導くことができます。

分散の公式の導き方（3つの値からなるデータの場合）

3つの値 a, b, c からなる変量 x のデータについて，平均値を $\overline{x}$ とすると，変量 x のデータの分散は

$$\frac{1}{3}\left\{\left(a-\overline{x}\right)^2+\left(b-\overline{x}\right)^2+\left(c-\overline{x}\right)^2\right\}$$
$$=\frac{1}{3}\left\{a^2-2a\overline{x}+\left(\overline{x}\right)^2+b^2-2b\overline{x}+\left(\overline{x}\right)^2+c^2-2c\overline{x}+\left(\overline{x}\right)^2\right\}$$
$$=\frac{1}{3}\left\{(a^2+b^2+c^2)-2(a+b+c)\overline{x}+3\left(\overline{x}\right)^2\right\}$$
$$=\frac{1}{3}(a^2+b^2+c^2)-2\cdot\frac{1}{3}(a+b+c)\cdot\overline{x}+\left(\overline{x}\right)^2$$ ☑❹
$$=\frac{1}{3}(a^2+b^2+c^2)-2\overline{x}\cdot\overline{x}+\left(\overline{x}\right)^2$$

$\overline{x}=\frac{1}{3}(a+b+c)$

$$=\frac{1}{3}(a^2+b^2+c^2)-\left(\overline{x}\right)^2$$

ここで，$\frac{1}{3}(a^2+b^2+c^2)$ は3つの値 a^2, b^2, c^2 の平均値であるから，変量 x のデータの分散は

（x^2 のデータの平均値）$-$（x のデータの平均値）^{2}

により求められる。（証明終）

値の個数がいくつであっても，上と同じように分散の公式を導くことができます。

さて，10人の生徒がテストを受けたときの得点を小さいものから順に並べると

4, 4, 5, 5, 6, 7, 7, 7, 8, 9

のようになったとします。このとき，得点の平均値を求めると6.2（点）となります。

得点の分散を定義に従って求めようとすると

$$\frac{1}{10}\{(4-6.2)^2+(4-6.2)^2+(5-6.2)^2+(5-6.2)^2$$
$$+(6-6.2)^2+(7-6.2)^2+(7-6.2)^2+(7-6.2)^2$$
$$+(8-6.2)^2+(9-6.2)^2\}$$
$$=\frac{1}{10}\{(-2.2)^2\times 2+(-1.2)^2\times 2+(-0.2)^2+0.8^2\times 3+1.8^2+2.8^2\}$$
$$=\cdots$$

小数の 2 乗の計算は面倒。

のように，計算が少し面倒です。

では，分散の公式を使うとどうでしょうか。

得点の 2 乗の平均値は

$$\frac{1}{10}(4^2\times 2+5^2\times 2+6^2+7^2\times 3+8^2+9^2)$$
$$=\frac{1}{10}(32+50+36+147+64+81)$$
$$=\frac{1}{10}\times 410=41$$

ですから，分散の公式を用いると，分散は

$$41-6.2^2=41-38.44=2.56$$

と求められます。

このデータの場合，分散の公式を使った方が計算しやすいですね。

分散の定義と分散の公式のどちらを使うにしても，平均値は必要となりますから，まずは平均値を求め，それを見て，簡単に計算できそうな式を選ぶとよいでしょう。

分散の公式と同じように考えることで，共分散の公式もつくることができます。

Reference 共分散の公式

2つの変量 x, y のデータの共分散は

（xy の平均値）－（x の平均値）×（y の平均値）

により求められる。

共分散の公式について考える前に，2 つの変量の相関関係を表す値である**共分散**と**相関係数**について確認しておきます。

変量 x の n 個の値 x_1, x_2, …, x_n の平均値を $\overline{x}$, 変量 y の n 個の値 y_1, y_2, …, y_n の平均値を $\overline{y}$ とします。

このとき，**共分散** s_{xy} は

$$s_{xy}=\frac{1}{n}\left\{\left(x_1-\overline{x}\right)\left(y_1-\overline{y}\right)+\left(x_2-\overline{x}\right)\left(y_2-\overline{y}\right)+\cdots+\left(x_n-\overline{x}\right)\left(y_n-\overline{y}\right)\right\}$$

です。

また，s_x, s_y をそれぞれ x, y のデータの標準偏差とするとき

$$r=\frac{s_{xy}}{s_x s_y}$$

を2つの変量 x, y の**相関係数**といいます。

共分散や相関係数は，x のデータの値と y のデータの値それぞれの偏差の積を用いることで，2 つの変量の間の関係を数値化できます。

さて，数学と国語のテストについて，5 人の得点が次の(ア)の表のようになったときと，(イ)の表のようになったときを考えます。

(ア)

	数学	国語
A	3	5
B	4	5
C	6	6
D	7	6
E	10	8
平均値	6	6

(イ)

	数学	国語
A	3	6
B	4	8
C	6	6
D	7	5
E	10	5
平均値	6	6

(ア)と(イ)における2つの教科の得点の関係の違いが，共分散や相関係数にどのように表れるかを調べてみましょう。

まず，偏差は次の表のようになります。

(ア)

	数学	国語	偏差の積
A	−3	−1	3
B	−2	−1	2
C	0	0	0
D	1	0	0
E	4	2	8

(イ)

	数学	国語	偏差の積
A	−3	0	0
B	−2	2	−4
C	0	0	0
D	1	−1	−1
E	4	−1	−4

これを用いて共分散を計算すると，(ア)は

$$\frac{1}{5}(3+2+0+0+8)=\frac{13}{5}=2.6$$

(イ)は

$$\frac{1}{5}\{0+(-4)+0+(-1)+(-4)\}=-\frac{9}{5}=-1.8$$

となり，数学の得点が高い生徒ほど国語の得点も高い傾向にある(ア)では正，逆の傾向にある(イ)では負となっています。

さて，(ア)，(イ)ともに，数学の得点の標準偏差は

$$\sqrt{\frac{1}{5}\{(-3)^2+(-2)^2+0^2+1^2+4^2\}}=\sqrt{\frac{30}{5}}=\sqrt{6}$$

国語の標準偏差は

$$\sqrt{\frac{1}{5}\{(-1)^2+(-1)^2+0^2+0^2+2^2\}}=\sqrt{\frac{6}{5}}=\sqrt{1.2}$$

ですから，$\sqrt{7.2}\fallingdotseq 2.68$ を用いて相関係数を計算すると，(ア)については

$$\frac{2.6}{\sqrt{6}\sqrt{1.2}}=\frac{2.6}{\sqrt{7.2}}\fallingdotseq\frac{2.6}{2.68}\fallingdotseq 0.97$$

(イ)については

$$\frac{-1.8}{\sqrt{6}\sqrt{1.2}}=\frac{-1.8}{\sqrt{7.2}}\fallingdotseq\frac{-1.8}{2.68}\fallingdotseq -0.67$$

となります。

相関係数 r は $\boldsymbol{-1 \leqq r \leqq 1}$ の範囲の値をとります。そして，$r>0$ のとき，2つのデータには**正の相関関係がある**といい，$r<0$ のとき，2つのデータには**負の相関関係がある**といいます。

共分散の公式の導き方（3つの値の組からなるデータの場合）

3つの値の組からなるデータ $(x_1,\ y_1)$，$(x_2,\ y_2)$，$(x_3,\ y_3)$ について考える。

x_1，x_2，x_3 の平均値を $\overline{x}$ とし，y_1，y_2，y_3 の平均値を $\overline{y}$ とすると，共分散 s_{xy} は

$$
\begin{aligned}
&s_{xy}\\
&=\frac{1}{3}\left\{\left(x_1-\overline{x}\right)\left(y_1-\overline{y}\right)+\left(x_2-\overline{x}\right)\left(y_2-\overline{y}\right)+\left(x_3-\overline{x}\right)\left(y_3-\overline{y}\right)\right\}\\
&=\frac{1}{3}\left\{\left(x_1y_1-x_1\overline{y}-\overline{x}y_1+\overline{x}\,\overline{y}+x_2y_2-x_2\overline{y}-\overline{x}y_2+\overline{x}\,\overline{y}\right.\right.\\
&\qquad\qquad\left.\left.+x_3y_3-x_3\overline{y}-\overline{x}y_3+\overline{x}\,\overline{y}\right)\right\}\\
&=\frac{1}{3}\left\{\left(x_1y_1+x_2y_2+x_3y_3\right)-\left(x_1+x_2+x_3\right)\overline{y}\right.\\
&\qquad\qquad\left.-\overline{x}\left(y_1+y_2+y_3\right)+3\overline{x}\,\overline{y}\right\}
\end{aligned}
$$

☑ ❹

データの値の総和がつくれた。

$\overline{x}=\frac{1}{3}(x_1+x_2+x_3)$，$\overline{y}=\frac{1}{3}(y_1+y_2+y_3)$ より

$$x_1+x_2+x_3=3\overline{x},\quad y_1+y_2+y_3=3\overline{y}$$

であるから

$$
\begin{aligned}
s_{xy}&=\frac{1}{3}\left\{(x_1y_1+x_2y_2+x_3y_3)-3\overline{x}\cdot\overline{y}-\overline{x}\cdot3\overline{y}+3\overline{x}\,\overline{y}\right\}\\
&=\frac{1}{3}\left\{(x_1y_1+x_2y_2+x_3y_3)-3\overline{x}\,\overline{y}\right\}\\
&=\frac{1}{3}(x_1y_1+x_2y_2+x_3y_3)-\overline{x}\,\overline{y}
\end{aligned}
$$

（証明終）

データの組の個数がいくつであっても，上と同じように共分散の公式を導くことができます。

共分散についても，共分散の定義と共分散の公式のうち，簡単に計算できそうな式を選べるように覚えておきましょう。

Check ☑

❹ つくりたい形を見越して変形する。

練習問題

▶解答冊子 p48

(1) 5人の生徒に英語の試験を実施したところ，5人の得点は58，65，72，x，76 (点)であった。この5人の得点の平均が71 (点)のとき $x=$□であり，5人の得点の分散は□である。〔明治薬大〕

(2) 男子5人，女子5人からなる10人のグループについて，1ヶ月の読書時間を調べたところ，男子5人の読書時間は

3，10，13，12，7 (単位は時間)

であり，女子5人の読書時間の平均値は10，分散は42.8であった。このとき，男子5人の読書時間の分散は□である。また，グループ全体での読書時間の平均値は□であり，分散は□である。〔北里大〕

(3) 2つの変量 x，y の16個のデータ $(x_1,\ y_1)$，$(x_2,\ y_2)$，…，$(x_{16},\ y_{16})$ が

$$x_1+x_2+\cdots+x_{16}=72,$$
$$y_1+y_2+\cdots+y_{16}=120,$$
$$x_1^2+x_2^2+\cdots+x_{16}^2=349,$$
$$y_1^2+y_2^2+\cdots+y_{16}^2=925,$$
$$x_1y_1+x_2y_2+\cdots+x_{16}y_{16}=545$$

を満たしている。このとき，変量 x，y のデータの平均をそれぞれ $\overline{x}$，$\overline{y}$ とすると $\overline{x}=$□，$\overline{y}=$□である。変量 x，y のデータの標準偏差をそれぞれ s_x，s_y とすると $s_x=$□，$s_y=$□である。また，変量 x，y のデータの共分散を s_{xy}，相関係数を r とすると $s_{xy}=$□，$r=$□である。〔星薬大・改〕

2　データの変換

Reference　$y=ax+b$ の平均値，分散，標準偏差

変量 x の n 個の値 x_1，x_2，…，x_n の平均値を $\overline{x}$，分散を $s_x{}^2$ とする。

a，b を定数として

$$y_1=ax_1+b,\ y_2=ax_2+b,\ \cdots,\ y_n=ax_n+b$$

により変量 y を定めるとき，y_1，y_2，…，y_n の平均値を $\overline{y}$，分散を $s_y{}^2$とすると

【1】 $\overline{y}=a\overline{x}+b$

【2】 $s_y{}^2=a^2s_x{}^2$

【3】 $s_y=|a|s_x$

98ページで考えた5人の国語の得点は

$$5,\ 5,\ 6,\ 6,\ 8$$

でした。

いま，全員の得点が2(点)ずつ加算されて

$$7,\ 7,\ 8,\ 8,\ 10$$

になったとしましょう。

すると，平均値は

$$\frac{1}{5}(7+7+8+8+10)=\frac{40}{5}=8\ (点)$$

となります。

このように定義に従って計算しても求められますが，**全員の得点が2(点)加算されれば，平均値も2(点)加算される**というのは自然にイメージできるでしょう。

また，分散は

$$\frac{1}{5}\{(7-8)^2\times 2+(8-8)^2\times 2+(10-8)^2\}=\frac{6}{5}=1.2$$

です。**全員の得点が同じだけ加算されるので，それぞれの偏差は変わらない**と考えれば，分散も変わらないということも理解できるでしょう。

次は，全員の得点がそれぞれ10倍され

50，50，60，60，80

になったとしましょう。

すると，平均値は

$$\frac{1}{5}(50+50+60+60+80)=\frac{300}{5}=60\text{（点）}$$

となります。

この場合も，**全員の得点が10倍されれば，平均値も10倍される**と考えることができますね。

では，分散はどうなるでしょうか。

平均値が60（点）であることから，定義に従って計算すると

$$\frac{1}{5}\{(50-60)^2\times 2+(60-60)^2\times 2+(80-60)^2\}=\frac{600}{5}=120$$

となります。一方，もとの得点の分散は

$$\frac{1}{5}\{(5-6)^2\times 2+(6-6)^2\times 2+(8-6)^2\}=\frac{6}{5}=1.2$$

です。

ここで，最初の生徒の得点に注目すると，もとの得点の偏差の2乗は $(5-6)^2$ で，10倍された得点の偏差の2乗は $(50-60)^2$ ですから

$$(50-60)^2=\{10(5-6)\}^2=10^2\times(5-6)^2$$

より，**全員の得点が10倍されれば，偏差の2乗は10^2倍される**といえます。

第5章

これらをまとめて，一般化したものが，【1】，【2】です。

$y_1=ax_1+b$，$y_2=ax_2+b$，…，$y_n=ax_n+b$ は

データの値がそれぞれ a 倍され，さらに b だけ加算される

ということですから，平均値も a 倍され，さらに b だけ加算されます。

また，データの値がそれぞれ a 倍されると偏差も a 倍され，偏差の 2 乗は a^2 倍されます。一方で，データの値がそれぞれ b だけ加算されても，偏差は変化しませんから，分散も a^2 倍されます。

【3】については，【2】の両辺の正の平方根をとったものですね。

以上のことを一般に証明しておきましょう。

$y=ax+b$ の平均値，分散，標準偏差の導き方

x_1，x_2，…，x_n について，平均値は $\overline{x}$，分散は s_x であるから

$$\overline{x}=\frac{1}{n}(x_1+x_2+\cdots+x_n)$$

$$s_x=\frac{1}{n}\left\{\left(x_1-\overline{x}\right)^2+\left(x_2-\overline{x}\right)^2+\cdots+\left(x_n-\overline{x}\right)^2\right\}$$ ☑ ❹

$y_1=ax_1+b$，$y_2=ax_2+b$，…，$y_n=ax_n+b$ の平均値について

$$\overline{y}=\frac{1}{n}(y_1+y_2+\cdots+y_n)$$

$$=\frac{1}{n}\{(ax_1+b)+(ax_2+b)+\cdots+(ax_n+b)\}$$

$$=\frac{1}{n}\{a(x_1+x_2+\cdots+x_n)+nb\}$$

データの値の総和がつくれた。

$$=a\cdot\frac{1}{n}(x_1+x_2+\cdots+x_n)+b$$

$$=a\overline{x}+b$$

（証明終）

$y_1=ax_1+b$, $y_2=ax_2+b$, $\cdots$, $y_n=ax_n+b$ の分散について

$$s_y{}^2=\frac{1}{n}\left\{\left(y_1-\overline{y}\right)^2+\left(y_2-\overline{y}\right)^2+\cdots+\left(y_n-\overline{y}\right)^2\right\}$$

$$=\frac{1}{n}\left[\left\{ax_1+b-\left(a\overline{x}+b\right)\right\}^2+\left\{ax_2+b-\left(a\overline{x}+b\right)\right\}^2+\cdots\right.$$
$$\left.+\left\{ax_n+b-\left(a\overline{x}+b\right)\right\}^2\right]$$

$$=\frac{1}{n}\left\{\left(ax_1-a\overline{x}\right)^2+\left(ax_2-a\overline{x}\right)^2+\cdots+\left(ax_n-a\overline{x}\right)^2\right\}$$

$$=\frac{1}{n}\left\{a^2\left(x_1-\overline{x}\right)^2+a^2\left(x_2-\overline{x}\right)^2+\cdots+a^2\left(x_n-\overline{x}\right)^2\right\}$$

$$=a^2\cdot\frac{1}{n}\left\{\left(x_1-\overline{x}\right)^2+\left(x_2-\overline{x}\right)^2+\cdots\right.$$
$$\left.+\left(x_n-\overline{x}\right)^2\right\}$$

偏差の 2 乗の総和がつくれた。

$$=a^2s_x{}^2$$ （証明終）

この式の両辺の正の平方根をとると

$$s_y=|a|s_x$$ （証明終）

データの変換の応用例を 1 つ見ておきましょう。

n 人の得点 x のデータについて，平均値を $\overline{x}$，標準偏差を s_x とします。

まず，x のデータのそれぞれの値について

$$y=\frac{x-\overline{x}}{s_x}\left(=\frac{1}{s_x}x-\frac{\overline{x}}{s_x}\right)$$

により新しい変量 y をつくると，y のデータの平均値は

$$\frac{(x\text{ のデータの平均値})-\overline{x}}{s_x}=\frac{\overline{x}-\overline{x}}{s_x}=0$$

標準偏差は

$$\left|\frac{1}{s_x}\right|\times(x\text{ のデータの標準偏差})=\frac{1}{s_x}\cdot s_x=1$$

です。

第5章

さらに，yのデータのそれぞれの値について

$$z=50+10y$$

により新しい変量zをつくると，zのデータの平均値は

$$50+10\times 0=50$$

標準偏差は

$$10\times(y\text{のデータの標準偏差})=10\times 1=10$$

です。

この2段階の変換をまとめると

$$z=50+10\cdot\frac{x-\overline{x}}{s_x}$$

となります。

実は，xのデータのそれぞれの値について，このように変換して得られるzの値が「偏差値」とよばれるものです。**偏差値とは，得点のデータを変換することで，平均値が50，標準偏差が10になるようにしたもの**というわけです。

同じ集団が複数のテストを受けたとき，偏差値を考えると，平均値だけでなく得点の散らばり具合(標準偏差)もそろえることができるため，集団の中での自分の位置や，教科ごとの出来不出来を調べることができるのですね。

Check ☑

❹ つくりたい形を見越して変形する。

練習問題

▶解答冊子 p52

(1) 11個の自然数 x_1, …, x_{11} からなるデータに関する次の命題について，正しいものを選択肢(a)〜(c)の中から選べ。

(ア) x_1, …, x_{11} の平均値は自然数である。

(イ) x_1, …, x_{11} の中央値は自然数である。

(ウ) x_1, …, x_{10} の分散より x_1, …, x_{11} の分散の方が大きい。

(エ) x_1, …, x_{11} の標準偏差を s_1 とし，$2x_1+1$, …, $2x_{11}+1$ の標準偏差を s_2 とすると，$s_2=2s_1+1$ をみたす。

(オ) x_1, …, x_{11} の分散を v_1 とし，$2x_1+1$, …, $2x_{11}+1$ の分散を v_2 とすると，$v_2=4v_1$ をみたす。

(ア)〜(オ)の選択肢：

(a) 必ず成り立つ

(b) 成り立つ場合も成り立たない場合もある

(c) 決して成り立たない

〔上智大〕

(2) n を 2 以上の自然数とする。n 人の得点が $x_1=100$, $x_i=99$ $(i=2,\ 3,\ \cdots,\ n)$ であるとき，n 人の得点の平均 $\overline{x}$, 分散 v を求めると $\left(\overline{x},\ v\right)=$ $\boxed{}$ である。ここで，得点 x_i $(i=1,\ 2,\ 3,\ \cdots,\ n)$ の偏差値 t_i は $t_i=50+\dfrac{10\left(x_i-\overline{x}\right)}{\sqrt{v}}$ によって計算されることを利用すると，t_1 が100以上となる最小の n は $\boxed{}$ である。

〔福岡大〕

第5章

第 6 章

場合の数と確率

1　順列と組合せ

Reference　順列と組合せの総数

【1】 異なる n 個のものから r 個選んで並べる順列の総数を ${}_n\mathrm{P}_r$ と表す。

$${}_n\mathrm{P}_r=n(n-1)(n-2)\cdot\cdots\cdot(n-r+1)=\frac{n!}{(n-r)!}$$

【2】 異なる n 個のものから r 個選ぶ組合せの総数を ${}_n\mathrm{C}_r$ と表す。

$${}_n\mathrm{C}_r=\frac{n(n-1)(n-2)\cdot\cdots\cdot(n-r+1)}{r(r-1)(r-2)\cdot\cdots\cdot1}=\frac{n!}{r!(n-r)!}$$

${}_n\mathrm{P}_r$, ${}_n\mathrm{C}_r$ は，場合の数・確率を計算するときに頻繁に使うものですから

・かけ算を書き並べた形　　　　**・階乗を使った形**

の両方を自在に変形できるようにしておきましょう。

順列の総数の導き方

異なる n 個のものから r 個選んで並べるとき，1番目は n 通り，2番目は残りの $n-1$ 個から選ぶから $n-1$ 通り，3番目は残りの $n-2$ 個から選ぶから $n-2$ 通り，…，r 番目は残りの $n-(r-1)$ 個から選ぶから $n-(r-1)$ 通りとなる。

よって

$$\begin{aligned}{}_n\mathrm{P}_r&=n(n-1)(n-2)\cdot\cdots\cdot\{n-(r-1)\}\\&=n(n-1)(n-2)\cdot\cdots\cdot(n-r+1)\end{aligned}$$

右辺に $\dfrac{(n-r)(n-r-1)\cdot\cdots\cdot1}{(n-r)(n-r-1)\cdot\cdots\cdot1}(=1)$ をかけると ☑❹　　$n!$ をつくる。

$$\begin{aligned}{}_n\mathrm{P}_r&=\frac{n(n-1)(n-2)\cdot\cdots\cdot(n-r+1)(n-r)\cdot\cdots\cdot1}{(n-r)\cdot\cdots\cdot1}\\&=\frac{n!}{(n-r)!}\end{aligned}$$

（証明終）

さて，${}_n\mathrm{P}_r$ について，$r=n$ のときと $r=0$ のときの値がどうなるかを見てみましょう。

${}_n\mathrm{P}_r=n(n-1)(n-2)\cdot\cdots\cdot(n-r+1)$ において $r=n$ とすると

$$ {}_n\mathrm{P}_n=n(n-1)(n-2)\cdot\cdots\cdot 1=n! $$

一方で，${}_n\mathrm{P}_r=\dfrac{n!}{(n-r)!}$ において $r=n$ とすると

$$ {}_n\mathrm{P}_n=\frac{n!}{0!} $$

となります。

$0!$ がいくつなのか迷うかもしれませんが，実は，**$r=n$ のときも ${}_n\mathrm{P}_r=\dfrac{n!}{(n-r)!}$ が成り立つように値が定義されている**のです。

すなわち，**$0!=1$** と定義すると

$$ \frac{n!}{0!}=n! $$

となり

$$ {}_n\mathrm{P}_r=\frac{n!}{(n-r)!} $$

が成り立ちます。

また，$r=0$ のとき

$$ {}_n\mathrm{P}_0=\frac{n!}{(n-0)!}=\frac{n!}{n!}=1 $$

となります。これは，**異なる n 個のものから 0 個選んで並べる順列の総数を，「並べられない」という 1 通りと考えた**と捉えることができます。

第6章

順列の総数を，組合せの総数を使って表すことで，組合せの総数が【2】のように表せることを導けます。 ☑⑫

組合せの総数の導き方

異なる n 個のものから r 個選んで並べる順列の総数は ${}_n\mathrm{P}_r$ である。

一方，異なる n 個のものから r 個選ぶ組合せの総数は ${}_n\mathrm{C}_r$ であり，これらの組合せのそれぞれについて，選んだ r 個の並べ方が $r!$ 通りあるから，積の法則より

$${}_n\mathrm{P}_r={}_n\mathrm{C}_r\cdot r!$$ ☑⑫

よって

$$\begin{aligned}{}_n\mathrm{C}_r&={}_n\mathrm{P}_r\cdot\frac{1}{r!}=\frac{n!}{(n-r)!}\cdot\frac{1}{r!}\\&=\frac{n!}{r!(n-r)!}\end{aligned}$$

（証明終）

${}_n\mathrm{C}_r$ について，$r=n$ のときと $r=0$ のときの値がどうなるかを見てみましょう。

${}_n\mathrm{C}_r=\dfrac{n!}{r!(n-r)!}$ について $r=n$ のとき

$${}_n\mathrm{C}_n=\frac{n!}{n!0!}=1$$

となります。**異なる n 個のものから n 個を選ぶ組合せの総数は1通り**ですね。

また，$r=0$ のとき

$${}_n\mathrm{C}_0=\frac{n!}{0!n!}=1$$

となります。これは，**異なる n 個のものから0個選ぶ組合せの総数を，「何も選ばない」という1通りと考えた**と捉えることができます。

次のページからは，${}_n\mathrm{P}_r$，${}_n\mathrm{C}_r$ について成り立ついろいろな性質を見ていきます。

Reference ${}_nP_r$, ${}_nC_r$ の性質

【1】 ${}_nP_r = n \cdot {}_{n-1}P_{r-1}$ $(n \geqq 2,\ r \geqq 1)$

【2】 ${}_nP_r = {}_{n-1}P_r + r \cdot {}_{n-1}P_{r-1}$ $(n \geqq 2,\ r \geqq 1)$

【3】 ${}_nC_{n-r} = {}_nC_r$

【4】 $r \cdot {}_nC_r = n \cdot {}_{n-1}C_{r-1}$ $(n \geqq 2,\ r \geqq 1)$

【5】 ${}_nC_r = {}_{n-1}C_r + {}_{n-1}C_{r-1}$ $(n \geqq 2,\ r \geqq 1)$

${}_nP_r$, ${}_nC_r$ を階乗を使って表すことで，${}_nP_r$, ${}_nC_r$ のいろいろな性質を導くことができます。

【1】,【2】の導き方

【1】について

$$n \cdot {}_{n-1}P_{r-1} = n \cdot \frac{(n-1)!}{\{(n-1)-(r-1)\}!}$$

$$= \frac{n!}{(n-r)!}$$

$$= {}_nP_r$$

（証明終）

【2】について

$${}_{n-1}P_r + r \cdot {}_{n-1}P_{r-1}$$

$$= \frac{(n-1)!}{\{(n-1)-r\}!} + r \cdot \frac{(n-1)!}{\{(n-1)-(r-1)\}!}$$

$$= \frac{(n-1)!}{(n-r-1)!} + r \cdot \frac{(n-1)!}{(n-r)!}$$

$$= \frac{(n-1)!(n-r)+(n-1)! \cdot r}{(n-r)!}$$

$$= \frac{(n-1)!(n-r+r)}{(n-r)!}$$

$$= \frac{n!}{(n-r)!}$$

$$= {}_nP_r$$

（証明終）

第6章

【1】，【2】が成り立つことを，式の意味からも考えてみましょう。

n 人から r 人選んで並べる順列 ${}_nP_r$ は

最初に並ぶ1人を選ぶ(n 通り)

残り $n-1$ 人から $r-1$ 人選んで並べる(${}_{n-1}P_{r-1}$ 通り)

の2段階で考えることができるので，【1】が成り立つことがわかります。 ☑ ⑫

また，特定の1人を含まないとき

残り $n-1$ 人から r 人選んで並べる(${}_{n-1}P_r$ 通り)

特定の1人を含むとき

残り $n-1$ 人から $r-1$ 人選んで並べる(${}_{n-1}P_{r-1}$ 通り)

特定の1人を並べる(r 通り)

と分けて考えることもできるので，【2】も成り立つことがわかります。 ☑ ⑫

【3】，【4】，【5】の導き方

【3】について

$$
\begin{aligned}
{}_nC_{n-r} &= \frac{n!}{(n-r)!\{n-(n-r)\}!} = \frac{n!}{(n-r)!r!} = \frac{n!}{r!(n-r)!} \\
&= {}_nC_r
\end{aligned}
$$

(証明終)

【4】について

$$
\begin{aligned}
r \cdot {}_nC_r &= r \cdot \frac{n!}{r!(n-r)!} \\
&= \frac{n!}{(r-1)!(n-r)!}
\end{aligned}
$$

$$
\begin{aligned}
n \cdot {}_{n-1}C_{r-1} &= n \cdot \frac{(n-1)!}{(r-1)!\{(n-1)-(r-1)\}!} \\
&= \frac{n!}{(r-1)!(n-r)!}
\end{aligned}
$$

よって

$$
r \cdot {}_nC_r = n \cdot {}_{n-1}C_{r-1}
$$

(証明終)

【5】について

$$
\begin{aligned}
&{}_{n-1}\mathrm{C}_r+{}_{n-1}\mathrm{C}_{r-1}\\
&=\frac{(n-1)!}{r!\{(n-1)-r\}!}+\frac{(n-1)!}{(r-1)!\{(n-1)-(r-1)\}!}\\
&=\frac{(n-1)!}{r!(n-r-1)!}+\frac{(n-1)!}{(r-1)!(n-r)!}\\
&=\frac{(n-1)!(n-r)+(n-1)!\cdot r}{r!(n-r)!}\\
&=\frac{(n-1)!(n-r+r)}{r!(n-r)!}\\
&=\frac{n!}{r!(n-r)!}\\
&={}_n\mathrm{C}_r
\end{aligned}
$$

（証明終）

【3】,【4】,【5】が成り立つことを，式の意味からも考えてみましょう。

第6章

まず，n 人から r 人を選ぶことは，**“選ばない $n-r$ 人を選ぶ”と考える**こともできますから，【3】が成り立つことがわかりますね。

たとえば ${}_{10}\mathrm{C}_8$ のように，${}_n\mathrm{C}_r$ の r が n の半分を超えるときにこの関係を使うと，計算が簡単になります。

$$
{}_{10}\mathrm{C}_8=\frac{10\cdot9\cdot8\cdot7\cdot6\cdot5\cdot4\cdot3}{8\cdot7\cdot6\cdot5\cdot4\cdot3\cdot2\cdot1}
$$

とするよりも

$$
{}_{10}\mathrm{C}_8={}_{10}\mathrm{C}_2=\frac{10\cdot9}{2\cdot1}
$$

とする方が途中式がシンプルですね。

次に，n 人から r 人を選び，その中から代表の 1 人を選ぶ方法が何通りあるかを 2 通りの見方で考えてみましょう。 ☑⑫

n 人から r 人選ぶ（${}_n\mathrm{C}_r$ 通り）

選んだ r 人の中から代表の 1 人を選ぶ（r 通り）

の 2 段階で考えると，全部で $r\cdot{}_n\mathrm{C}_r$ 通りあります。

一方で

n 人から代表の 1 人をまずを選ぶ(n 通り)

残り $n-1$ 人から代表以外の $r-1$ 人を選ぶ(${}_{n-1}C_{r-1}$ 通り)

の 2 段階で考えると，全部で $n \cdot {}_{n-1}C_{r-1}$ 通りありますから，【4】が成り立つことがわかります。

最後に，n 人から r 人を選ぶ方法を

(i) 特定の 1 人を含まないとき

残り $n-1$ 人から r 人を選ぶ(${}_{n-1}C_r$ 通り)

(ii) 特定の 1 人を含むとき

残り $n-1$ 人から $r-1$ 人選ぶ(${}_{n-1}C_{r-1}$ 通り)

と分けて考えると，【5】が成り立つことがわかります。 ☑ ⑫

Check ☑

❹ つくりたい形を見越して変形する。

⓬ 同じものを 2 通りの方法で表す。

練習問題

▶解答冊子 p55

⑴ 4人の女子と4人の男子の計8人を1列に並べる。

(i) 順列の総数は［　］である。

(ii) どの男子も隣り合わない順列の総数は［　］である。

(iii) 男女が交互に並ぶ順列の総数は［　］である。

(iv) 女子4人が隣り合う順列の総数は［　］である。

〔愛知学院大〕

⑵ 正十二角形 ABCDEFGHIJKL の12個の頂点のうち3点を結んでできる三角形の個数は［　］であり，この正十二角形の対角線の本数は［　］である。

〔獨協大〕

⑶ 11人を部屋割りする際に，部屋A，B，Cには3人ずつ，部屋Dには2人を割り当てる方法は，［　］通りある。また，11人を部屋の区別なく，3人，3人，3人，2人の4組に分ける方法は，［　］通りある。〔同志社大〕

⑷ 1から40までの整数の中から異なる3個の数を選ぶとき，以下の問いに答えよ。

(i) 3個の数の和が偶数となる選び方は何通りあるか。

(ii) 3個の数の和が3の倍数となる選び方は何通りあるか。

〔中央大〕

第6章

2　円順列

Reference　円順列とじゅず順列の総数

【1】 異なる n 個のものを円形に並べる順列の総数は

$(n-1)!$

【2】 異なる n 個のものを円形に並べてじゅずをつくる方法(じゅず順列)の総数は

$\dfrac{(n-1)!}{2}$

順列の応用として，ここでは，円順列とじゅず順列の総数について考えます。一列に並べる順列との違いに注目して理解しましょう。

円順列の総数の導き方

【導き方1】

並べる n 個のうち1つを固定する。 ☑ ⑬

残り $n-1$ 個を並べる順列の総数は，これら $n-1$ 個を一列に並べる順列の総数と等しく

$(n-1)!$　　　　　　　　　　(証明終)

【導き方2】

異なる n 個のものを x_1, x_2, x_3, …, x_n とする。これらを右の図の★印の位置から時計まわりに順に1個ずつ並べる方法の総数は $n!$ である。

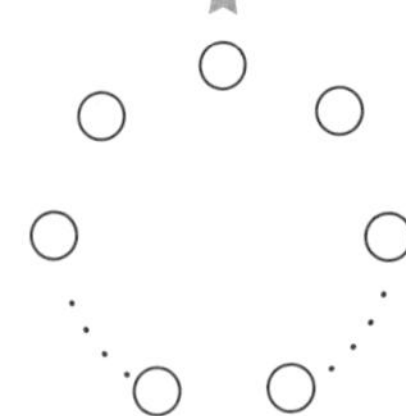

このうち，★印の位置から順に

x_1，x_2，…，x_{n-1}，x_n と並べたもの

x_2，x_3，…，x_n，x_1 と並べたもの

⋮

x_n，x_1，…，x_{n-2}，x_{n-1} と並べたもの

の n 通りは，円順列においては同じものと見なされる。 ☑⑭

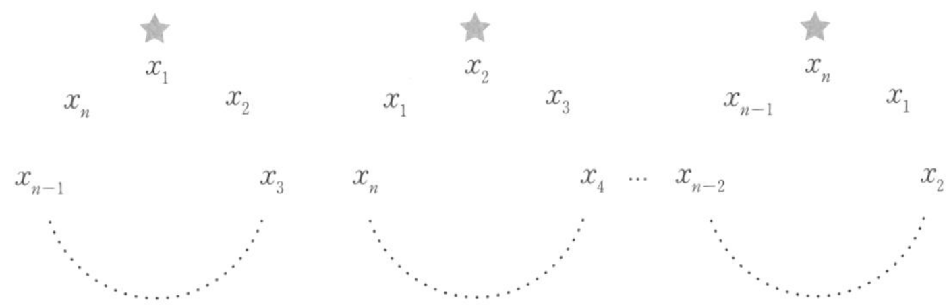

他の並べ方も同じように，n 通りの並べ方がそれぞれ同じものと見なされるから，異なる n 個のものを円形に並べる順列の総数は

$$\frac{n!}{n}=(n-1)!$$

（証明終）

ものを一列に並べるときは，一方の端から順に並べることを考えるとよいですが，円順列には「端」がありません。円形に並んだものについて，「どの順で並んでいるか」だけを考えるために，**導き方2**については，**同じものがいくつずつあるかに着目して順列の総数を求める**ことがポイントです。 ☑⑭

じゅず順列の総数を求めるときも，同じものがいくつずつあるかに着目します。

第6章

じゅず順列の総数の導き方

異なる n 個のものを x_1, x_2, x_3, …, x_n とする。これらを円形に並べる順列の総数は

$$(n-1)!$$

である。

このうち，次の図のように n 個を同じ順番で時計まわりに並べたものと反時計まわりに並べたものは，円順列としては別のものとして数えられるが，じゅずをつくる方法としては同じものと見なされる。 ☑⑭

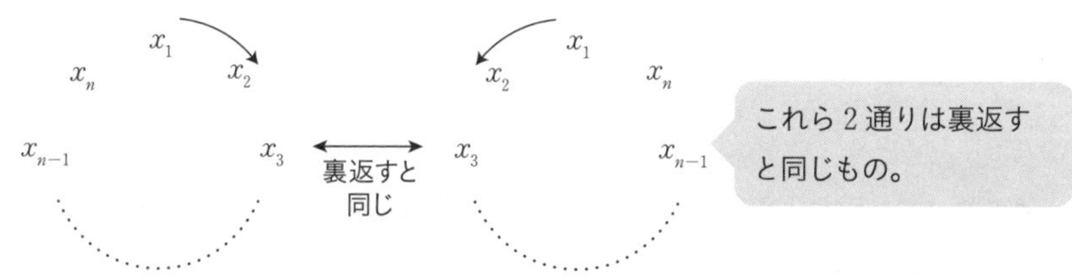

他の並べ方も同じように，2通りの並べ方がそれぞれ同じものと見なされるから，異なる n 個のものを円形に並べてじゅずをつくる方法の総数は，異なる n 個のものを単に円形に並べる順列の総数を2で割って

$$\frac{(n-1)!}{2}$$

（証明終）

Check ☑

⑬ 1つを固定する。
⑭ 同じと見なすものをいったん別のものとして扱う。

練習問題

▶解答冊子 p59

⑴ 立方体の各面を 6 色で塗り分ける。ただし，隣り合う面は異なる色を塗るものとする。また，回転させて一致するものは同じものとみなす。

(i) 6 色すべてを用いて塗る方法は何通りあるか。

(ii) 6 色のうち 5 色を用いて塗る方法は何通りあるか。

⑵ GLOBAL という語を構成する 6 個の文字から，5 個の文字を取り出して円形に並べるとき，並び方は全部で，□通りである。また，このうち，同じ文字が隣り合わないような並び方は□通りである。ただし，回転すると一致する並び方は同じ並び方であると考える。〔芝浦工大〕

第6章

3 同じものを含む順列

Reference 同じものを含む順列の総数

n 個のもののうち，p 個は同じもの，q 個は別の同じもの，r 個はまた別の同じものであるとき，これら n 個を一列に並べる順列の総数は

$$\frac{n!}{p!q!r!} \quad (p+q+r=n)$$

順列の応用として，同じものを含む順列の総数を考えてみましょう。ここでも，円順列やじゅず順列の総数を考えたときと同じように，**同じものがいくつずつあるかに着目する**のがポイントです。 ☑ ⑭

同じものを含む順列の総数の導き方

X が p 個，Y が q 個，Z が r 個の全部で n 個を一列に並べるとする。

【導き方1】

n 個すべてを区別し

$$X_1,\ X_2,\ \cdots,\ X_p,\ Y_1,\ Y_2,\ \cdots,\ Y_q,\ Z_1,\ Z_2,\ \cdots,\ Z_r$$

とすると，これらを一列に並べる順列の総数は

$$n!$$

Y_1, Y_2, $\cdots$, Y_q, Z_1, Z_2, $\cdots$, Z_r の並べ方のそれぞれに対して，X_1, X_2, $\cdots$, X_p の並べ方は $p!$ 通りあり，これらは p 個ある X の区別をなくしたときには同じものと見なされる。 ☑ ⑭

同じようにして，q 個ある Y の区別をなくしたときに同じものと見なされるものが $q!$ 通り，r 個ある Z の区別をなくしたときに同じものと見なされるものが $r!$ 通りあるから，X, Y, Z を一列に並べる順列の総数は

$$\frac{n!}{p!q!r!}$$

（証明終）

【導き方2】

X, Y, Z を並べる n 個の場所のうち，X を並べる p 個の場所の選び方は

$${}_nC_p \text{ 通り}$$

ある。そして，そのそれぞれについて，Y を並べる q 個の場所の選び方は

$${}_{n-p}C_q \text{ 通り}$$

ある。残りの r 個の場所に Z を並べる方法は 1 通りだけであるから，n 個のものを一列に並べる順列の総数は

$${}_nC_p \cdot {}_{n-p}C_q \cdot 1 = \frac{n!}{p!\cancel{(n-p)!}} \cdot \frac{\cancel{(n-p)!}}{q!(n-p-q)!} = \frac{n!}{p!q!(n-p-q)!}$$

$p+q+r=n$ より $r=n-p-q$ であるから，この式は

$$\frac{n!}{p!q!r!}$$

と等しい。 （証明終）

第6章

同じものを含む順列の総数を使って，下の図のように，東西に 4 本，南北に 5 本の道がある街において，地点 A から地点 B まで最短距離で行く道順の数を求めてみましょう。

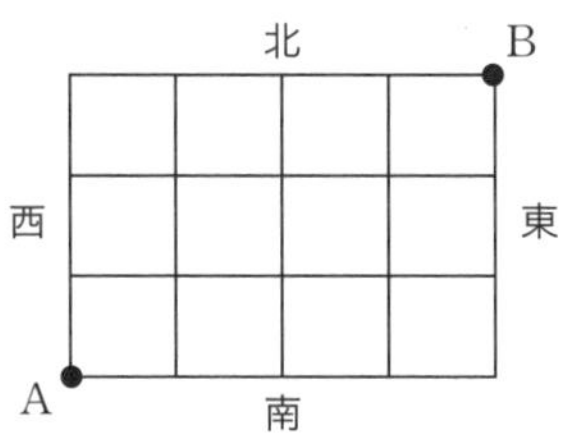

最短距離で行くことを考えるので，進む方向は東向きか北向きのどちらかしかありません。そして，1 回に 1 区画進むとすると，東向きには全部で 4 回，北向きには全部で 3 回進みます。

そこで，東向きに 1 回進むことを“→”，北向きに 1 回進むことを“↑”と表すと，地点 A から地点 B まで最短距離で行く道順のそれぞれは

$$\rightarrow,\ \rightarrow,\ \rightarrow,\ \rightarrow,\ \uparrow,\ \uparrow,\ \uparrow$$

を 1 列に並べる順列と対応します。

たとえば

→, →, ↑, →, ↑, ↑, →

のような順列は，下の図のような道順と対応します。

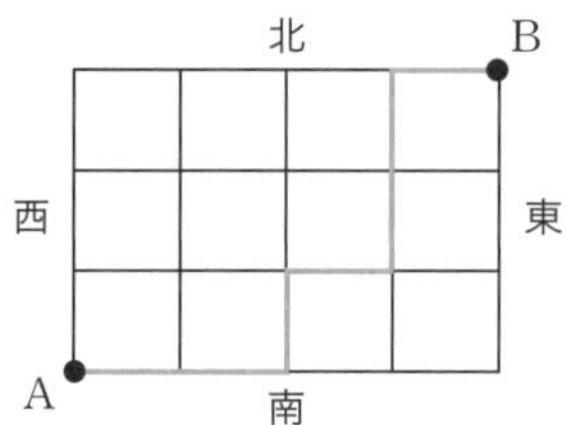

よって，道順の数は，7 個のもののうち，4 個が同じもので，3 個が別の同じものである順列の総数ですから

$$\frac{7!}{4!3!}=35$$

と求められます。

場合の数の問題を考えるときには，このように，**記号などを使った別の表現によって問題を単純化する**こともポイントの 1 つです。 ☑⑮

Check ☑

⑭ 同じと見なすものをいったん別のものとして扱う。

⑮ 1 対 1 に対応する別の表現を見つける。

練習問題

▶解答冊子 p62

(1) 6 個の文字 a, b, c, d, e, f を横 1 列に並べるとき，並べ方は全部で□通りある。このうち，a が b より左にあり，かつ，c が d より左にある並べ方は全部で□通りある。〔大阪工大〕

(2) a, a, b, b, c, c の 6 文字すべてを一列に並べるとき，次の設問に答えよ。

(i) 並べる方法は何通りあるか。

(ii) a どうしが隣り合わない並べ方は何通りあるか。

(iii) 同じ文字どうしがどれも隣り合わない並べ方は何通りあるか。

〔岡山理科大〕

(3) 白玉 8 個，赤玉 2 個，青玉 1 個，黄玉 1 個がある。これら12個の玉を 4 つの箱 A，B，C，D にそれぞれ 3 個ずつ入れる。同じ色の玉は区別しないとして，箱 A，B，C，D のいずれにも白玉を 2 個ずつ入れる入れ方は何通りあるか求めなさい。〔龍谷大・改〕

4　重複順列・重複組合せ

Reference　重複順列・重複組合せの総数

【1】　異なる n 個のものから，重複を許して r 個を選んで並べる順列の総数は

n^r

【2】　異なる n 個のものから，重複を許して r 個を選ぶ組合せの総数は

${}_{n+r-1}\mathrm{C}_r$

これまでは，いくつかのものから重複なく取り出すときの順列や組合せの総数を考えてきました。

ここでは，取り出すものに重複があるとき，順列や組合せの総数はどのようになるかを見ていきます。

まず，重複順列の総数を考えます。

異なる n 個のものから r 個を選んで並べるときと同じように，1番目，2番目，…，r 番目のそれぞれについて，選び方が何通りあるかを考えるとよいでしょう。

重複順列の総数の導き方

異なる n 個のものから選ぶとき，1番目の選び方は n 通りある。

選ぶものが重複することを許しているから，2番目の選び方も n 通りある。

以降，r 番目まですべて選び方は n 通りずつあるから，並べ方の総数は

$$\underbrace{n\cdot n\cdot\cdots\cdot n}_{r\text{個}}=n^r$$

（説明終）

重複組合せの総数は，**1対1に対応する別の単純な表現で考える**ことがポイントです。

重複組合せの総数の導き方

x_1, x_2, …, x_n の n 個のものから，重複を許して r 個を選ぶときの組合せの総数を考える。

x_1, x_2, …, x_n をそれぞれいくつずつ選ぶかは，**r 個の○と $n-1$ 本の｜の並べ方1つに対して1通りに決まる**から，$r+(n-1)=n+r-1$ 個のもののうち，r 個，$n-1$ 個同じものを含む順列の総数と等しい。 ☑ ⑮

よって，組合せの総数は

$$\frac{(n+r-1)!}{r!(n-1)!}={}_{n+r-1}\mathrm{C}_r$$

（説明終）

○と｜を並べる順列と，重複組合せが，どのように対応しているか，$n=7$, $r=5$ として，具体例を通して理解しましょう。

x_1, x_2, x_3, x_4, x_5, x_6, x_7 の中から，重複を許して5個を選ぶ組合せを考えます。

【例1】 x_1, x_3, x_3, x_7, x_7 ⟶ ○｜｜○○｜｜｜｜○○

【例2】 x_3, x_3, x_3, x_5, x_5 ⟶ ｜｜○○○｜｜○○｜｜

1列に並べた5個の○に対して

・1本目の｜よりも左側にある○の個数だけ x_1 を選ぶ

・1本目の｜と2本目の｜の間にある○の個数だけ x_2 を選ぶ

⋮

・5本目の｜と6本目の｜の間にある○の個数だけ x_6 を選ぶ

・6本目の｜よりも右側にある○の個数だけ x_7 を選ぶ

のように，｜の位置によって，○をそれぞれ x_1, x_2, …, x_7 のどれかに対応させているのです。

重複組合せの総数を応用できる例を見ておきます。

$a+b+c+d=12\ (a\geqq 0,\ b\geqq 0,\ c\geqq 0,\ d\geqq 0)$ をみたす整数 a, b, c, d の値の組の個数を求めるとき，まず12個の○を並べ

・1本目の｜の左側に，a 個の○が並ぶようにする

・1本目の｜と2本目の｜の間に，b 個の○が並ぶようにする

・2本目の｜と3本目の｜の間に，c 個の○が並ぶようにする

・3本目の｜の右側に，d 個の○が並ぶようにする

のように3本の｜を並べると，○と｜の並べ方1つに対して，整数 a, b, c, d の値の組が1通りに決まるから，値の組の個数は

$$\frac{15!}{12!3!}=\frac{15\cdot 14\cdot 13}{3\cdot 2\cdot 1}=455\ (\text{個})$$

と求められます。

1対1に対応するものを見つけると，$a+b+c\leqq 12\ (a\geqq 0,\ b\geqq 0,\ c\geqq 0)$ をみたす整数 a, b, c の値の組の個数も簡単に求められます。

$a+b+c\leqq 12\ (a\geqq 0,\ b\geqq 0,\ c\geqq 0)$ をみたす整数 a, b, c の組があるとき，$0\leqq d\leqq 12$ をみたす整数 d をうまく選べば，$a+b+c+d=12$ とすることができます。

12に足りない分を d とする。

そして，そのような d の選び方は，a, b, c の組1つに対して1通りしかありません。

よって，「$a+b+c\leqq 12\ (a\geqq 0,\ b\geqq 0,\ c\geqq 0)$ をみたす整数 a, b, c の値の組」は，「$a+b+c+d=12\ (a\geqq 0,\ b\geqq 0,\ c\geqq 0,\ d\geqq 0)$ をみたす整数 a, b, c, d の値の組」と1対1に対応します。

したがって，$a+b+c\leqq 12\ (a\geqq 0,\ b\geqq 0,\ c\geqq 0)$ をみたす整数 a, b, c の値の組の個数も455個です。

Check ☑

⑮ 1対1に対応する別の表現を見つける。

練習問題

▶解答冊子 p65

⑴ 次の問いに答えよ。

(i) 大きさの異なる 2 個のさいころを振るとき，出た目の和が 7 でない目の出方は［　］通りである。

(ii) 大きさの異なる 3 個のさいころを振るとき，出た目の和が 7 の倍数となる目の出方は［　］通りである。

(iii) 大きさの異なる 4 個のさいころを振るとき，出た目の和が 7 の倍数となる目の出方は［　］通りである。

〔明治大〕

⑵ x，y，z を 0 以上の整数とする。このとき

(i) $x+y+z=9$ を満たす x，y，z の組の総数は［　］である。

(ii) $x+y+z \leqq 9$ を満たす x，y，z の組の総数は［　］である。

〔北里大・改〕

⑶ 8 個の果物を 3 個の箱に分けたい。次のように分ける方法は，それぞれ何通りあるか求めよ。

(i) 同じ種類の果物 8 個を区別のない 3 個の箱に分ける。ただし，果物が 1 個も入っていない箱ができてもよいものとする。

(ii) 同じ種類の果物 8 個を A，B，C の 3 個の箱に分ける。ただし，果物が 1 個も入っていない箱ができてもよいものとする。

(iii) 異なる種類の果物 8 個を A，B，C の 3 個の箱に分ける。ただし，どの箱にも少なくとも 1 個の果物は入れるものとする。

〔北海学園大〕

5　和事象の確率，余事象の確率

Reference　和事象の確率と余事象の確率

事象 X が起こる確率を $P(X)$ と表す。

【1】 事象 A または事象 B の少なくとも一方が起こる事象を「事象 A と事象 B の**和事象**」という。A または B が起こる確率 $P(A \cup B)$ は

$P(A \cup B) = P(A) + P(B) - P(A \cap B)$

【2】 事象 A が起こらない事象を「事象 A の**余事象**」といい，$\overline{A}$ と表す。事象 $\overline{A}$ が起こる確率 $P(\overline{A})$ は

$P(\overline{A}) = 1 - P(A)$

はじめに，確率についての用語をいくつか確認しておきます。

1個のさいころを投げるなど，同じ状態のもとで繰り返すことができ，その結果が偶然によって決まる操作を**試行**といい，試行の結果起こる事柄を**事象**といいます。

1個のさいころを投げるという試行において，起こり得る事象は

「1の目が出る」，「2の目が出る」，…，「6の目が出る」

の6通りあります。このように，試行において，起こり得る事象の最小単位1つ1つのことを**根元事象**といい，すべての根元事象を合わせた事象を**全事象**といいます。そして，どの根元事象が起こることも同じ程度に期待できるとき，これらの根元事象は**同様に確からしい**といいます。

たとえば，1個のさいころを1回投げる試行において，1，2，3，4，5，6のどの目が出る事象も，同じ程度に起こることが期待できますから，これら6通りの根元事象は同様に確からしいといえます。

全事象Uのどの根元事象も同様に確からしいとき，全事象Uが起こる場合の数を$n(U)$，事象Aが起こる場合の数を$n(A)$として，事象Aが起こる確率$P(A)$は

$$P(A)=\frac{n(A)}{n(U)}$$

と定められます。**確率を考えるときには**

「全事象Uのどの根元事象も同様に確からしい」

という前提が必要です。

このように，確率は，集合の要素の個数によって定められることから，集合について考えたときと同じように図を用いて考えることが有効です。

第6章

和事象の確率の導き方

事象Xの起こる場合の数を$n(X)$と表すと

$$n(A\cup B)=n(A)+n(B)-n(A\cap B)$$

☑ ⑤

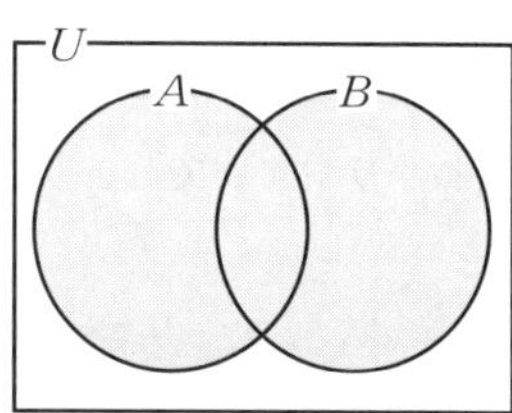

両辺を$n(U)$で割ると

$$\frac{n(A\cup B)}{n(U)}=\frac{n(A)}{n(U)}+\frac{n(B)}{n(U)}-\frac{n(A\cap B)}{n(U)}$$

よって

$$P(A\cup B)=P(A)+P(B)-P(A\cap B)$$ （証明終）

さて，A と B が同時に起こらないとき，つまり，$A\cap B=\varnothing$ のとき，「A と B は互いに排反である」といいます。

このとき，$P(A\cap B)=0$ ですから，和事象の確率より，A または B が起こる確率は

$$P(A\cup B)=P(A)+P(B)$$

です。

この結果を使うことで，余事象の確率は次のように導くことができます。

余事象の確率の導き方

A と $\overline{A}$ は排反であり，全事象を U とすると，$A\cup\overline{A}=U$ であるから

$$\begin{aligned}P(U)&=P\left(A\cup\overline{A}\right)\\&=P(A)+P\left(\overline{A}\right)\end{aligned}$$ ☑⓫

よって

$$\begin{aligned}P\left(\overline{A}\right)&=P(U)-P(A)\\&=1-P(A)\end{aligned}$$

（証明終）

余事象の確率については，右のような図をかいて捉えるのもわかりやすいでしょう。 ☑❺

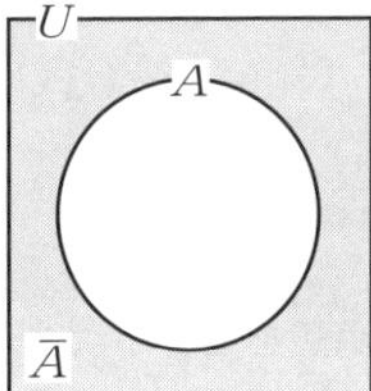

「少なくとも１つが～である」という事象の確率を求めるときには，これの余事象「すべてが～である」を利用する方が，考えるべき場合が少なくなり，簡単に計算できることが多くあります。

Check ☑

❺ 図を活用し，視覚で捉える。
⓫ 前の結果を利用する。

練習問題

▶解答冊子 p68

(1) A, B, C, D, E, F の 6 人の学生から，それぞれのスマートフォンを 1 台ずつ回収し，その後，それらを 1 人に 1 台ずつ無作為に配布する。このとき，スマートフォンは元の持ち主の学生に戻されるとは限らないことに注意して，次の問いに答えよ。

(i) A と B の 2 人がともに自分のスマートフォンを受け取れる確率を求めよ。

(ii) A と B の 2 人がともに自分のスマートフォンを受け取れない確率を求めよ。

(iii) A と B と C の 3 人がともに自分のスマートフォンを受け取れない確率を求めよ。

〔星薬大・改〕

(2) n を自然数とする。さいころを n 回投げて，出た目の数すべての積を X_n とする。

(i) X_n が 5 で割り切れる確率を n で表しなさい。

(ii) X_n が 2 でも 5 でも割り切れない確率を n で表しなさい。

(iii) X_n が10で割り切れる確率を n で表しなさい。

〔龍谷大〕

6　反復試行の確率

Reference　反復試行の確率

同じ条件のもとで，同じ試行を繰り返し行うことを**反復試行**という。

【1】 1回の試行で事象 A の起こる確率が p であるとする。この試行を n 回繰り返すとき，事象 A が k 回起こる確率は

$${}_nC_k \cdot p^k(1-p)^{n-k}$$

【2】 1回の試行で事象 A の起こる確率が p，事象 B の起こる確率が q，事象 C の起こる確率が r であるとする。この試行を n 回繰り返すとき，事象 A が k 回，事象 B が l 回，事象 C が m 回起こる確率は

$$\frac{n!}{k!l!m!}\cdot p^k q^l r^m \quad (p+q+r=1,\ k+l+m=n)$$

反復試行の確率について詳しく見る前に，「独立な試行」について確認しておきます。

複数の試行の結果が他のどの試行の結果にも互いに影響を与えないとき，これらの試行は**独立である**といいます。

ある試行 T_1 において事象 A が起こる確率を $P(A)$，T_1 と独立な試行 T_2 において事象 B が起こる確率を $P(B)$ とすると，T_1 の結果と T_2 の結果は互いに影響を与えないことから，事象 A，事象 B がともに起こる確率は $P(A)P(B)$ です。

1個のさいころと1枚のコインを投げるとき，さいころは6の目が出て，コインは表が出る確率は

$$\frac{1}{6}\cdot\frac{1}{2}=\frac{1}{12}$$

ですね。

反復試行の確率は，独立な試行の確率と，排反な事象の確率の和を使うことで，導くことができます。

反復試行の確率の導き方

事象Aの起こる確率がpであるとき，事象Aの起こらない確率は$1-p$である。

この試行をn回繰り返すとき，事象Aがk回起こるとすると，事象Aが起こらない回数は$n-k$回である。そのような場合の総数は，同じものを含む順列の総数を考えて

$$\frac{n!}{k!(n-k)!}={}_n\mathrm{C}_k$$

であり，これらの場合のそれぞれについて，起こる確率は ☑⑯

$$p^k(1-p)^{n-k}$$

よって，試行をn回繰り返すとき，事象Aがk回起こる確率は

$${}_n\mathrm{C}_k\cdot p^k(1-p)^{n-k}$$ （証明終）

次に，事象Aの起こる確率がp，事象Bの起こる確率がq，事象Cの起こる確率がrである試行をn回繰り返すとき，事象Aがk回，事象Bがl回，事象Cがm回起こる場合の総数は，同じものを含む順列の総数を考えて

$$\frac{n!}{k!l!m!}$$

であり，これらの場合のそれぞれについて，起こる確率は ☑⑯

$$p^kq^lr^m$$

よって，試行をn回繰り返すとき，事象Aがk回，事象Bがl回，事象Cがm回起こる確率は

$$\frac{n!}{k!l!m!}\cdot p^kq^lr^m$$ （証明終）

反復試行の確率においては，**確率が等しい事象を捉える**ことと，そのような場合の総数を正しく求めることがポイントです。 ☑⑯

第6章

いくつか例を見ておきましょう。

●さいころを3回投げるとき，1の目が2回出る確率

さいころを1回投げるとき，1の目が出る確率は $\frac{1}{6}$，1以外の目が出る確率は $\frac{5}{6}$ です。

さいころを3回投げるとき，「1の目」が何回目に出るかは，異なる3個から2個を選ぶ $_3C_2$ 通りあり，1の目は2回，1以外の目は1回出ますから，このそれぞれについて，起こる確率は ☑⑯

$$\left(\frac{1}{6}\right)^2\left(\frac{5}{6}\right)^1$$

です。よって，さいころを3回投げるとき，1の目が2回出る確率は

$$_3C_2\cdot\left(\frac{1}{6}\right)^2\left(\frac{5}{6}\right)^1=3\cdot\frac{5}{6^3}=\frac{5}{72}$$

●さいころを6回投げるとき，1の目が1回，2または3の目が2回，4または5または6の目が3回出る確率

さいころを1回投げるとき，1の目が出る確率は $\frac{1}{6}$，2または3の目が出る確率は $\frac{2}{6}$，4または5または6の目が出る確率は $\frac{3}{6}$ です。

さいころを6回投げるとき，「1の目」，「2または3の目」，「4または5または6の目」がそれぞれ何回目に出るかは，同じものを含む順列を考えて $\frac{6!}{1!2!3!}$ 通りあり，このそれぞれについて，起こる確率は ☑⑯

$$\left(\frac{1}{6}\right)^1\left(\frac{2}{6}\right)^2\left(\frac{3}{6}\right)^3$$

です。よって，さいころを6回投げるとき，1の目が1回，2または3の目が2回，4または5または6の目が3回出る確率は

$$\frac{6!}{1!2!3!}\cdot\left(\frac{1}{6}\right)^1\left(\frac{2}{6}\right)^2\left(\frac{3}{6}\right)^3=2^2\cdot3\cdot5\cdot\frac{1}{2^4\cdot3^3}=\frac{5}{36}$$

Check ☑

⑯ 同じ式で計算できるものに注目する。

練習問題

▶解答冊子 p71

(1) 1個のさいころを5回続けて投げるとき，次の確率を求めよ。

(i) ちょうど2種類の目が出る確率

(ii) ちょうど3種類の目が出る確率

〔日本女子大〕

(2) 図のような格子があり，点Pが点Oから出発する。硬貨を投げ，表が出るたびに1つ右に，裏が出るたびに1つ上に移動する。これを繰り返しおこなうとき，次の各問いに答えよ。

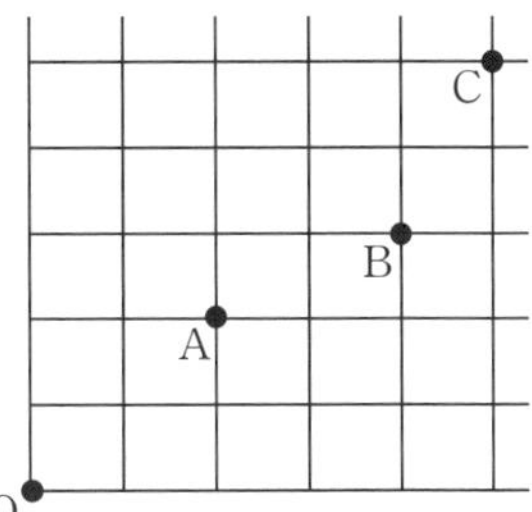

(i) 硬貨を4回投げたときに，点Pが点Aに到達する確率を求めよ。

(ii) 硬貨を10回投げたときに，点Pが途中で点Aを通過し，点Cに到達する確率を求めよ。

(iii) 硬貨を10回投げたときに，点Pが途中で点Aを通過せずに，さらに途中で点Bを通過して，点Cに到達する確率を求めよ。

(iv) 硬貨を10回投げたときに，点Pが途中で点Aも点Bも通過せずに点Cに到達する確率を求めよ。

〔日本女子大〕

7 条件付き確率と確率の乗法定理

Reference 確率の乗法定理

事象 A が起こったときの事象 B が起こる条件付き確率を $P_A(B)$ と表すと

$$P(A \cap B) = P(A)P_A(B)$$

まず，条件付き確率について確認しておきましょう。

これまでは，全事象 U のもとで，ある事象 A が起こる確率（右の図1で色のついた部分に含まれる確率）を考えてきました。**条件付き確率**は，ある条件のもとで，ある事象が起こる確率のことをいいます。右の図2において，**条件 A をみたすという事象を全事象と見なして求めた，条件 B が起こる確率を，「事象 A が起こったときの事象 B が起こる条件付き確率」とよぶ**ということです。 ☑ ❺

図1

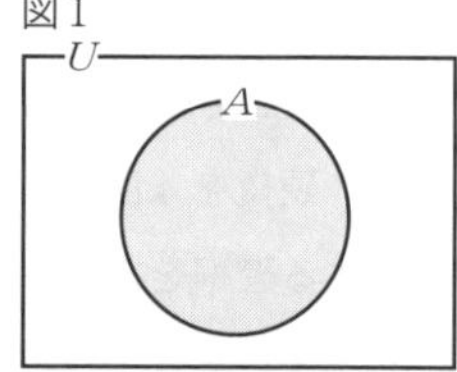

図2

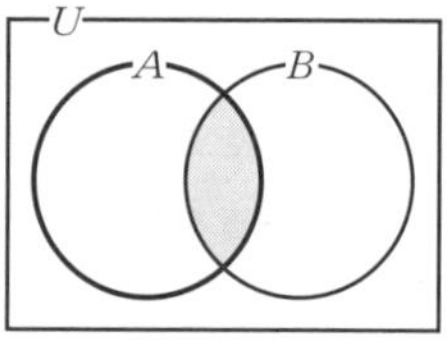

事象 A が起こったときの事象 B が起こる条件付き確率は，確率の定義から

$$\frac{(\text{事象}A\text{が起こったとき事象}B\text{も起こる場合の数})}{(\text{事象}A\text{が起こる場合の数})}$$ ☑ ❸

です。すなわち，全事象 U が起こる場合の数を $n(U)$，事象 A，B が起こる場合の数をそれぞれ $n(A)$，$n(B)$ とすると

$$P_A(B) = \frac{n(A \cap B)}{n(A)} = \frac{\dfrac{n(A \cap B)}{n(U)}}{\dfrac{n(A)}{n(U)}} = \frac{P(A \cap B)}{P(A)}$$

によって条件付き確率が求められるということです。

確率の乗法定理の導き方

事象Aが起こったときの事象Bが起こる条件付き確率$P_A(B)$は

$$P_A(B)=\frac{P(A\cap B)}{P(A)}$$ ☑ ③

この式の両辺に$P(A)$をかけることで

$$P(A\cap B)=P(A)P_A(B)$$ （証明終）

確率の乗法定理は，袋などからものを取り出したあと，取り出したものをもとに戻さずに続けて取り出すときの確率の計算によく使われます。

たとえば，赤玉3個，白玉4個が入っている袋から玉を1個ずつ取り出すことを，取り出した玉をもとに戻さずに繰り返すとき，1回目に赤玉を取り出す事象をA，2回目に赤玉を取り出す事象をBとして，AかつBが起こる確率を求めてみます。

まず，1回目は，袋の中には赤玉が3個，白玉が4個の合わせて7個の玉が入っていますから，赤玉を取り出す確率は

$$P(A)=\frac{3}{7}$$

です。

次に，1回目に赤玉を取り出したとき，袋の中には赤玉が2個，白玉が4個の合わせて6個の玉が入っていますから，2回目に赤玉を取り出す確率は

$$P_A(B)=\frac{2}{6}$$

です。

よって，AかつBが起こる確率は，確率の乗法定理より

$$P(A\cap B)=P(A)P_A(B)=\frac{3}{7}\cdot\frac{2}{6}=\frac{1}{7}$$

です。

さらに，3回目に赤玉を取り出す事象をCとして，AかつBかつCが起こる確率はどうなるでしょうか。

確率の乗法定理より

$$P(A\cap B\cap C)=P(A\cap B)P_{A\cap B}(C)$$

です。$P(A\cap B)$ はすでに求めているので，$P_{A\cap B}(C)$ を求めることが目標となります。

これは，事象$A\cap B$が起こったときの事象Cが起こる条件付き確率，すなわち，1回目に赤玉を取り出し，2回目に赤玉を取り出したとき，3回目に赤玉を取り出す確率です。

3回目には，袋の中には赤玉が1個，白玉が4個の合わせて5個の玉が入っていますから，3回目に赤玉を取り出す確率は

$$P_{A\cap B}(C)=\frac{1}{5}$$

です。

よって，AかつBかつCが起こる確率は

$$P(A\cap B\cap C)=\frac{1}{7}\cdot\frac{1}{5}=\frac{1}{35}$$

このように，確率を考える状況が1つ1つの試行の結果によって変化するとき，複数の事象が同時に起こる確率を求めるには，**それぞれの事象が起こったあとの状況で確率を考え，それらをかけていけばよい**ということです。

Check ☑

❸ 定義に戻る。
❺ 図を活用し，視覚で捉える。

練習問題

▶解答冊子 p74

(1) A君は地下鉄に乗り，次にバスに乗って学校へ行く。A君は傘を持って地下鉄に乗ると確率 $\frac{1}{8}$ で傘を忘れる。また，A君は傘を持ってバスに乗ると確率 $\frac{1}{10}$ で傘を忘れる。ある日，A君は傘を持って学校に行き，学校に着いたとき，傘を忘れていることに気がついた。このとき，次の問いに答えよ。

(i) A君が地下鉄に傘を忘れた確率を求めよ。

(ii) A君がバスに傘を忘れた確率を求めよ。

〔愛知工大・改〕

(2) 袋Aには赤球3個と白球2個，袋Bには赤球5個と白球3個が入っている。袋Aから球を1個取り出して，色を確認せずに袋Bに入れ，中身をよくかき混ぜた後，袋Bから球を1個取り出す。袋Bから取り出した球が白球であるとき，袋Aから取り出した球も白球であった確率を求めよ。〔三重大〕

8　期待値

Reference　期待値

ある試行の結果によって決まる変量 X について，とり得る値が x_1，x_2，…，x_m であり，X がこれらの値をとる確率がそれぞれ p_1，p_2，…，p_m（ただし，$p_1+p_2+\cdots+p_m=1$）であるとする。

このとき，X の期待値は

$$E(X)=x_1p_1+x_2p_2+\cdots+x_mp_m$$

であり，これは，この試行の結果として起こり得るすべての事象における X の値の平均値である。

期待値は，ある試行の結果として起こり得るすべての事象における X の値の平均値ですから，**いくつかの選択肢があるときに，そのうちどれを選ぶのが最も得かを，数値にもとづいて判断する指標**となります。

期待値が X の値の平均値であることの確認

全事象の場合の数を $n(U)$ とし，$k=1$，2，…，m に対して，$X_k=x_k$ となる事象の場合の数を $n(X_k)$ とすると

$$p_k=\frac{n(X_k)}{n(U)}$$

よって，起こり得るすべての事象における X の値の平均値は

$$\frac{n(X_1)\cdot x_1+n(X_2)\cdot x_2+\cdots+n(X_m)\cdot x_m}{n(U)}$$

$$=x_1\cdot\frac{n(X_1)}{n(U)}+x_2\cdot\frac{n(X_2)}{n(U)}+\cdots+x_m\cdot\frac{n(X_m)}{n(U)}$$

$$=x_1p_1+x_2p_2+\cdots+x_mp_m$$

これは，X の期待値 $E(X)$ である。　（説明終）

赤玉1個，白玉2個，黒玉3個が入っている袋の中から1個の玉を取り出し，取り出した玉の色を確認してからもとに戻すという試行を考えます。

このとき，取り出した玉の色によって得点が決まり，赤玉であれば100点，白玉であれば40点，黒玉であれば -20 点であるとします。

この試行を1回行ったとき，取り出した玉が赤玉である確率は $\frac{1}{6}$，取り出した玉が白玉である確率は $\frac{2}{6}$，取り出した玉が黒玉である確率は $\frac{3}{6}$ ですから，得点の期待値は

$$100\cdot\frac{1}{6}+40\cdot\frac{2}{6}+(-20)\cdot\frac{3}{6}=20\ (点)$$

と求められます。

では，この試行を2回行ったときの得点の期待値はどうなるでしょうか。

2回の玉の取り出し方と，それぞれの取り出し方に対応する得点は，次のようになります。

- 赤玉2個のとき，確率は $\frac{1}{36}$ であり，得点は200点。
- 白玉2個のとき，確率は $\frac{4}{36}$ であり，得点は80点。
- 黒玉2個のとき，確率は $\frac{9}{36}$ であり，得点は -40 点。
- 赤玉1個と白玉1個のとき，確率は $\frac{4}{36}$ であり，得点は140点。
- 赤玉1個と黒玉1個のとき，確率は $\frac{6}{36}$ であり，得点は80点。
- 白玉1個と黒玉1個のとき，確率は $\frac{12}{36}$ であり，得点は20点。

これらから，得点の期待値は

$$200\cdot\frac{1}{36}+80\cdot\frac{4}{36}+(-40)\cdot\frac{9}{36}$$
$$+140\cdot\frac{4}{36}+80\cdot\frac{6}{36}+20\cdot\frac{12}{36}=40\ (点)$$

と求められます。

試行を2回行ったときの得点の期待値は，1回のときのちょうど2倍になりました。これは偶然ではなく，次の期待値の性質によって説明できます。

Reference 期待値の性質

変量 X の期待値が $E(X)$，変量 Y の期待値が $E(Y)$ であるとき，変量 $X+Y$ の期待値 $E(X+Y)$ は

$$E(X+Y)=E(X)+E(Y)$$

1 回目の試行の結果による得点を X，2 回目の試行の結果による得点を Y とすると，$E(X)=E(Y)=20$ であり，2 回の試行の結果による得点の和 $X+Y$ の期待値は

$$E(X)+E(Y)=20+20=40\ (\text{点})$$

となるということです。

期待値の性質の導き方（X，Y とも 2 つの値をとり得る場合）

X のとり得る値が x_1，x_2 であり，X がこれらの値をとる確率がそれぞれ p_1，p_2 $(p_1+p_2=1)$ であるとする。また，Y のとり得る値が y_1，y_2 であり，Y がこれらの値をとる確率がそれぞれ q_1，q_2 $(q_1+q_2=1)$ であるとする。

全事象の確率は 1。

$s=1$，2 および $t=1$，2 に対して，$X=x_s$ かつ $Y=y_t$ となる確率は p_sq_t であり，このとき $X+Y=x_s+y_t$ である。

よって，$X+Y$ の期待値 $E(X+Y)$ は

$$(x_1+y_1)p_1q_1+(x_2+y_1)p_2q_1+(x_1+y_2)p_1q_2+(x_2+y_2)p_2q_2$$
$$=\{x_1p_1(q_1+q_2)+x_2p_2(q_1+q_2)\}+\{y_1q_1(p_1+p_2)+y_2q_2(p_1+p_2)\}$$ ☑ ⑰
$$=(x_1p_1+x_2p_2)+(y_1q_1+y_2q_2)$$

$E(X)$，$E(Y)$ の形をつくる。

$$=E(X)+E(Y)$$

（証明終）

Check ☑

⑰ 計算の順序を工夫する。

練習問題

▶解答冊子 p76

(1) 1から10までの番号を1つずつ書いた10枚のカードがある。この中から2枚のカードを同時に引くとき，取り出した2枚のカードに書かれている番号のうち，大きい方が8か9なら150円，10なら300円をもらうゲームを行うとする。このゲームを1回行ったとき，もらえる金額の期待値は□円である。

〔福岡大・改〕

(2) 7枚のカードに1から7までの数字が1つずつ書かれている。この7枚のカードが入っている箱がある。この箱から，もとに戻さずに1枚ずつ，5枚のカードを引く。引いた5枚のカードの中で最大の数字が得点になるものとすると，得点の期待値は□である。

〔西南学院大・改〕

(3) 机の上に1から6の数字を書いたカードを1枚ずつ置く。さいころを何個か投げ，出た目と同じ数字のカードを取り除き，残ったカードの数字の総和を得点とするゲームを行う。

(i) さいころを1個投げるときの得点の期待値は□である。

(ii) さいころを2個投げるときの得点の期待値は□である。

〔青山学院大・改〕

コラム　～ビュッフォンの針の問題～

確率についての有名な問題の1つに，ビュッフォン(1707～1788)が提起した，次の問題があります。

ビュッフォンの針の問題

$2h$ の間隔で等間隔に引かれた平行線でおおわれた平面上に，長さ $2l$ $(l<h)$ の1本の針を落とすとき，この針が平行線のいずれかと交わる確率を求めよ。

この問題が提起されるまでは，確率を求める方法は，場合の数の比を考えるという方法に限られていましたが，この問題を解くためには

針の中点と一番近い平行線の距離が x であるとき，

針と平行線が交わるような，針と平行線のなす角 θ の範囲

を考えるという，図形的な見方が必要でした。

ビュッフォンの針の問題の答えは $\dfrac{2l}{\pi h}$ で，当時は，確率の値に円周率 π が現れたことに注目が集まりました。

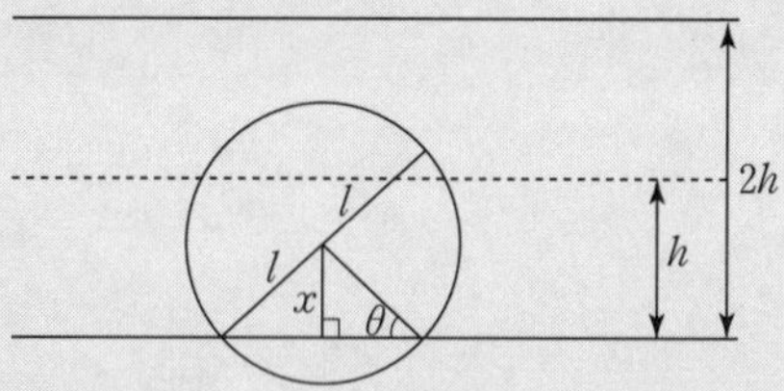

数学Ⅰ・Aの範囲の知識だけではビュッフォンの針の問題の確率を求めることはできませんが，図形的な考え方を必要とする確率の問題として，次の問題を考えてみましょう。

問題

1辺の長さが$6h$である正方形を底面にもつ箱があり，この箱の底面を3等分するように，1辺と平行な線が2本引いてある。この箱に，直径が$2r(r<h)$の円形の硬貨を入れたとき，この硬貨が2本の線のどちらかと共有点をもつ確率を求めよ。

ただし，硬貨は箱の底面と完全に接するように入り，箱の側面に寄りかかるようにして入ることはないものとする。

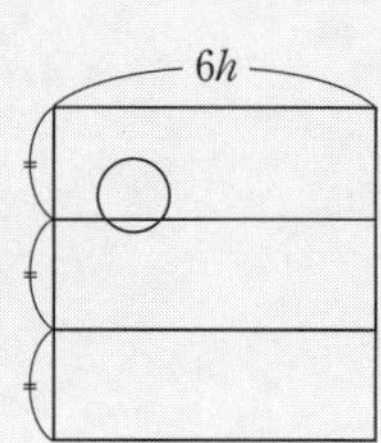

解答

硬貨が箱の中に入ったとき，硬貨の中心が存在し得る範囲は，右の図の点線で囲まれた範囲で，その面積は

$$(6h-2r)^2=4(3h-r)^2$$

です。

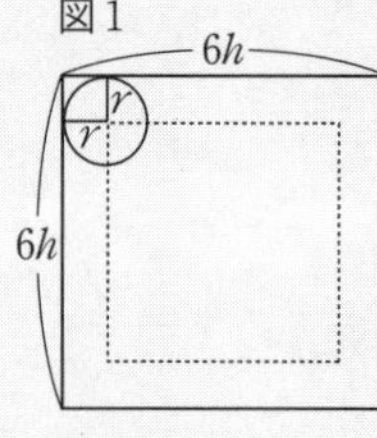

一方，硬貨が箱の中に引かれた2本の線のどちらかと共有点をもつように入ったとき，硬貨の中心が存在し得る範囲は，上の図の斜線部分で，その面積は

$$2r(6h-2r)\cdot 2=8r(3h-r)$$

です。

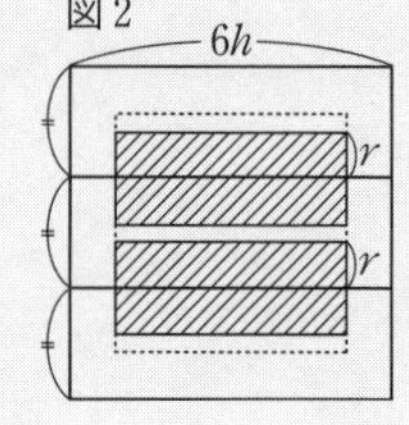

よって，求める確率は

$$\frac{8r(3h-r)}{4(3h-r)^2}=\frac{2r}{3h-r}$$

となります。

第6章

第7章

図形の性質

第7章　図形の性質

1　角の二等分線と比，中線定理

Reference　角の二等分線と比の定理

【1】△ABC において，∠BAC の二等分線と辺 BC の交点を D とすると

BD：DC＝AB：AC

【2】AB≠AC である △ABC において，∠BAC の外角の二等分線と辺 BC の延長の交点を D とすると

BD：DC＝AB：AC

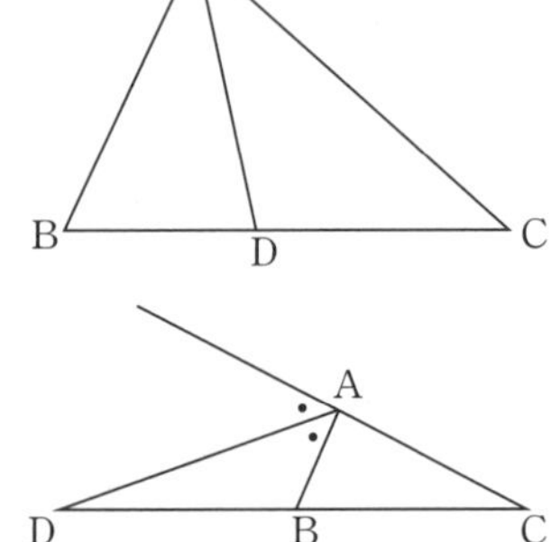

角の二等分線が現れる図形の問題は非常に多くあり，角の二等分線と比の定理は，そのような問題において線分の長さを求める際に有効です。

その証明には，**平行線を利用する**という，補助線を引くうえで重要な考え方を含み，平行線の性質によって，ある線分上の長さの比と等しい比を，別の線分上につくっています。　⑱

角の二等分線と比の定理【1】の証明

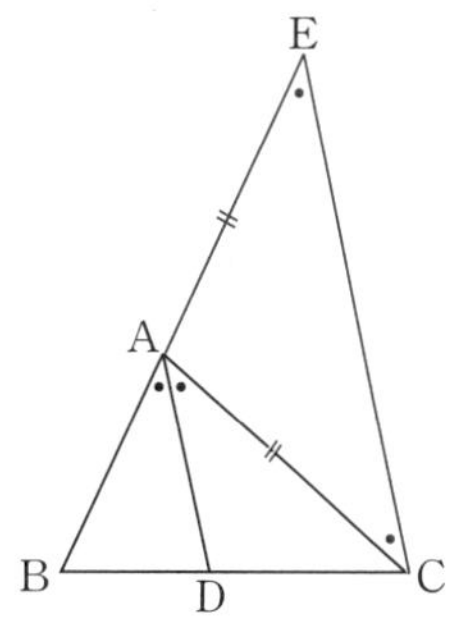

辺 AB の A を越える延長上に，AE＝AC となる点 E をとると

$$\angle AEC = \angle ACE$$

また

$$\angle BAC = \angle AEC + \angle ACE$$
$$= 2\angle AEC$$

であり，AD は ∠BAC の二等分線であるから

$$\angle BAC = \angle BAD + \angle CAD$$
$$= 2\angle BAD$$

よって

$$\angle AEC = \angle BAD$$

したがって，同位角が等しいから

$AD /\!/ EC$　☑ ⑱

ゆえに

$$BD : DC = BA : AE$$
$$= AB : AC$$

平行線と辺の比の関係。

（証明終）

外角の二等分線と比も同じように，**平行線を使って，等しい比を別の線分上につくる**ことで証明できます。　☑ ⑱

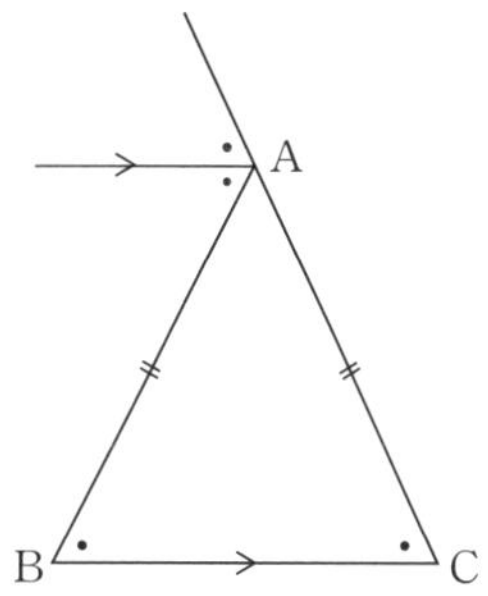

なお，AB≠AC は，∠BAC の外角の二等分線と辺 BC の交点が存在するための条件です。

実際，AB＝AC のとき，△ABC は二等辺三角形で，∠BAC の外角は二等辺三角形 ABC の 2 つの底角の和と等しいですから，右の図のように，∠BAC の外角の二等分線は直線 BC と交点をもちません。

角の二等分線と比の定理【2】の証明

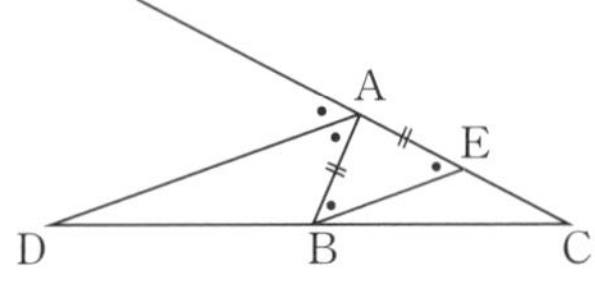

$AB<AC$ である $\triangle ABC$ において，辺 AC 上に $AE=AB$ となる点 E をとると

$$\angle AEB=\angle ABE$$

また，辺 AC の A を越える延長上に点 F をとると

$$\begin{aligned}\angle BAF&=\angle AEB+\angle ABE\\&=2\angle AEB\end{aligned}$$

であり，AD は $\angle BAF$ の二等分線であるから

$$\begin{aligned}\angle BAF&=\angle FAD+\angle BAD\\&=2\angle FAD\end{aligned}$$

よって

$$\angle AEB=\angle FAD$$

したがって，同位角が等しいから

$$AD /\!/ EB$$ ⑱

ゆえに

$$\begin{aligned}BD:DC&=EA:AC\\&=AB:AC\end{aligned}$$

平行線と辺の比の関係。

（証明終）

ここでは $AB<AC$ であるとして考えましたが，$AB>AC$ のときも，点の位置関係が裏返しになるだけでまったく同じですね。

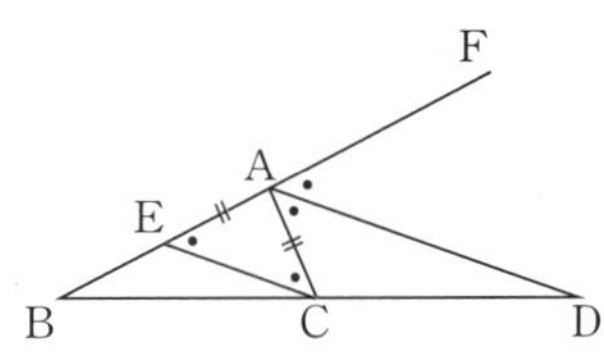

Reference 中線定理

△ABC において，辺 BC の中点を M とすると

$$AB^2+AC^2=2(AM^2+BM^2)$$

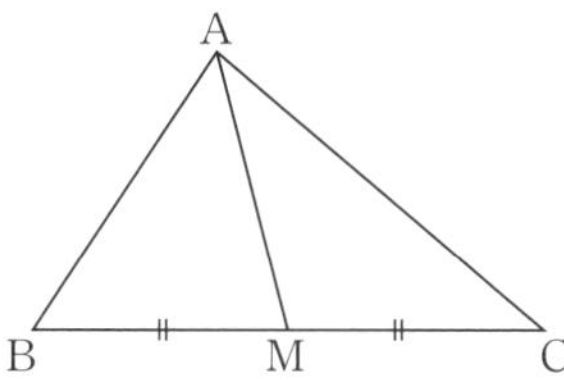

三角形の頂点と対辺の中点を結んだ線分のことを**中線**といいます。中線も，角の二等分線と並んで，図形の問題においてよく現れるものの 1 つです。そのような問題において線分の長さ，とくに中線の長さを求める際には，中線定理が非常に有効です。

中線定理の証明にも，**直角三角形を利用する**という，補助線を引くうえで重要な考え方を含んでいます。 ⑩

中線定理の証明

直角をつくると三平方の定理が利用できる。

AB≦AC とする。また，点 A から辺 BC に下ろした垂線と直線 BC の交点を H とする。 ⑩

H が辺 BC 上にあるとき

$$BH=BM-MH$$

H が辺 BC 上にないとき

$$BH=MH-MB$$

よって，H の位置によらず

$$BH=|BM-MH|$$

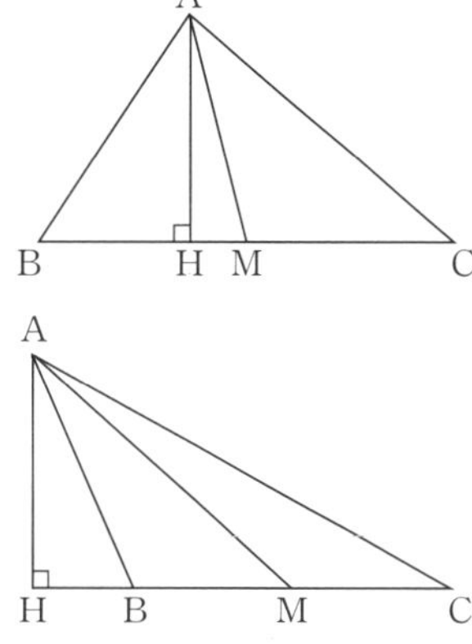

したがって，三平方の定理より

$$
\begin{aligned}
AB^2 &= AH^2 + BH^2 \\
&= AH^2 + |BM - MH|^2 \\
&= AH^2 + BM^2 - 2BM \cdot MH + MH^2 \\
&= (AH^2 + MH^2) + BM^2 - 2BM \cdot MH \\
&= AM^2 + BM^2 - 2BM \cdot MH \quad \cdots\cdots\cdots\cdots\cdots ①
\end{aligned}
$$

$$
\begin{aligned}
AC^2 &= AH^2 + CH^2 \\
&= AH^2 + (CM + MH)^2 \\
&= AH^2 + (BM + MH)^2 \\
&= AH^2 + BM^2 + 2BM \cdot MH + MH^2 \\
&= (AH^2 + MH^2) + BM^2 + 2BM \cdot MH \\
&= AM^2 + BM^2 + 2BM \cdot MH \quad \cdots\cdots\cdots\cdots\cdots ②
\end{aligned}
$$

①＋②より

$$
\begin{aligned}
AB^2 + AC^2 &= 2AM^2 + 2BM^2 \\
&= 2(AM^2 + BM^2)
\end{aligned}
$$

（証明終）

AB＞AC のときも，やはり点の位置関係が裏返しになるだけで，まったく同じですね。

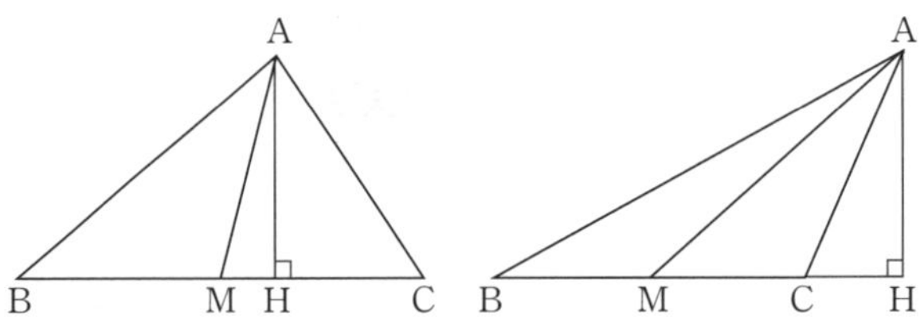

Check ☑

❿ 直角三角形を利用する。
⓲ 平行線を利用する。

練習問題

▶解答冊子 p80

(1) AB＝5, BC＝8, CA＝5である△ABCの内心をIとするとき，線分CIの長さは[　]である。ただし，内心とは，三角形の3つの内角の二等分線の交点のことをいう。〔産業医大・改〕

(2) AB＝3, BC＝7, CA＝5である三角形ABCの面積をSとする。∠BCAの外角の二等分線と辺ABの延長との交点をD，∠CABの外角の二等分線と辺CDの交点をEとする。このとき，CE：EDを求めよ。

(3) AB＝3, BC＝4, CA＝4である三角形ABCがある。

BCの中点をD，BCを3：1に外分する点をEとする。

(i) ADの長さを求めよ。

(ii) AEの長さを求めよ。

2　三角形の五心

Reference　三角形の外心，内心，傍心

【1】△ABC の辺 AB，BC，CA の垂直二等分線は 1 点で交わる。

この点は △ABC の外接円の中心であり，この点のことを △ABC の**外心**という。

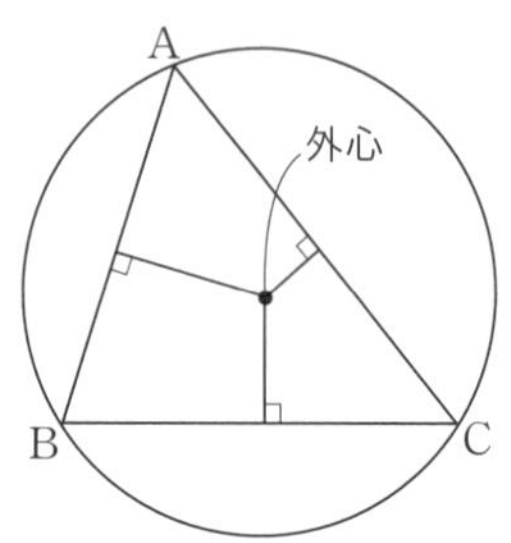

【2】△ABC の ∠CAB，∠ABC，∠BCA の二等分線は 1 点で交わる。

この点は △ABC の内接円の中心であり，この点のことを △ABC の**内心**という。

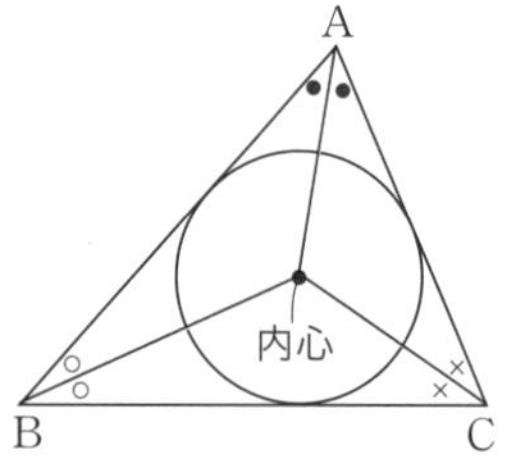

【3】△ABC の ∠CAB の二等分線と，∠ABC，∠BCA それぞれの外角の二等分線は 1 点で交わる。

この点は △ABC の ∠CAB の内部の傍接円の中心であり，この点のことを △ABC の ∠CAB の内部の**傍心**という。

傍心は，三角形の 3 つの内角のそれぞれに対して 1 つずつある。

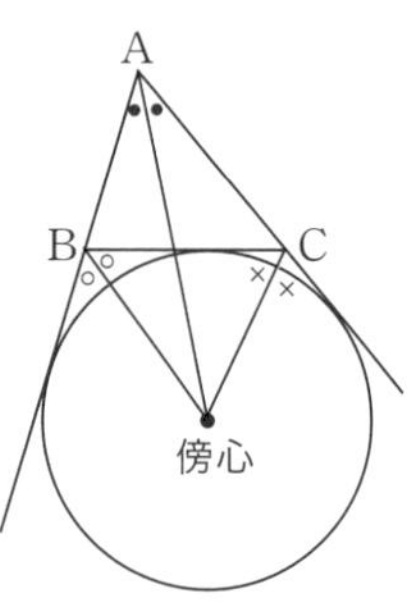

外心，内心，傍心が登場する問題は，円と平面図形についての性質と組み合わせて考えるものがほとんどです。問題文において円が与えられないこともしばしばありますが，円を補って考えることで，図形の性質が見えやすくなります。

さて，外心や内心がただ１つ存在することを証明するときは，**まず２本の直線の交点を定め，もう１本の直線もその点を通ることを証明する**という方針をとります。

三角形の３つの辺の垂直二等分線が１点で交わることの証明

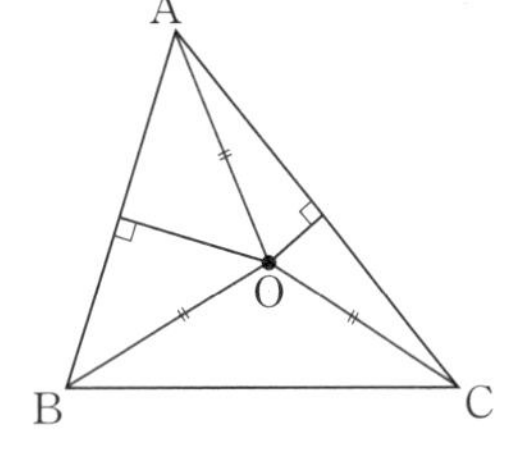

辺 AB，AC の垂直二等分線の交点を O とすると

OA＝OB かつ OA＝OC

より

OB＝OC

よって，△OBC は二等辺三角形である。

したがって，O から辺 BC に引いた垂線は，辺 BC を二等分する。すなわち，辺 BC の垂直二等分線は O を通るから，△ABC の辺 AB，BC，CA の垂直二等分線は１点 O で交わる。

また，OA＝OB＝OC より，O は △ABC の外心である。　（証明終）

第7章

三角形の3つの内角の二等分線が1点で交わることの証明

△ABCにおいて，∠ABCと∠BCAの二等分線の交点をIとする。また，Iから辺BC，CA，ABに下ろした垂線をそれぞれID，IE，IFとする。

△IBFと△IBDにおいて

∠IBF＝∠IBD，

∠IFB＝∠IDB＝90°，

IBは共通

より，直角三角形の斜辺と1つの鋭角がそれぞれ等しいから，△IBF≡△IBDである。

よって

IF＝ID ⑲

同様に，△ICD≡△ICEであるから

ID＝IE ⑲

以上より

IF＝IE

すると，△IAFと△IAEにおいて

IF＝IE，

AIは共通，

∠IFA＝∠IEA＝90°

より，直角三角形の斜辺と他の1辺がそれぞれ等しいから，△IAF≡△IAEである。

よって

∠IAF＝∠IAE ⑲

すなわち，AIは∠CABの二等分線であるから，△ABCの∠CAB，∠ABC，∠BCAの二等分線は1点Iで交わる。

また，ID＝IE＝IFより，Iは△ABCの内心である。 （証明終）

内心と同じく，傍心も3つの角の二等分線の交点ですから，これと同じ流れで，1つの内角の二等分線と他2つの外角の二等分線が1点で交わることも証明できます。

三角形の1つの内角と他2つの外角の二等分線が1点で交わることの証明

△ABC において，∠ABC と ∠BCA それぞれの外角の二等分線の交点を P とし，P から直線 BC，CA，AB に下ろした垂線をそれぞれ PD，PE，PF とする。

△PBF と △PBD において

∠PBF = ∠PBD,

∠PFB = ∠PDB = 90°,

PB は共通

より，直角三角形の斜辺と 1 つの鋭角がそれぞれ等しいから，△PBF ≡ △PBD である。

よって

PF = PD ■⑲

同様に，△PCD ≡ △PCE であるから

PD = PE ■⑲

以上より

PF = PE

すると，△PAF と △PAE において

PF = PE,

AP は共通,

∠PFA = ∠PEA = 90°

より，直角三角形の斜辺と他の 1 辺がそれぞれ等しいから，△PAF ≡ △PAE である。

よって

∠PAF = ∠PAE ■⑲

すなわち，AP は ∠CAB の二等分線であるから，△ABC の ∠CAB の二等分線と，∠ABC，∠BCA の外角の二等分線は 1 点 P で交わる。

また，PD = PE = PF より，P は △ABC の傍心である。　（証明終）

Reference 三角形の重心，垂心

【4】△ABC の辺 AB，BC，CA の中線は1点で交わる。

この点は各中線を 2：1 に内分する点であり，この点のことを △ABC の**重心**という。

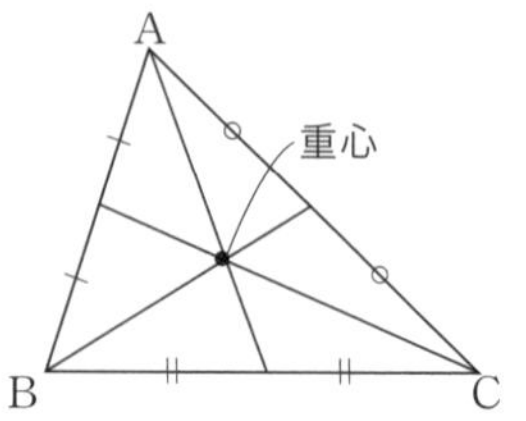

【5】△ABC の点 A から辺 BC に下ろした垂線，点 B から辺 CA に下ろした垂線，点 C から辺 AB に下ろした垂線は 1 点で交わる。

この点のことを △ABC の**垂心**という。

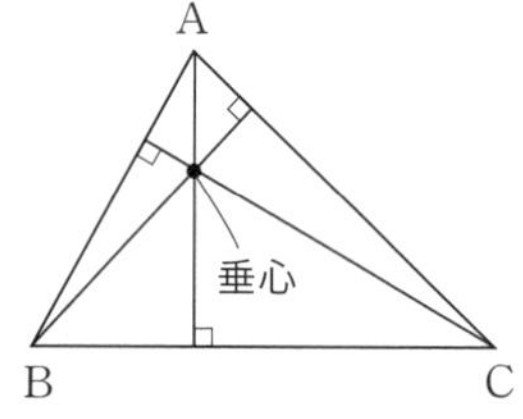

外心，内心，傍心，重心，垂心をまとめて，**三角形の五心**といいます。残りの重心と垂心について確認していきましょう。

三角形の 3 つの中線が 1 点で交わることの証明

辺 BC，CA，AB の中点をそれぞれ L，M，N とする。

中点連結定理より

$$AB /\!/ ML,\ AB = 2ML$$ ⑱

であるから，直線 AL と直線 BM の交点を G とすると，

△AGB∽△LGM より

$$AG : GL = AB : LM = 2 : 1$$

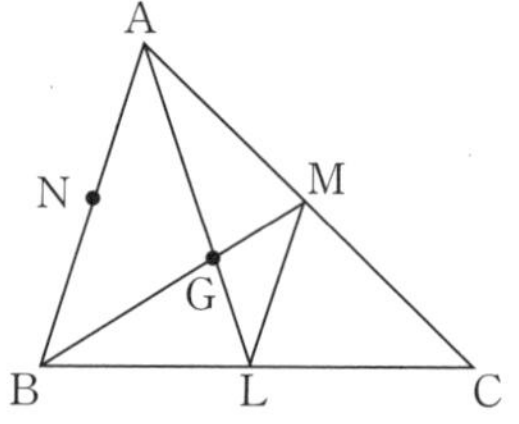

また，中点連結定理より

$$AC /\!/ NL,\ AC = 2NL$$ ☑⑱

であるから，直線 AL と直線 CN の交点を G′ とすると，△AG′C∽△G′LN より

$$AG' : G'L = 2 : 1$$

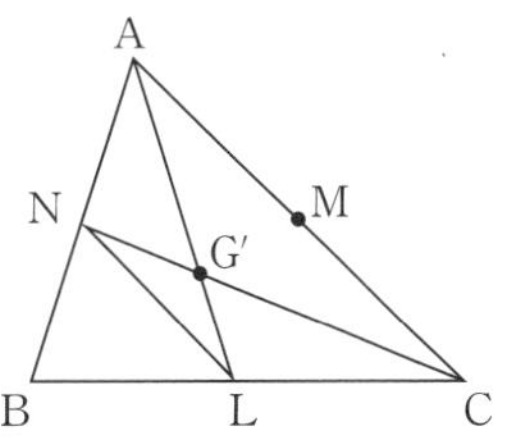

よって，**G，G′ はともに AL を 2：1 に内分する点であるから，G と G′ は一致する。**

異なる名前をつけた 2 点が同じ点であることが示せた。

このとき，BG：GM＝CG：GM も成り立つから，△ABC の辺 AB，BC，CA の中線は 1 点で交わり，その点は各中線を 2：1 に内分する点である。　（証明終）

AL と BM の交点を G，AL と CN の交点を G′ とおき，G と G′ が同じ点であることを示しました。図形の問題では，このように，**別の名前をつけた 2 つの点が実は同じ点であることを示す**という手法をとることがあります。

三角形の 3 つの頂点から対辺に引いた垂線が 1 点で交わることの証明

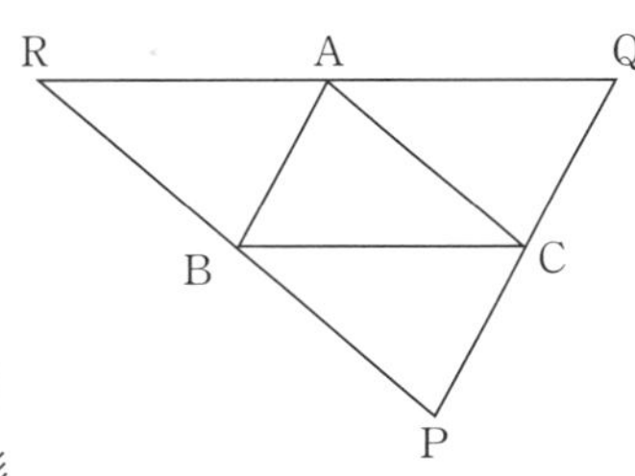

点 A を通り辺 BC と平行な直線，点 B を通り辺 CA と平行な直線，点 C を通り辺 AB と平行な直線を引き，これらの交点を右の図のように P，Q，R とする。

四角形 ARBC，ABCQ はどちらも向かい合う 2 組の辺がそれぞれ平行であるから，平行四辺形である。

よって

$$RA = BC,\ AQ = BC$$

であるから

$$RA = AQ$$

すなわち，A は線分 QR の中点である。

同様に，B は線分 RP の中点であり，C は線分 PQ の中点である。

第7章

次に，A から辺 BC に下ろした垂線を AD，B から辺 CA に下ろした垂線を BE，C から辺 AB に下ろした垂線を CF とすると

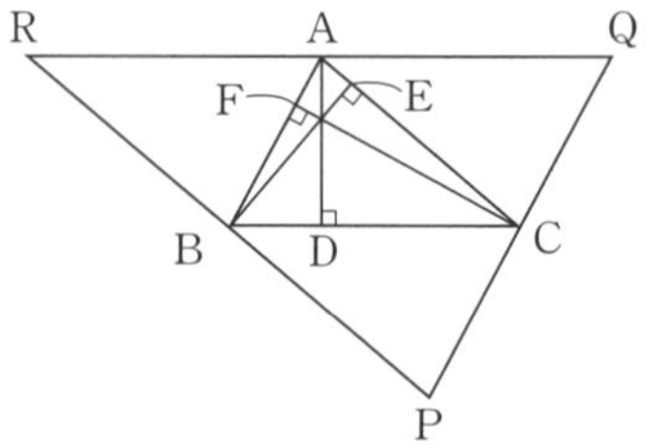

AD ⊥ QR,

BE ⊥ RP,

CF ⊥ PQ

であるから，AD，BE，CF の交点は△PQR の外心である。 ☑❸

AD，BE，CF は 1 点で交わるということ。

したがって，△ABC の点 A から辺 BC に下ろした垂線，点 B から辺 CA に下ろした垂線，点 C から辺 AB に下ろした垂線は 1 点で交わる。 （証明終）

図形の問題において，補助線を引いて考えることがよくあります。

ここで学んだ

- **平行線を引く**
- **合同な図形，相似な図形をつくるように引く**

という方針は，知らないとなかなか思いつけないものです。しっかりと身につけておきましょう。

Check ☑

❸ 定義に戻る。

⓲ 平行線を利用する。

⓳ 合同な図形，相似な図形に注目する。

練習問題

▶解答冊子 p83

⑴　図 a において点 O は三角形 ABC の外心，図 b において点 I は三角形 ABC の内心である。このとき，図 a の角 α の大きさと図 b の角 β の大きさを求めよ。

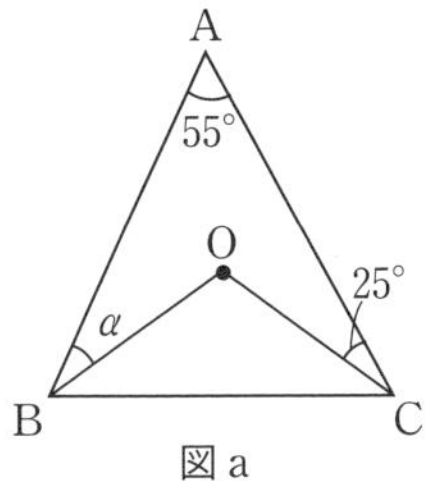

図 a

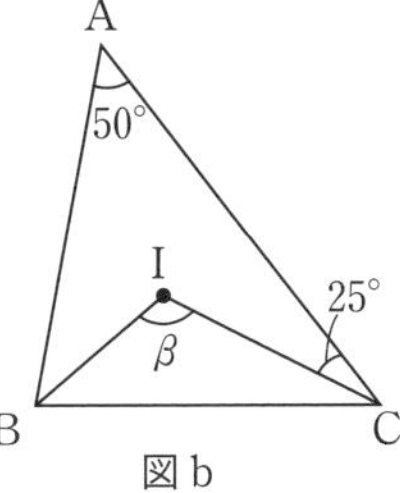

図 b

〔北海道工大〕

⑵　AB＝AC＝5，BC＝6 の二等辺三角形 ABC に内接する円の半径を求めよ。

〔中部大〕

⑶　図の鋭角三角形 ABC において，外心を O，垂心を H，重心を G とする。G は OH を 1：2 に内分する点であることを証明せよ。

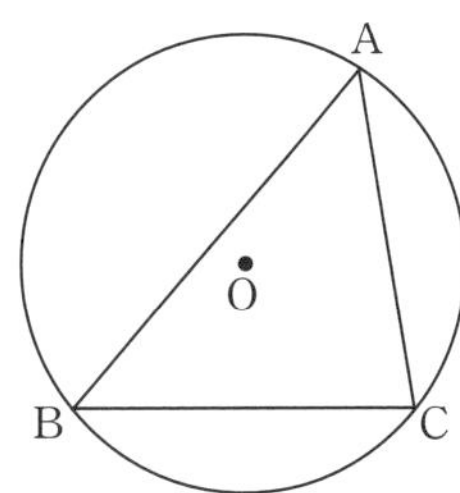

第7章

3　チェバの定理

Reference　チェバの定理とその逆

【1】△ABC の辺 BC，CA，AB，またはその延長上にそれぞれ点 P，Q，R があり，3 直線 AP，BQ，CR が 1 点で交わるとき

$$\frac{AR}{RB}\cdot\frac{BP}{PC}\cdot\frac{CQ}{QA}=1$$ **(チェバの定理)**

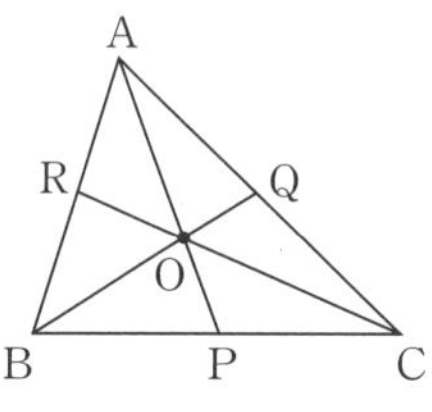

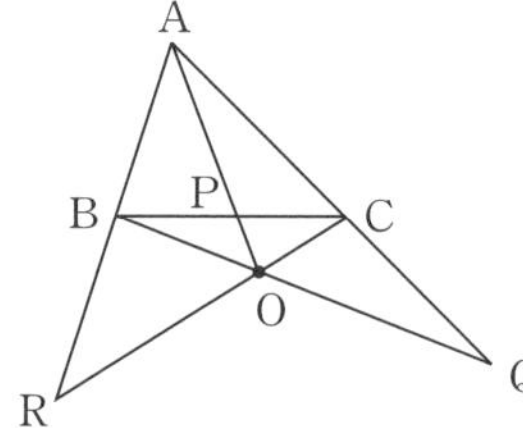

【2】△ABC の辺 BC，CA，AB，またはその延長上にそれぞれ点 P，Q，R があり，これら 3 点がすべて辺上にあるか，1 点のみが辺上にあるとする。このとき

$$\frac{AR}{RB}\cdot\frac{BP}{PC}\cdot\frac{CQ}{QA}=1$$

が成り立てば，3 直線 AP，BQ，CR は 1 点で交わる。

(チェバの定理の逆)

チェバの定理は，線分の長さの比の条件が複数与えられているときによく使われます。

式はやや複雑な形ですが，右の図のように，線分を順に指でなぞると把握しやすいでしょう。

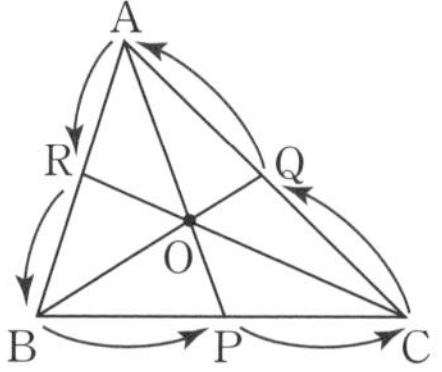

チェバの定理の証明

Aを通りBCに平行な直線を引き，BOとCOとの交点をそれぞれM，Nとする。 ☑⑱

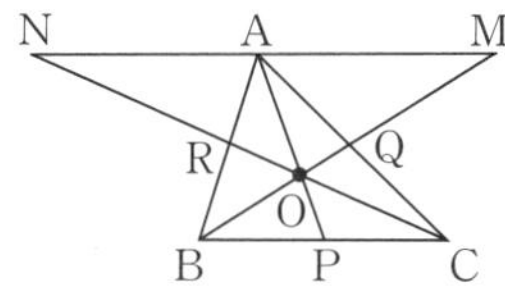

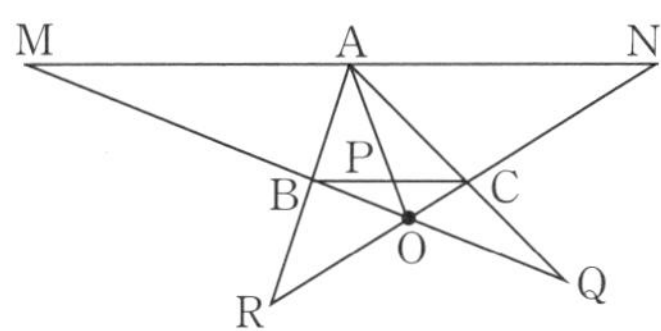

$\triangle ARN \backsim \triangle BRC$ より

$$AR : RB = AN : BC$$

$\triangle AQM \backsim \triangle CQB$ より

$$QA : CQ = AM : BC$$

$\triangle OBP \backsim \triangle OMA$，$\triangle OCP \backsim \triangle ONA$ より

$$BP : AM = PC : AN \ (= OP : OA)$$

が成り立つ。

どちらの図においても，上の3つの式はすべて成り立つ。

よって

$$\frac{AR}{RB} = \frac{AN}{BC}, \quad \frac{CQ}{QA} = \frac{BC}{AM}, \quad \frac{BP}{PC} = \frac{AM}{AN}$$

であるから

$$\frac{AR}{RB} \cdot \frac{BP}{PC} \cdot \frac{CQ}{QA} = \frac{AN}{BC} \cdot \frac{AM}{AN} \cdot \frac{BC}{AM}$$

$$= 1$$

（証明終）

2通りの図のどちらにおいても，直線BCと平行な直線MNを利用すると，辺の比の関係として同じ式が得られることに注目してください。

さて，チェバの定理の逆は，3本の直線が1点で交わることを証明するときに使えることがある定理です。仮定がやや複雑ですが，図を見て正しく捉えましょう。

チェバの定理の逆の証明

2点Q，Rがそれぞれともに辺CA，AB上にあるか，ともに辺CA，ABの延長上にあるとすると，仮定より，点Pは辺BC上にある。

このとき，直線BQと直線CRの交点をOとし，直線AOと直線BCの交点をP′とする。

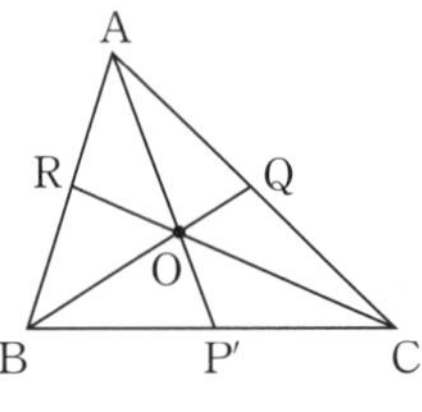

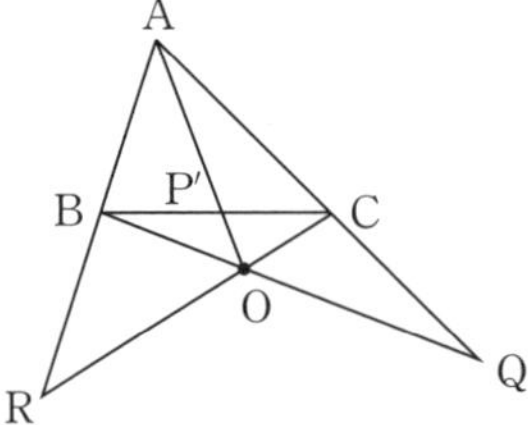

チェバの定理より

$$\frac{AR}{RB}\cdot\frac{BP'}{P'C}\cdot\frac{CQ}{QA}=1$$ ☑ ⓫

ここで，仮定より

$$\frac{AR}{RB}\cdot\frac{BP}{PC}\cdot\frac{CQ}{QA}=1$$

であるから

$$\frac{BP'}{P'C}=\frac{BP}{PC}$$

いま，P′とPはともに辺BC上にあるから，P′とPは一致する。

異なる名前をつけた2点が同じ点であることが示せた。

よって，APはOを通るから，AP，BQ，CRは1点Oで交わる。（証明終）

AOとBCの交点をP′とおき，チェバの定理を使って，P′とPが同じ点であることを示しました。164ページの「三角形の3つの中線が1点で交わることの証明」と同じ手法ですね。

Check ☑

⓫ 前の結果を利用する。
⓲ 平行線を利用する。

練習問題

▶解答冊子 p86

(1) 次の定理について，次の各問に答えよ。

定理

△ABC の頂点 A, B, C と，三角形の内部の点 O を結ぶ直線 AO, BO, CO が，辺 BC, CA, AB と，それぞれ点 P, Q, R で交わるとき

$$\frac{\mathrm{BP}}{\mathrm{PC}}\cdot\frac{\mathrm{CQ}}{\mathrm{QA}}\cdot\frac{\mathrm{AR}}{\mathrm{RB}}=1$$

が成り立つ。

(i) 上の定理は何の定理と呼ばれるか。

(ii) △OAB の面積を S_1，△OCA の面積を S_2 とする。このとき，次が成り立つことを証明せよ。

$$\frac{S_1}{S_2}=\frac{\mathrm{BP}}{\mathrm{PC}}$$

(iii) 上の定理を証明せよ。

〔宮城大〕

(2) $\angle \mathrm{A}=90^\circ$ の直角二等辺三角形 ABC において，3 辺 AB, BC, CA 上の点をそれぞれ，P, Q, R とする。線分 AQ, BR, CP は 1 点で交わり，AP：PB＝3：1 かつ $\angle \mathrm{ARB}=60^\circ$ とする。このとき，$\dfrac{\mathrm{BQ}}{\mathrm{QC}}$ を求めよ。〔山梨大〕

4　メネラウスの定理

Reference　メネラウスの定理とその逆

【1】△ABC の辺 BC，CA，AB，またはその延長と，△ABC の頂点を通らない直線がそれぞれ P，Q，R で交わるとき

$$\frac{AR}{RB}\cdot\frac{BP}{PC}\cdot\frac{CQ}{QA}=1$$ **（メネラウスの定理）**

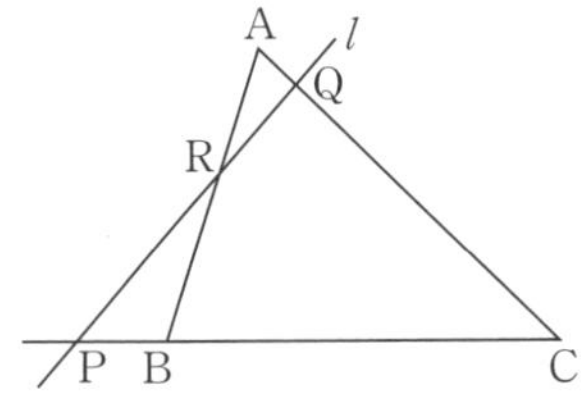

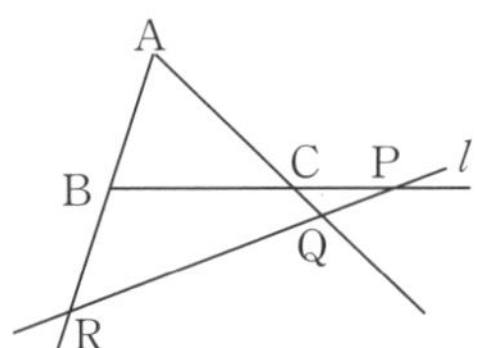

【2】△ABC の辺 BC，CA，AB，またはその延長上にそれぞれ点 P，Q，R があり，これら 3 点がすべて辺の延長上にあるか，1 点のみが辺の延長上にあるとする。このとき

$$\frac{AR}{RB}\cdot\frac{BP}{PC}\cdot\frac{CQ}{QA}=1$$

が成り立てば，3 点 P，Q，R は一直線上にある。

（メネラウスの定理の逆）

メネラウスの定理も，チェバの定理と並んで，線分の長さの比の条件が複数与えられているときによく使われます。

メネラウスの定理も，右の図のように，線分を順に指でなぞると把握しやすいでしょう。

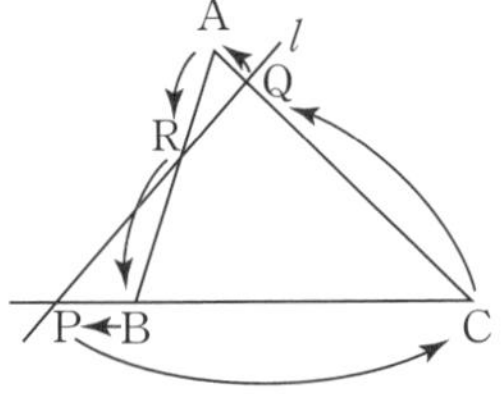

メネラウスの定理の証明

Bを通り直線PQと平行な直線を引き，直線ACとの交点をDとする。

☑ ⑱

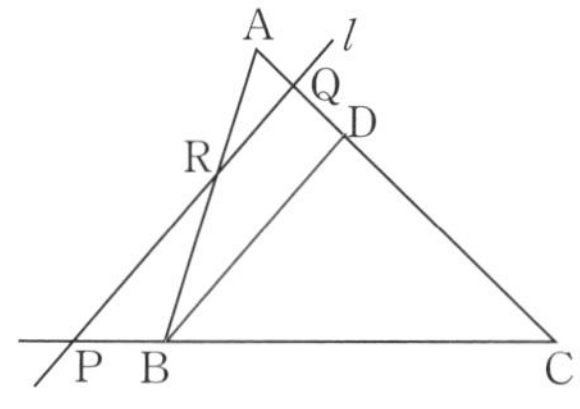

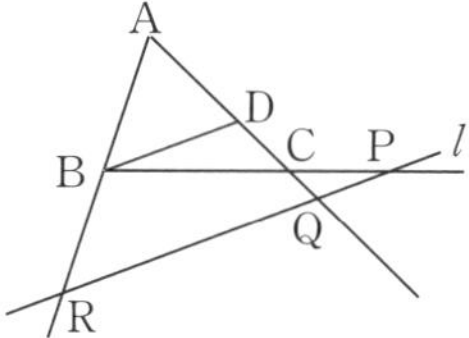

RQ∥BDより

$$AR:RB=AQ:QD$$

BD∥PQより

$$BP:PC=DQ:QC$$

が成り立つ。

どちらの図においても，上の2つの式はともに成り立つ。

よって

$$\frac{AR}{RB}=\frac{AQ}{QD},\quad \frac{BP}{PC}=\frac{DQ}{QC}$$

であるから

$$\frac{AR}{RB}\cdot\frac{BP}{PC}\cdot\frac{CQ}{QA}=\frac{AQ}{QD}\cdot\frac{DQ}{QC}\cdot\frac{CQ}{QA}$$

$$=1$$

（証明終）

メネラウスの定理の証明でも，2通りの図のどちらにおいても，直線lと平行な直線BDを利用すると，辺の比の関係として同じ式が得られますね。

さて，メネラウスの定理の逆は，3点が一直線上にあることを証明するときに使えることがある定理です。仮定がやや複雑ですが，図を見て正しく捉えましょう。

第7章

メネラウスの定理の逆の証明

2点Q，Rがともに辺CA，AB上にあるか，ともに辺CA，ABの延長上にあるとすると，仮定より，点Pは辺BCの延長上にある。

このとき，直線QRと直線BCの交点をP′とする。

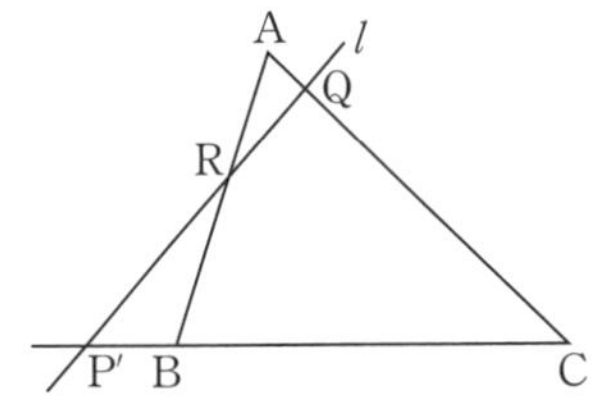

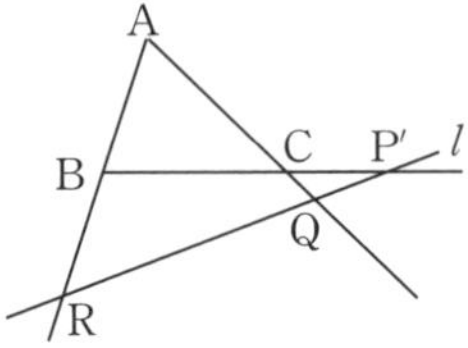

メネラウスの定理より

$$\frac{AR}{RB}\cdot\frac{BP'}{P'C}\cdot\frac{CQ}{QA}=1$$ ☑⑪

ここで，仮定より

$$\frac{AR}{RB}\cdot\frac{BP}{PC}\cdot\frac{CQ}{QA}=1$$

であるから

$$\frac{BP'}{P'C}=\frac{BP}{PC}$$

いま，P′とPはともに辺BCの延長上にあるから，P′とPは一致する。

異なる名前をつけた2点が同じ点であることが示せた。

よって，Pは直線QR上の点であるから，P，Q，Rは一直線上にある。

（証明終）

QRとBCの交点をP′とおき，メネラウスの定理を使ってP′とPが同じ点であることを示すというのは，三角形の3つの中線が1点で交わることや，チェバの定理の逆を証明したときと同じ手法ですね。

Check ☑

⑪ 前の結果を利用する。

⑱ 平行線を利用する。

練習問題

▶解答冊子 p89

⑴　三角形 ABC の辺 BC および CA を 1：2 に内分する点をそれぞれ D，E とし，AD と BE の交点を P とする。このとき，三角形 ABC の面積を S_1，三角形 PAB の面積を S_2とするとき，面積比 $\dfrac{S_2}{S_1}$ の値を求めよ。　〔兵庫医大〕

⑵　△ABC の面積を S とする。辺 AB を 2：3 に内分する点を D，辺 BC を 2：3 に内分する点を E，辺 CA を 2：3 に内分する点を F とする。

△DEF の面積を S_1とすると，$\dfrac{S_1}{S} = \boxed{}$ となる。線分 AE と線分 BF の交点を P，線分 BF と線分 CD の交点を Q，線分 CD と線分 AE の交点を R とする。

△PQR の面積を S_2とすると，$\dfrac{S_2}{S} = \boxed{}$ となる。

第7章

5　円と平面図形

Reference　円に内接する四角形の性質

【1】四角形ABCDが円に内接するとき，この四角形の対角の和は180°である。すなわち

$\angle BAD + \angle BCD = 180°$

また，逆に，四角形ABCDにおいて

$\angle BAD + \angle BCD = 180°$

が成り立つとき，四角形ABCDは円に内接する。

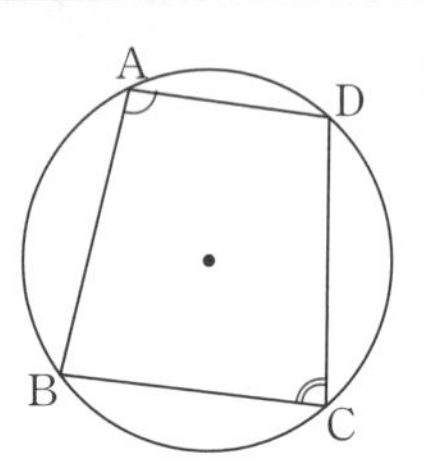

【2】四角形ABCDが円に内接するとき，この四角形の1つの内角と，その対角の外角は等しい。

また，逆に，ある四角形において，1つの内角と，その対角の外角が等しいとき，この四角形は円に内接する。

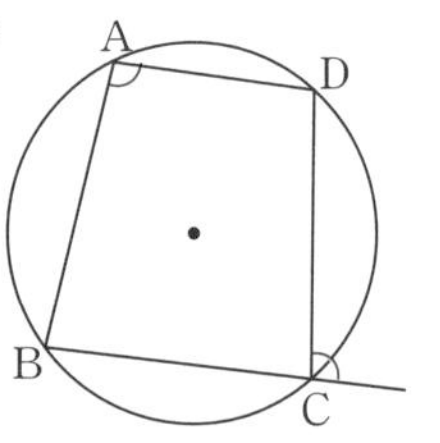

円に関する定理として，円周角の定理を中学校で学びました。円周角の定理を使うと，円に内接する四角形の性質や，接線と弦のつくる角の定理を証明することができます。これらは，**図をかいて，角度が等しい角に1つ1つ印をつけながら証明を理解する**とよいでしょう。

円に内接する四角形の性質【1】の証明

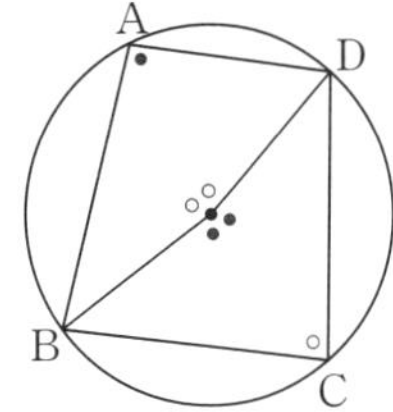

四角形 ABCD が円に内接するとき，2∠BAD は弧 BCD の中心角と一致し，2∠BCD は弧 BAD の中心角と一致するから

$$2\angle \mathrm{BAD} + 2\angle \mathrm{BCD} = 360^\circ$$

したがって

$$\angle \mathrm{BAD} + \angle \mathrm{BCD} = 180^\circ$$

逆に

$$\angle \mathrm{BAD} + \angle \mathrm{BCD} = 180^\circ \quad \cdots\cdots\cdots ①$$

とする。

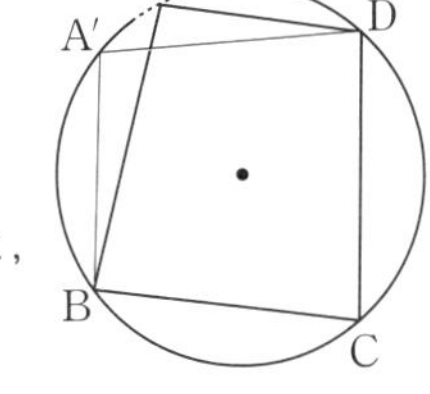

△BCD の外接円の C を含まない弧 BD 上に点 A′ をとると，四角形 A′BCD は円に内接するから

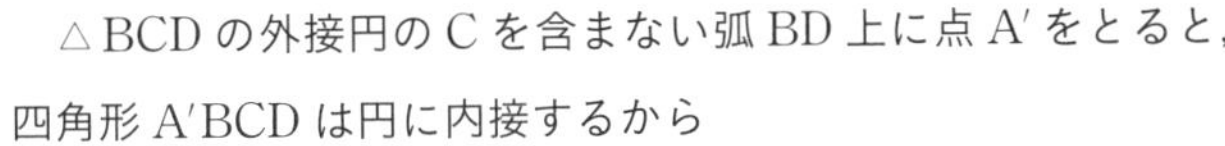

$$\angle \mathrm{BA'D} + \angle \mathrm{BCD} = 180^\circ$$ ☑⑪

……………………………………… ②

①，②より

$$\angle \mathrm{BAD} = \angle \mathrm{BA'D}$$

よって，円周角の定理の逆より，

4 点 B，D，A，A′ は 1 つの円の周上にある。

> 円周角の定理の逆は，4 点が 1 つの円の周上にあることを示すときに有効。

さらに，C も同じ円の周上にあるから，4 点 A，B，C，D は 1 つの円の周上にある。すなわち，四角形 ABCD は円に内接する。（証明終）

上の証明の図を見ると，「四角形の 1 つの内角と，その対角の外角は等しい」という円に内接する四角形のもう 1 つの性質は，一直線の角が180° であることからほとんど明らかですね。

円に内接する四角形の性質【2】の証明

四角形 ABCD が円に内接するとき

$$\angle BAD + \angle BCD = 180^\circ$$

ここで，頂点 C における外角を $\angle DCE$ とすると

$$\angle BCD + \angle DCE = 180^\circ$$

であるから

$$\angle BAD = \angle DCE$$

すなわち，四角形 ABCD の 1 つの内角と，その対角の外角は等しい。

逆に

$$\angle BAD = \angle DCE$$

のとき，$\angle BCD + \angle DCE = 180^\circ$ より

$$\angle BAD + \angle BCD = 180^\circ$$

であるから，四角形 ABCD は円に内接する。 ☑ ⑪ （証明終）

円に内接する四角形があるときに，これらの性質を使って角についての条件を見つけられるようになるのが第一ですが，逆に，角についての条件から，円に内接する四角形を見つけられるようにしておきましょう。

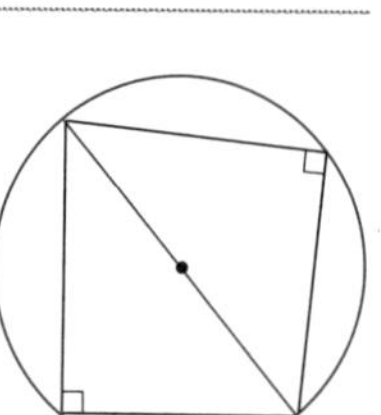

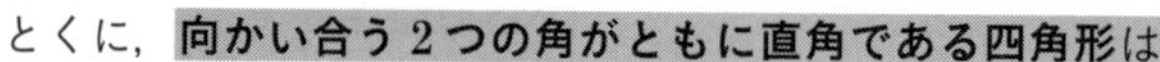

とくに，**向かい合う 2 つの角がともに直角である四角形は，いろいろな場面で現れます。**円を補って考えられるとよいですね。

Reference 接線と弦のつくる角の定理

円の弦 AB と，点 A における接線 AT のつくる角 ∠BAT は，その角の内部に含まれる弧 AB に対する円周角 ∠ACB と等しい。

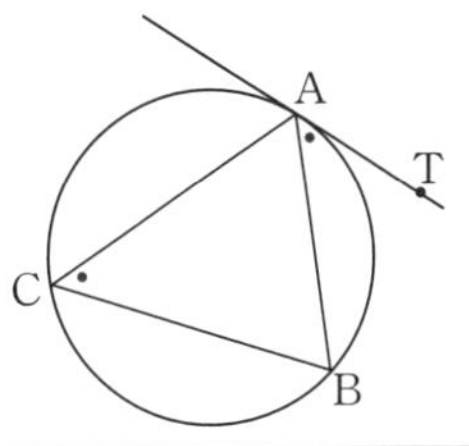

円の接線については，**接点を通る直径と接線は垂直である**ということを中学校で学びました。

円の接線や，円に外接する図形について考えるときには，接点を通る直径が非常に有効な補助線となる場面がよくあります。

接線と弦のつくる角の定理の証明

∠BAT が鋭角のとき，直角のとき，鈍角のときに場合を分けて考える。

☑ ❻

(i) ∠BAT が鋭角のとき

円 O の直径を AD とすると

$$AD \perp AT$$

であり，$\angle ABD = 90^\circ$ であるから

半円の弧に対する円周角。

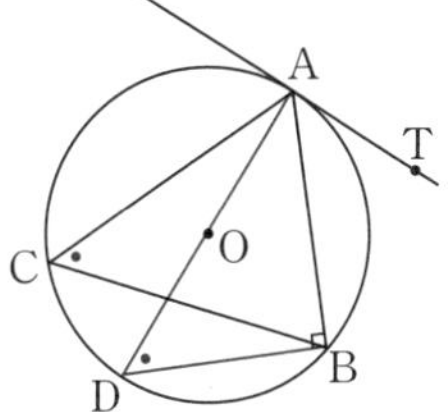

$$\angle BAT = 90^\circ - \angle BAD$$
$$= \angle ADB$$

円周角の定理より

$$\angle ADB = \angle ACB$$

であるから

$$\angle BAT = \angle ACB$$

(ii) ∠BAT が直角のとき

線分 AB は円 O の直径である。

∠ACB＝90° であるから

半円の弧に対する円周角。

$$\angle BAT=\angle ACB\ (=90^\circ)$$

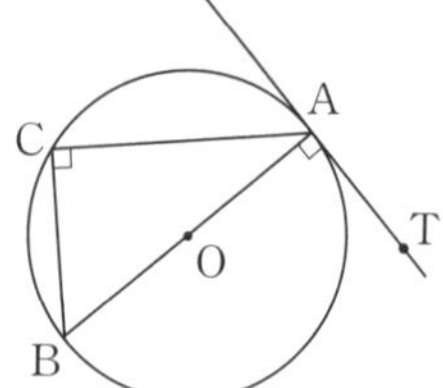

(iii) ∠BAT が鈍角のとき

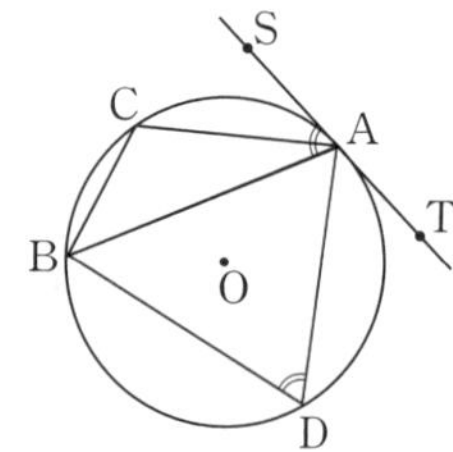

接線 AT 上で，A に関して T と反対側に点 S をとると，∠BAS は鋭角である。

よって(i)より，C を含まない方の弧 AB 上に点 D をとると

$$\angle BAS=\angle ADB$$ ☑ ⑪ ………………… ①

四角形 ACBD は円に内接するから

$$\angle ADB+\angle ACB=180^\circ$$ ………………… ②

①，②より

$$\angle BAS+\angle ACB=180^\circ$$

また，3 点 S，A，T は 1 つの直線上にあるから

$$\angle BAS+\angle BAT=180^\circ$$

以上より

$$\angle BAT=\angle ACB$$

(i)，(ii)，(iii)より，定理はつねに成り立つ。 （証明終）

Reference 方べきの定理とその逆

【1】円周上にない点Pを通り円と交わる2本の直線を引き，円との交点をそれぞれA，BとC，Dとするとき

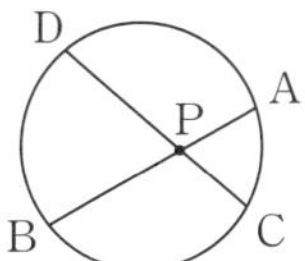

$PA \cdot PB = PC \cdot PD$

逆に，2つの線分AB，CD，またはABの延長とCDの延長が点Pで交わり

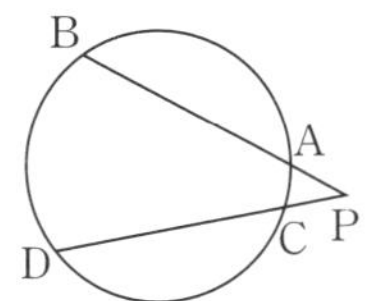

$PA \cdot PB = PC \cdot PD$

が成り立つとき，4点A，B，C，Dは1つの円の周上にある。

【2】円の外側の点Pから円に交わる直線と，接線を引き，円と直線との交点をA，B，円と接線との接点をTとするとき

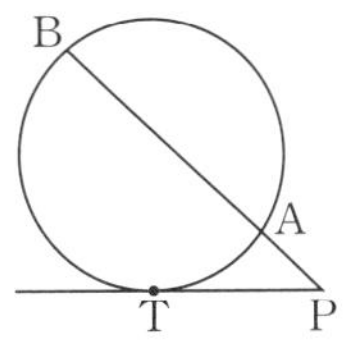

$PA \cdot PB = PT^2$

最後に，方べきの定理について確認します。その証明においては，**相似な三角形に着目すること**がポイントとなります。

第7章

方べきの定理【1】の証明

△PACと△PDBにおいて，下のどちらの図についても

$\angle PAC = \angle PDB$，$\angle APC = \angle DPB$

より，2組の角がそれぞれ等しいから△PAC∽△PDBである。

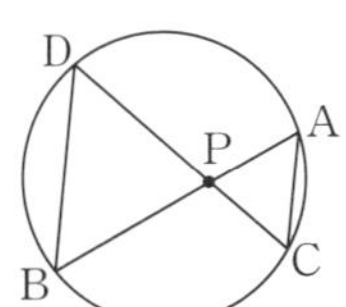

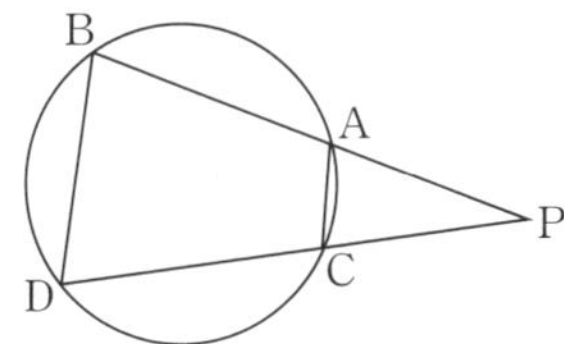

よって

$$PA:PD=PC:PB$$ ☑⑲

であるから

$$PA\cdot PB=PC\cdot PD$$

逆に，PA・PB＝PC・PD のとき，△PAC と △PDB において

$$PA:PD=PC:PB,\ \angle APC=\angle DPB$$

より，2 組の辺の比とその間の角が等しいから △PAC∽△PDB である。

よって

$$\angle PAC=\angle PDB$$ ☑⑲

であるから，円周角の定理の逆より，4 点 A，B，C，D は 1 つの円の周上にある。

（証明終）

---

2 本の直線のうち一方が接線の場合が**「方べきの定理【2】」**です。これも**三角形の相似に着目**すると証明できます。

方べきの定理【2】の証明

△PTA と △PBT において

$$\angle PTA=\angle PBT,\ \angle TPA=\angle BPT$$

より，2 組の角がそれぞれ等しいから △PTA∽△PBT である。

よって

$$PA:PT=PT:PB$$ ☑⑲

であるから

$$PA\cdot PB=PT^2$$

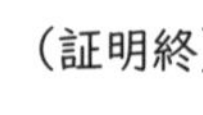

（証明終）

Check ☑

⑥ 場合を分けて処理する。
⑪ 前の結果を利用する。
⑲ 合同な図形，相似な図形に注目する。

練習問題

▶解答冊子 p92

(1) 鋭角三角形 △ABC において，頂点 A，B，C から各対辺に垂線 AD，BE，CF を下ろす。これらの垂線は垂心 H で交わる。このとき，$\angle \mathrm{ADE} = \angle \mathrm{ADF}$ であることを示せ。〔東北大・改〕

(2) 異なる 2 点で交わる 2 円に引いた共通接線の接点を A，B とする。

2 円の共通弦の延長と線分 AB との交点を P とするとき，PA＝PB であることを示せ。

(3) 円 O の周上の点 A において円 O の接線を引く。

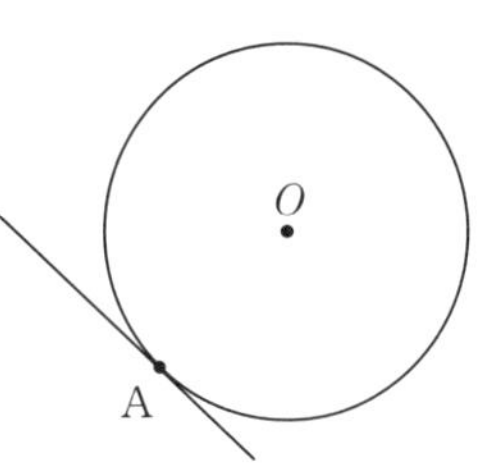

その接線上に A と異なる点 B をとる。B から円 O に 2 点で交わるように直線 l を引き，その 2 点のうち B に近い方を C，B から遠い方を D とする。ただし，直線 l は，$\angle \mathrm{ACD} < 90°$ を満たすように引く。また，点 B から直線 AC と直線 AD に下ろした垂線の足をそれぞれ E，F とする。このとき，次の各問に答えよ。

(i) $\angle \mathrm{BFE} = \angle \mathrm{ADC}$ を示せ。

(ii) $\mathrm{BD} \perp \mathrm{EF}$ を示せ。

〔宮崎大〕

第8章

数学と人間の活動

1　倍数の判定法と素因数分解

Reference　倍数の判定法

自然数Nが2，5，4，8，3，9の倍数であるかは，それぞれ次のように判定できる。

【1】 Nが2の倍数：一の位の数が2の倍数(偶数)

【2】 Nが5の倍数：一の位の数が5の倍数(0または5)

【3】 Nが4の倍数：下2桁の数が4の倍数

【4】 Nが8の倍数：下3桁の数が8の倍数

【5】 Nが3の倍数：各位の数の和が3の倍数

【6】 Nが9の倍数：各位の数の和が9の倍数

整数は，小学校の算数でも現れたなじみ深い数ですが，大学入試では，整数について高度な考え方を要する問題が多く見られます。身につけておくべき基本事項として，まず，倍数の判定法について解説します。

ここでのポイントは，数の表し方です。

たとえば，10進法で表された数1234を，**10進法の仕組みを考えて各位の数が明確にわかるように表す**と

$$1234 = 1000 \cdot 1 + 100 \cdot 2 + 10 \cdot 3 + 1 \cdot 4$$ ☑③

となります。数をこのような形で表すことで，倍数の判定法を証明していきます。

なお，ここでは4桁の自然数で考えますが，桁数が4桁以外のときも，証明の流れはまったく同じです。

2 の倍数，5 の倍数の判定法の証明（N が 4 桁の場合）

N が10進法で $abcd$ と表されているとすると

$$
\begin{aligned}
N &= 1000a + 100b + 10c + d \quad ☑❸ \\
&= 10(100a + 10b + c) + d \\
&= (10\text{の倍数}) + d
\end{aligned}
$$

$N = 2(500a + 50b + 5c) + d$
$N = 5(200a + 20b + 2c) + d$
とも表せる。

ここで，10の倍数は 2 の倍数でも 5 の倍数でもあるから，
N が 2 の倍数になるのは d が 2 の倍数のときであり，
N が 5 の倍数になるのは d が 5 の倍数のときである。（証明終）

---

2 の倍数，5 の倍数の判定法の証明では，10の倍数が 2 の倍数でも 5 の倍数でもあることを利用しました。

4 の倍数，8 の倍数の判定法の証明も，発想は同じです。

4 の倍数，8 の倍数の判定法の証明（N が 4 桁の場合）

N が10進法で $abcd$ と表されているとすると

$$
\begin{aligned}
N &= 1000a + 100b + 10c + d \quad ☑❸ \\
&= 4(250a + 25b) + 10c + d \\
&= (4\text{ の倍数}) + (10c + d)
\end{aligned}
$$

となるから，N が 4 の倍数であるための条件は，$10c + d$，つまり下 2 桁の数が 4 の倍数になることである。（証明終）

また

$$
\begin{aligned}
N &= 8 \cdot 125a + 100b + 10c + d \\
&= (8\text{ の倍数}) + (100b + 10c + d)
\end{aligned}
$$

となるから，N が 8 の倍数であるための条件は，$100b + 10c + d$，つまり下 3 桁の数が 8 の倍数になることである。（証明終）

3の倍数，9の倍数の判定法の証明（N が4桁の場合）

N が10進法で $abcd$ と表されているとすると，各位の数の和は $a+b+c+d$ である。そこで，次のように変形する。

$$
\begin{aligned}
N &= 1000a+100b+10c+d \\
&= 999a+99b+9c+(a+b+c+d) \\
&= 9(111a+11b+c)+(a+b+c+d) \\
&= (9\text{の倍数})+(a+b+c+d)
\end{aligned}
$$

☑❸

$N=3(333a+33b+3c)+(a+b+c+d)$ とも表せる。

ここで，9の倍数は3の倍数でもあるから，
N が3の倍数になるのは $a+b+c+d$ が3の倍数のときであり，
N が9の倍数になるのは $a+b+c+d$ が9の倍数のときである。　（証明終）

たとえば，3435について，各位の数の和は $3+4+3+5=15$ で3の倍数ですから，3435は3の倍数です。さらに，一の位の数が5ですから，5の倍数でもあります。したがって，3と5の最小公倍数，つまり15の倍数ということがわかります。

3の倍数，5の倍数の判定法を組み合わせて使った。

また，6858については，各位の数の和は $6+8+5+8=27$ で9の倍数ですから，6858は9の倍数です。さらに，一の位の数が8ですから，2の倍数でもあります。したがって，2と9の最小公倍数，つまり18の倍数ということがわかります。なお，下2桁の数は58で，これは4で割り切れませんから，6858は36の倍数ではありません。

このように調べていくことで，自然数を**素因数分解**することができます。

素因数分解とは，自然数を次のように素数の積で表すことをいいます。

$$28=2^2\cdot 7,\qquad 1350=2\cdot 3^3\cdot 5^2$$

このとき現れる1つ1つの素数を，その自然数の**素因数**といいます。

ここで，**素因数の有無**に着目すると，「28が，2，7の倍数であること」や「1350が，2，3，5の倍数であること」がわかります。

また，**素因数の個数**に着目すると，「28が 2^2 の倍数であり，2^3 の倍数ではないこと」や「1350は 3^3 の倍数であり，3^4 の倍数でないこと」がわかります。

Reference 平方数，立方数であるための条件

【1】自然数Nが平方数であるための条件は，Nのどの素因数の個数も偶数となることである。

【2】自然数Nが立方数であるための条件は，Nのどの素因数の個数も3の倍数となることである。

$64=8^2$や$169=13^2$のように，ある整数の2乗で表される数のことを**平方数**といい，$64=4^3$や$1331=11^3$のように，ある整数の3乗で表される数のことを**立方数**といいます。

ここでは，自然数が平方数，立方数である条件を，素因数分解を考えることで導いてみましょう。

平方数，立方数であるための条件の導き方

自然数mの素因数をp，q，r，…とし，それぞれの個数をa，b，c，…とすると，mは

$$m=p^aq^br^c\cdot\cdots$$ ☑ ⑳

のように素因数分解される。

このとき

$$m^2=p^{2a}q^{2b}r^{2c}\cdot\cdots$$

$(xy)^2=x^2y^2$，$(x^k)^2=x^{2k}$

であるから，m^2のどの素因数の個数も偶数である。

逆に，Nのどの素因数の個数も偶数であるとき，Nは

$$N=p^{2a}q^{2b}r^{2c}\cdot\cdots$$

のように素因数分解され，これは

$$N=(p^aq^br^c\cdot\cdots)^2$$

と表せるから，Nは平方数である。（証明終）

第8章

また，m が

$$m=p^aq^br^c\cdot\cdots$$ ☑⑳

のように素因数分解されるとき

$$m^3=p^{3a}q^{3b}r^{3c}\cdot\cdots$$

$(xy)^3=x^3y^3$，$(x^k)^3=x^{3k}$

であるから，m^3のどの素因数の個数も 3 の倍数である。

逆に，N のどの素因数の個数も 3 の倍数であるとき，N は

$$N=p^{3a}q^{3b}r^{3c}\cdot\cdots$$

のように素因数分解され，これは

$$N=(p^aq^br^c\cdot\cdots)^3$$

と表せるから，N は立方数である。　（証明終）

たとえば，$28n$ が平方数となるような自然数 n を考えるとき，m を整数として $28n=m^2$ とおいただけでは，わかることはあまりありません。

そこで，自然数が平方数となる条件を考えることから，28を素因数分解します。

$$28=2^2\cdot7$$

であり，左辺の素因数 2，7 の個数がそれぞれ偶数になる必要があることから，$28n$ が平方数となるとき

- **n が素因数 2 をもつならば，その個数は偶数**
- **n が素因数 7 をもつならば，その個数は奇数**
- **n が 2，7 以外を素因数にもつならば，その個数は偶数**

であることがわかります。 ☑⑳

0 も偶数で，自然数 k に対して $k^0=1$ と定められますから，結局，$28n$ が平方数となるような自然数 n の条件は

素因数 7 の個数が奇数で，それ以外の素因数の個数が偶数

で，このうち最小のものは，$n=7$ とわかります。

Check ☑

❸ 定義に戻る。
⑳ 素因数の個数に着目する。

練習問題

▶解答冊子 p95

(1) 千の位の数が 7，百の位の数が b，十の位の数が 5，一の位の数が c である 4 桁の自然数を $7b5c$ と表記する。

$7b5c$ が 4 でも 9 でも割り切れる b，c の組は，全部で□個ある。これらのうち，$7b5c$ の値が最小になるのは $b=$□，$c=$□のときで，$7b5c$ の値が最大になるのは $b=$□，$c=$□のときである。　〔センター試験・改〕

(2) $\sqrt{1260n}$ が自然数になるような自然数 n のうち，小さい方から 2 番目の数は□である。　〔立教大〕

(3) $\dfrac{n^2}{250}$，$\dfrac{n^3}{256}$，$\dfrac{n^4}{243}$ がすべて整数となるような正の整数 n のうち，最小のものを求めよ。　〔甲南大〕

(4) 5^n が $30!=1\cdot2\cdot3\cdot\cdots\cdot30$ の約数となるような自然数 n のうち最大のものを求めよ。また，30! を計算したとき，末尾に 0 が連続して何個並ぶか。

〔龍谷大・改〕

第8章

2　約数と倍数

Reference　約数の個数とその和

自然数Nが異なる素数p，q，r，…を用いて

$$N=p^aq^br^c\cdot\cdots$$

と素因数分解できるとする。

【1】 Nの正の約数の個数は

$$(a+1)(b+1)(c+1)\cdot\cdots$$

【2】 Nの正の約数の総和は

$$(1+p+\cdots+p^a)(1+q+\cdots+q^b)(1+r+\cdots+r^c)\cdot\cdots$$

素因数分解の有効性は，約数や倍数の考察ができること以外にもあります。ここでは，正の約数の個数と，それらの和について考えます。

たとえば，54の正の約数を書き出すと

1，2，3，6，9，18，27，54

の8個あり，それらの和は120です。この程度なら，すべての約数を書き出しても大したことはありませんが，数が大きくなると，漏れなく書き出すだけでも大変です。そこで，**素因数分解**が効いてきます。

約数の個数とその和の導き方

自然数Nが異なる素数p，q，r，…を用いて

$$N=p^aq^br^c\cdot\cdots$$

と素因数分解できるとする。

Nの正の約数は，x，y，zを整数として

$$N=p^xq^yr^z\cdot\cdots(0\leqq x\leqq a,\ 0\leqq y\leqq b,\ 0\leqq z\leqq c,\ \cdots)$$

と表せる。

$k^0=1$である。

x の値の選び方は $0,\ 1,\ \cdots,\ a$ の $a+1$ 通り，

y の値の選び方は $0,\ 1,\ \cdots,\ b$ の $b+1$ 通り，

z の値の選び方は $0,\ 1,\ \cdots,\ c$ の $c+1$ 通り，

⋮

あり，異なる $x,\ y,\ z$ の値の組には異なる約数が対応する。☑ ⑳

よって，N の正の約数の個数は

$(a+1)(b+1)(c+1)\cdot\cdots$(個)　　（証明終）

次に

$$(p^0+p^1+\cdots+p^a)(q^0+q^1+\cdots+q^b)(r^0+r^1+\cdots+r^c)\cdot\cdots$$

……………………………………………(＊)

という式を展開したときに現れる１つ１つの項は

$p^0+p^1+\cdots+p^a$ の項から１つ，

$q^0+q^1+\cdots+q^b$ の項から１つ，

$r^0+r^1+\cdots+r^c$ の項から１つ，

⋮

を選んでかけたものであり，全部で $(a+1)(b+1)(c+1)\cdot\cdots$(個)ある。

この $(a+1)(b+1)(c+1)\cdot\cdots$(個)はすべて異なる N の正の約数であるから，(＊) の値が N の正の約数の総和である。　　（証明終）

$540=2^2\cdot3^3\cdot5$ の正の約数の個数と，それらの和を求めてみましょう。

540の正の約数は，$a,\ b,\ c$ を整数として

$2^a\cdot3^b\cdot5^c\quad(0\leqq a\leqq2,\ 0\leqq b\leqq3,\ 0\leqq c\leqq1)$

と表せますから，正の約数の個数は，$a,\ b,\ c$ それぞれの選び方を考えて

$3\cdot4\cdot2=24$ (個)

また，それらの和は

$$(2^0+2^1+2^2)(3^0+3^1+3^2+3^3)(5^0+5^1)$$
$$=(1+2+4)(1+3+9+27)(1+5)$$
$$=7\cdot40\cdot6$$
$$=1680$$

展開するとすべての約数が現れることを確認しよう。

と求められます。

第8章

Reference 最大公約数と最小公倍数の関係

自然数A, Bの最大公約数をGとし，$A=Ga$, $B=Gb$とする。

また，AとBの最小公倍数をLとする。

【1】 $L=Gab$　　　　【2】 $GL=AB$

最大公約数や最小公倍数について考えるのにも，素因数分解は有効です。たとえば，$20=2^2\cdot5$, $24=2^3\cdot3$より，20と24の最小公倍数は

$2^3\cdot3^1\cdot5^1=120$ (**各素因数のうち多い個数分をもつ**) ☑⑳

20と24の最大公約数は

$2^2=4$ (**各素因数のうち少ない個数分をもつ**) ☑⑳

と求められます。なお，2つの整数a, bの最大公約数が1であることを，**aとbは互いに素である**といいます。8と15のように，2つの整数がともに素数でなくても互いに素となることがあるので，注意してください。

最大公約数と最小公倍数の関係の証明

A, Bの最大公約数をGとし，$A=Ga$, $B=Gb$とすると，aとbは互いに素である。つまり，aとbは共通の素因数をもたない。

LはAの倍数であるから，nを整数として$L=Gan$と表せる。

Lは$B(=Gb)$の倍数でもあるから，anはbの倍数である。いま，aとbは互いに素であるから，nはbの倍数である。 ☑㉑

nがbの素因数をすべてもつ。

よって，最小公倍数Lは，$n=b$のときを考えて

$L=Gab$　　　　(証明終)

また，【1】より

$$GL=G\cdot Gab=G^2ab,\quad AB=Ga\cdot Gb=G^2ab$$

となるから　　$GL=AB$　　　　(証明終)

Check ☑

⑳ 素因数の個数に着目する。

㉑ 約数・倍数の関係に着目する。

練習問題

▶解答冊子 p98

(1) 16200の正の約数の個数は，□個である。また，この約数のうち奇数である数の総和は□である。〔佛教大〕

(2) 最大公約数が 8，最小公倍数が240である自然数の組 $(x,\ y)\,(x<y)$ の中で，2 つの自然数の和が最も小さい組は□である。〔大阪経済大〕

(3) 3 つの自然数 n，120，225の最大公約数が15，最小公倍数が12600となるような n は□個ある。〔摂南大〕

3　余りと約数・倍数

Reference　和，差，積，累乗と余りの関係

整数 a，b を自然数 p で割った余りがそれぞれ r，s であるとする。

【1】 $a+b$ を p で割った余りは，$r+s$ を p で割った余りに等しい。

【2】 $a-b$ を p で割った余りは，$r-s$ を p で割った余りに等しい。

【3】 ab を p で割った余りは，rs を p で割った余りに等しい。

【4】 a^n (n は自然数)を p で割った余りは，r^n を p で割った余りに等しい。

約数と倍数の関係は，ある整数がある整数で割り切れるときに現れますが，割り切れなければ余りが出てきます。ここでは，余りに注目する考え方を見ていきます。

整数 x を自然数 p で割ったときの商を q，余りを r とおくと

$$x=pq+r$$

と表せます。ここで，商 q は整数です。また，余り r も整数であり，必ず $0 \leqq r \leqq p-1$ の範囲にあることに注意しましょう。たとえば

$x=5q+11$ より，x を 5 で割った余りは11

$x=5q-2$ より，x を 5 で割った余りは -2

などとするのは誤りで，正しくは

$$x=5(q+2)+1,\quad x=5(q-1)+3$$

のように変形して，余りはそれぞれ 1，3 です。

5 で割った余りは
0，1，2，3，4 のどれか。

2 つの整数 a，b を同じ自然数 p で割った余りがわかっているとき，その和，差，積および累乗について，p で割った余りを調べることができます。

和，差，積，累乗と余りの関係の導き方

a，b を p で割った余りがそれぞれ r，s のとき，A，B を整数として

$$a=pA+r,\ b=pB+s\ (0\leqq r\leqq p-1,\ 0\leqq s\leqq p-1)$$

と表せる。このとき

$$a+b=p(A+B)+(r+s)$$ ☑㉒

$$=(p\text{の倍数})+(r+s)$$

$$a-b=p(A-B)+(r-s)$$ ☑㉒

$$=(p\text{の倍数})+(r-s)$$

$$ab=p^2AB+pAs+pBr+rs$$

$$=p(pAB+As+Br)+rs$$ ☑㉒

$$=(p\text{の倍数})+rs$$

よって，$a+b$，$a-b$，ab を p で割った余りは，それぞれ $r+s$，$r-s$，rs を p で割った余りと一致する。

また，【3】を繰り返し利用することにより ☑⑪

$a\cdot a=a^2$ を p で割った余りと $r\cdot r=r^2$ を p で割った余り

$a^2\cdot a=a^3$ を p で割った余りと $r^2\cdot r=r^3$ を p で割った余り

$a^3\cdot a=a^4$ を p で割った余りと $r^3\cdot r=r^4$ を p で割った余り

⋮

はそれぞれ等しいから，一般に，a^n（n は自然数）を p で割った余りは，r^n を p で割った余りに等しい。（証明終）

第8章

和，差，積，累乗と余りの関係は，問題になっている数そのものではなく，余りを考えることで小さな数の計算ですませられるという点で有効です。

たとえば，8 を 7 で割った余りは 1 であることから，8^n（n は自然数）を 7 で割った余りは，1^n つまり 1 を 7 で割った余りに一致します。よって，n の値によらず余りは 1 であるとわかります。

整数が p の倍数であるとは，整数を p で割った余りが 0 ということですから，倍数について考えるときも，余りについての考察は有効です。

Reference 連続する整数の積の性質

【1】 連続する2つの整数の積は，必ず偶数である。

【2】 連続する3つの整数の積は，必ず6の倍数である。

整数が2，3，6で割り切れるかを調べる際に非常に有効な定理です。その証明においては，**整数を2や3で割った余りによって場合を分けて考える**ことがポイントです。 ☑㉒

連続する整数の積の性質【1】の証明

連続する2つの整数をn，$n+1$とする。$n(n+1)$が偶数であることを，nを2で割った余りによって場合を分けて調べる。 ☑㉒

(i) **nが偶数のとき**，$n=2k$（kは整数）と書ける。よって

$$n(n+1)=2k(2k+1)$$

より，$n(n+1)$は偶数である。

(ii) **nが奇数のとき**，$n=2k+1$（kは整数）と書ける。よって

$$\begin{aligned} n(n+1) &= (2k+1)(2k+2) \\ &= 2(2k+1)(k+1) \end{aligned}$$

より，$n(n+1)$は偶数である。

以上より，すべての整数nに対して$n(n+1)$は偶数である。 （証明終）

$n(n+1)$が偶数であることを証明しましたが，連続する2つの整数の積であればよいので

$$(n-1)n \text{ や } (n+1)(n+2) \text{ など}$$

も偶数です。

【2】でも，余りによって場合を分けるとよいでしょう。 ☑㉒

連続する整数の積の性質【2】の証明

連続する3つの整数をn，$n+1$，$n+2$とする。

$n(n+1)(n+2)$が6の倍数であることを証明するには，$n(n+1)(n+2)$が偶数であり，かつ3の倍数でもあることを証明すればよい。

まず，n，$n+1$は連続する2つの整数であるから，$n(n+1)$は偶数である。よって，$n(n+1)(n+2)$も偶数である。

$n(n+1)(n+2)$が3の倍数であることを，nを3で割った余りによって場合を分けて調べる。 ☑㉒

(i) nを3で割った余りが0のとき，$n=3k$（kは整数）と書ける。よって

$$n(n+1)(n+2)=3k(3k+1)(3k+2)$$

より，$n(n+1)(n+2)$は3の倍数である。

(ii) nを3で割った余りが1のとき，$n=3k+1$（kは整数）と書ける。

よって

$$\begin{aligned} n(n+1)(n+2) &= (3k+1)(3k+2)(3k+3) \\ &= 3(3k+1)(3k+2)(k+1) \end{aligned}$$

より，$n(n+1)(n+2)$は3の倍数である。

(iii) nを3で割った余りが2のとき，$n=3k+2$（kは整数）と書ける。

よって

$$\begin{aligned} n(n+1)(n+2) &= (3k+2)(3k+3)(3k+4) \\ &= 3(3k+2)(k+1)(3k+4) \end{aligned}$$

より，$n(n+1)(n+2)$は3の倍数である。

以上より，すべての整数nに対して$n(n+1)(n+2)$は3の倍数である。

したがって，$n(n+1)(n+2)$は偶数であり，3の倍数でもあるから，6の倍数である。（証明終）

連続する3つの整数の積であればよいので

$$(n-2)(n-1)n \text{ や } (n-1)n(n+1)=n^3-n \text{ など}$$

も6の倍数です。

このように，整数を自然数で割った余りによって分類するのも，整数についての問題を考えるうえで非常に有効な手法です。有名な例を1つ挙げると

平方数を3で割った余りは，2になることはない

というものがあります。

さきほどと同じように，nは，kを整数として$n=3k$，$3k+1$，$3k+2$のどれかの形で表せます。それぞれの場合について順に調べていきます。 ☑㉒

$n=3k$のとき

$$\begin{aligned} n^2 &= (3k)^2 = 9k^2 \\ &= 3\cdot 3k^2 \end{aligned}$$

$n=3k+1$のとき

$$\begin{aligned} n^2 &= (3k+1)^2 = 9k^2+6k+1 \\ &= 3(3k^2+2k)+1 \end{aligned}$$

$n=3k+2$のとき

$$\begin{aligned} n^2 &= (3k+2)^2 = 9k^2+12k+4 \\ &= 3(3k^2+4k+1)+1 \end{aligned}$$

となり，n^2を3で割った余りは0か1に限られること，つまり2になることはないことがわかります。

このこともしばしば使われる事実ですから，覚えておくとよいでしょう。

Check ☑

⓫ 前の結果を利用する。

㉒ 余りに着目する。

練習問題

▶解答冊子 p100

(1) 正の整数 n を 3 で割ると 2 余り，7 で割ると 6 余る。このような n の中で最小のものは$\boxed{}$である。〔近畿大〕

(2) 2 つの整数 a, b について，a を12で割ると 7 余り，b を12で割ると10余る。このとき，a を 4 で割ったときの余りは$\boxed{}$であり，$a-b$ を12で割ったときの余りは$\boxed{}$である。また，a^2b^2 を12で割ったときの余りは$\boxed{}$である。〔北里大〕

(3) 奇数の平方は 8 で割ると 1 余ることを示せ。〔津田塾大〕

(4) すべての自然数 n に対して $\dfrac{n^3}{6}-\dfrac{n^2}{2}+\dfrac{4n}{3}$ は整数であることを証明せよ。〔学習院大〕

4　ユークリッドの互除法と不定方程式

Reference　ユークリッドの互除法の原理

自然数 a, b に対して，a を b で割ったときの商が q，余りが r であるとする。すなわち $a=bq+r$ であるとする。

このとき，a と b の最大公約数は，b と r の最大公約数に等しい。

整数を素因数分解することで最大公約数を求める方法を学びましたが，たとえば1007と817のように，**素因数分解が簡単にはできないような2つの整数の最大公約数を求めたい場合には，ユークリッドの互除法を使うのが便利**です。

ユークリッドの互除法の原理の証明

a と b の最大公約数を g とし，b と r の最大公約数を G とする。

まず，g が a と b の公約数であることから

$$a=a'g,\qquad b=b'g\qquad (a',\ b'\text{ は整数})$$

と書ける。

このとき，$a=bq+r$ より

$$\begin{aligned} r &= a-bq \\ &= a'g-b'gq \\ &= g(a'-b'q) \end{aligned}$$

よって，g は r の約数でもあるから，b と r の共通の約数，つまり公約数である。

☑ ㉑

そして，b と r の公約数のうち最大のものが G であるから

$$g \leqq G$$

同じようにして，G が b と r の公約数であることから

$$b=b''G, \qquad r=r''G \qquad (b'',\ r'' \text{は整数})$$

と書ける。

このとき

$$\begin{aligned} a &= bq+r \\ &= b''Gq+r''G \\ &= G(b''q+r'') \end{aligned}$$

よって，G は a の約数でもあるから，a と b の共通の約数，つまり公約数である。

☑ ㉑

そして，a と b の公約数のうち最大のものが g であるから

$$G \leqq g$$

以上より，$g \leqq G$ かつ $G \leqq g$ となるから

$$g=G$$

すなわち，a と b の最大公約数と，b と r の最大公約数は一致する。　（証明終）

2つの数 m，n が等しいことを証明するときに，$m \leqq n$ かつ $n \leqq m$ を証明するという方針は見慣れないと思いますが，「こんな方法もあるのか」と味わっておきましょう。

さて，1007と817を例に，ユークリッドの互除法の手順を確認します。

1007を817で割ったときの商は1で，余りは190です。つまり

$$1007=817\cdot 1+190$$

となるので，**1007と817の最大公約数は，817と190の最大公約数と等しい**といえます。

今度は，上の式における割る数817を，そのときの余り190で割ると，商は4で余りは57です。つまり

$$817=190\cdot 4+57$$

となるので，**817と190の最大公約数は，190と57の最大公約数と等しい**といえます。

第8章

この「1つ前の割り算における割る数を，そのときの余りで割る」という操作を繰り返します。

190を57で割ったときの商は3で，余りは19です。つまり

$$190 = 57 \cdot 3 + 19$$

となるので，**190と57の最大公約数は，57と19の最大公約数と等しい**といえます。

以上から，**1007と817の最大公約数は，57と19の最大公約数と等しい**といえます。

そして，$57 = 19 \cdot 3$ より，57と19の最大公約数は19ですから，1007と817の最大公約数も19であることがわかります。

この方法のメリットは $a = bq + r$ において $r < b$，つまり余りが割る数よりも必ず小さくなることです。これにより，もとの2つの数よりも必ず小さな数が現れ，公約数が見つけやすくなるのです。

ユークリッドの互除法の利用例として重要なものに，**1次不定方程式の整数解の求め方**が挙げられます。

a，b，c を整数の定数(ただし，$a \neq 0$，$b \neq 0$)とし，x と y に関する1次方程式 $ax + by = c$ を考えます。

$ax + by = c$ の整数解 x，y は，次の手順で求められます。

(i) $aX + bY = c$ をみたす整数 X，Y の組を1つ見つける。 (ii) $a(x - X) = -b(y - Y)$ から，x と y を求める。

たとえば，$3x + 5y = 7$ という方程式について考えてみましょう。

(i)　$3X+5Y=7$ をみたす整数 X, Y の組を1つ見つける。

X, Y の組は何でもよいのですが，0に近い数の方が見つけやすいでしょう。たとえば

$$3\cdot(-1)+5\cdot 2=-3+10=7$$

より，$x=-1$, $y=2$ が1つの解です。

(ii)　$3(x-X)=-5(y-Y)$ から，x と y を求める。

$3x+5y=7$ と，(i)で見つけた式 $3\cdot(-1)+5\cdot 2=7$ の両辺の差をとると

$$3\{x-(-1)\}+5(y-2)=0$$

よって

$$3(x+1)=-5(y-2)$$

です。この関係から，$3(x+1)$ は5の倍数となります。 ☑㉑

ここで，3は素因数5をもちませんから，$x+1$ が素因数5をもつことになります。つまり，$x+1$ は5の倍数で，k を整数として

$$x+1=5k$$ ☑㉑

と表せます。そして，このとき $y-2=-3k$ より

$$x=5k-1,\ y=-3k+2 \qquad (k \text{ は整数})$$

と求められます。

この方法で1次不定方程式の整数解を求めるとき，重要なのは

$$3\{x-(-1)\}+5(y-2)=0 \text{ より } 3(x+1)=-5(y-2)$$

とする部分です。

たとえば，はじめの方程式が $3x+5y=0$ ならば，$3x=-5y$ とできますから，上と同じように，k を整数として

$$x=5k,\ y=-3k$$

が導けます。しかし，$3x+5y=7$ のように右辺が0でないときは，右辺をうまく消去して

$$3\times\bigcirc+5\times\triangle=0 \quad \text{つまり} \quad 3\times\bigcirc=-5\times\triangle$$

という式をつくる必要があります。そのために，解の組 $x=-1$, $y=2$ を利用したわけです。

さて，1次不定方程式の整数解の求め方が理解できたところで，方程式 $53x-43y=1$ の整数解 x，y を求めてみましょう。

$53X-43Y=1$ をみたす整数 X，Y の組を1つ見つけるのが最初の目標ですが，係数が大きいので，すぐには見つけられません。

このような場面でユークリッドの互除法を利用すると，整数解を機械的に見つけることができます。

先ほどと同じように，割り算を繰り返し行うと

$$53=43\cdot 1+10,\qquad 43=10\cdot 4+3,\qquad 10=3\cdot 3+1$$

より，53と43の最大公約数は1だとわかりますが，ここでは，これらを

$$\mathbf{10}=53-43\cdot 1,\qquad \mathbf{3}=43-\mathbf{10}\cdot 4,\qquad 1=10-\mathbf{3}\cdot 3$$

と変形します。そして，上のように変形した値を代入すると

$$\begin{aligned}1&=10-\mathbf{3}\cdot 3\\&=10-(43-10\cdot 4)\cdot 3\\&=10-43\cdot 3+10\cdot 12\\&=\mathbf{10}\cdot 13-43\cdot 3\\&=(53-43\cdot 1)\cdot 13-43\cdot 3\\&=53\cdot 13-43\cdot 13-43\cdot 3\\&=53\cdot 13-43\cdot 16\end{aligned}$$

のようにして，1つの解が $x=13$，$y=16$ であることがわかります。

あとは

$$53(x-13)=43(y-16)$$

と変形すると，53と43が互いに素であることから，k を整数として

$$x-13=43k,\quad y-16=53k$$

より

$$x=43k+13,\quad y=53k+16$$

と求めることができます。

Check ☑

㉑ 約数・倍数の関係に着目する。

練習問題

▶解答冊子 p103

(1) 2つの自然数19343と4807の最大公約数は$\boxed{}$である。〔立教大〕

(2) 方程式 $13x+5y=-4$ の整数解をすべて求めよ。〔広島修道大〕

(3) 不定方程式 $92x+197y=1$ をみたす整数 x, y の組の中で，x の絶対値が最小のものは $x=\boxed{}$, $y=\boxed{}$ である。不定方程式 $92x+197y=10$ をみたす整数 x, y の組の中で，x の絶対値が最小のものは $x=\boxed{}$, $y=\boxed{}$ である。

〔センター試験〕

付録

Check ☑一覧

❶ 文字や式をおきかえる。

・第1章1　・第3章2

❷ 1つの文字に着目して整理する。

・第1章1

❸ 定義に戻る。

・第1章2　・第3章2　・第4章2　・第6章7　・第7章2　・第8章1

❹ つくりたい形を見越して変形する。

・第1章2　・第3章1　・第3章2　・第5章1　・第5章2　・第6章1

❺ 図を活用し，視覚で捉える。

・第1章3　・第2章1　・第2章2　・第2章3　・第3章3　・第3章4
・第6章5　・第6章7　・第7章5

❻ 場合を分けて処理する。

・第1章3　・第4章3　・第4章4

❼ 周期性に着目する。

・第1章4

❽ まず1つの文字を消去する。

・第3章1　・第4章3

❾ 特徴的な点に着目する。

・第3章2　・第4章3

❿ 直角三角形を利用する。

・第4章1　・第4章2　・第4章3　・第4章4　・第7章1

⓫ 前の結果を利用する。

・第4章3　・第6章5　・第7章3　・第7章4　・第7章5　・第8章3

⑫ 同じものを2通りの方法で表す。

・第4章4　・第6章1

⑬ 1つを固定する。

・第6章2

⑭ 同じと見なすものをいったん別のものとして扱う。

・第6章　・第6章3

⑮ 1対1に対応する別の表現を見つける。

・第6章3　・第6章4

⑯ 同じ式で計算できるものに注目する。

・第6章6

⑰ 計算の順序を工夫する。

・第6章8

⑱ 平行線を利用する。

・第7章1　・第7章2　・第7章3　・第7章4

⑲ 合同な図形，相似な図形に注目する。

・第7章2　・第7章5

⑳ 素因数の個数に着目する。

・第8章1　・第8章2

㉑ 約数・倍数の関係に着目する。

・第8章2　・第8章4

㉒ 余りに着目する。

・第8章3

さくいん

定理・公式から学ぶ
数学Ⅰ・Ａの考え方　チェック＆リファレンス

初版第1刷発行……………………… 2023年3月20日

著者………………………………… 堀隆人＋多賀みのり　共著
発行人……………………………… 藤井孝昭
発行………………………………… Ｚ会
〒411-0033　静岡県三島市文教町 1-9-11
【販売部門：書籍の乱丁・落丁・返品・交換・注文】
TEL 055-976-9095
【書籍の内容に関するお問い合わせ】
https://www.zkai.co.jp/books/contact/
【ホームページ】
https://www.zkai.co.jp/books/
装丁………………………………… 犬飼奈央
印刷・製本 ………………………… シナノ書籍印刷株式会社

ISBN978-4-86531-524-0 C7041

Z-KAI

定理・公式から学ぶ

数学I・A の考え方

別冊解答

チェック&リファレンス

堀 隆人／多賀 みのり 共著

目次

1　展開と因数分解

(1) 次の式を展開せよ。

(i) $(x^2+xy+y^2)(x^2-xy+y^2)(x^4-x^2y^2+y^4)$ 〔札幌学院大〕

(ii) $(a+b+c)^2-(b+c-a)^2$ 〔奈良大・改〕

【解答】

(1)(i) $(x^2+xy+y^2)(x^2-xy+y^2)(x^4-x^2y^2+y^4)$

$=\{(x^2+y^2)+xy\}\{(x^2+y^2)-xy\}(x^4-x^2y^2+y^4)$

$A=x^2+y^2$ とおくと，この式は ☑❶

$(A+xy)(A-xy)(x^4-x^2y^2+y^4)$

$=\{A^2-(xy)^2\}(x^4-x^2y^2+y^4)$

$=\{(x^2+y^2)^2-x^2y^2\}(x^4-x^2y^2+y^4)$

$=(x^4+2x^2y^2+y^4-x^2y^2)(x^4-x^2y^2+y^4)$

$=(x^4+x^2y^2+y^4)(x^4-x^2y^2+y^4)$

$=\{(x^4+y^4)+x^2y^2\}\{(x^4+y^4)-x^2y^2\}$

$B=x^4+y^4$ とおくと，この式は ☑❶

$(B+x^2y^2)(B-x^2y^2)$

$=B^2-(x^2y^2)^2$

$=(x^4+y^4)^2-x^4y^4$

$=x^8+2x^4y^4+y^8-x^4y^4$

$=\boldsymbol{x^8+x^4y^4+y^8}$ 答

(ii) $A=a+b+c$, $B=b+c-a$ とおくと ☑❶

$$
\begin{aligned}
&(a+b+c)^2-(b+c-a)^2\\
&=A^2-B^2\\
&=(A+B)(A-B)\\
&=\{(a+b+c)+(b+c-a)\}\{(a+b+c)-(b+c-a)\}\\
&=(2b+2c)\times 2a\\
&=\mathbf{4ab+4ca}
\end{aligned}
$$
答

注意

$$(a+b+c)^2=a^2+b^2+c^2+2ab+2bc+2ca$$

$$
\begin{aligned}
(b+c-a)^2&=\{b+c+(-a)\}^2\\
&=b^2+c^2+(-a)^2+2bc+2c\times(-a)+2\times(-a)\times b\\
&=b^2+c^2+a^2+2bc-2ca-2ab
\end{aligned}
$$

のように，2つの式をそれぞれ展開してもよいですが，一度因数分解してから展開するとラクにできるという例です。

> (2) 次の式を因数分解せよ。
> (i) $(2x^2-5x)^2-15(2x^2-5x)+36$
> (ii) a^6-7a^3-8 〔名古屋女子大〕
> (iii) $(ac+bd)^2-(ad+bc)^2$ 〔関西医大〕
> (iv) $x^2+2xy+y^2-3x-3y+2$ 〔東海大〕

【解答】

(2)(i) $A=2x^2-5x$ とおくと ☑❶

$$
\begin{aligned}
&(2x^2-5x)^2-15(2x^2-5x)+36\\
&=A^2-15A+36\\
&=(A-3)(A-12)\\
&=(2x^2-5x-3)(2x^2-5x-12)\\
&=(x-3)(2x+1)(x-4)(2x+3)\\
&=\mathbf{(x-3)(x-4)(2x+1)(2x+3)}
\end{aligned}
$$
答

1	−3	→ −6
2	1	→ 1
2	−3	−5

1	−4	→ −8
2	3	→ 3
2	−12	−5

(ii) $A=a^3$ とおくと ☑❶

$$a^6-7a^3-8$$
$$=A^2-7A-8$$
$$=(A+1)(A-8)$$
$$=(a^3+1)(a^3-8)$$
$$=(a+1)(a^2-a+1)(a-2)(a^2+2a+4)$$
$$=\boldsymbol{(a+1)(a-2)(a^2-a+1)(a^2+2a+4)}$$ 答

$a^6=a^{3\times 2}=(a^3)^2$
$=A^2$

(iii) $A=ac+bd$, $B=ad+bc$ とおくと ☑❶

$$(ac+bd)^2-(ad+bc)^2$$
$$=A^2-B^2$$
$$=(A+B)(A-B)$$
$$=\{(ac+bd)+(ad+bc)\}\{(ac+bd)-(ad+bc)\}$$
$$=(ac+bd+ad+bc)(ac+bd-ad-bc)$$
$$=\{a(c+d)+b(d+c)\}\{a(c-d)+b(d-c)\}$$
$$=\{a(c+d)+b(c+d)\}\{a(c-d)-b(c-d)\}$$
$$=\boldsymbol{(a+b)(c+d)(a-b)(c-d)}$$ 答

(iv)
$$x^2+2xy+y^2-3x-3y+2$$
$$=x^2+(2y-3)x+y^2-3y+2$$ ☑❷
$$=x^2+(2y-3)x+(y-1)(y-2)$$
$$=\boldsymbol{(x+y-1)(x+y-2)}$$ 答

|別|解|

$$x^2+2xy+y^2-3x-3y+2=(x+y)^2-3(x+y)+2$$

と変形できることに気づけば，$A=x+y$ とおくと ☑❶

$$(x+y)^2-3(x+y)+2=A^2-3A+2$$
$$=(A-1)(A-2)$$

よって

$$x^2+2xy+y^2-3x-3y+2=(x+y-1)(x+y-2)$$

2　根号を含む式の計算

(1)　次の各問いに答えよ。

(i)　$\dfrac{1}{2-\sqrt{2}}+\dfrac{1}{2+\sqrt{2}}$，$\dfrac{2+\sqrt{2}}{2-\sqrt{2}}+\dfrac{2-\sqrt{2}}{2+\sqrt{2}}$ を計算せよ。

〔足利工大〕

(ii)　$(1+\sqrt{5}-\sqrt{6})(1+\sqrt{5}+\sqrt{6})$ を計算し，$\dfrac{10}{1+\sqrt{5}-\sqrt{6}}$ の分母を有理化せよ。

〔富山県立大〕

(iii)　$A=\dfrac{1}{1+\sqrt{3}+\sqrt{6}}$，$B=\dfrac{1}{1-\sqrt{3}+\sqrt{6}}$ とする。このとき

$$AB=\frac{1}{(1+\sqrt{6})^2-\square}=\frac{\sqrt{6}-\square}{\square}$$

であり，また $\dfrac{1}{A}+\dfrac{1}{B}=\square+\square\sqrt{6}$ である。以上により

$$A+B=\frac{\square-\sqrt{6}}{\square}$$

となる。

〔センター試験〕

【解答】

(1)(i)

$$\frac{1}{2-\sqrt{2}}+\frac{1}{2+\sqrt{2}}$$

$$=\frac{(2+\sqrt{2})+(2-\sqrt{2})}{(2-\sqrt{2})(2+\sqrt{2})}$$ ☑ ❹

$$=\frac{4}{2^2-(\sqrt{2})^2}$$

$$=\frac{4}{4-2}$$

$=$**2**　答

通分すると
分母の$\sqrt{\ }$がなくなる。

また

$$\frac{2+\sqrt{2}}{2-\sqrt{2}}+\frac{2-\sqrt{2}}{2+\sqrt{2}}$$

$$=\frac{(2+\sqrt{2})^2+(2-\sqrt{2})^2}{(2-\sqrt{2})(2+\sqrt{2})}$$ ☑④

通分すると
分母の$\sqrt{\ }$がなくなる。

$$=\frac{(4+4\sqrt{2}+2)+(4-4\sqrt{2}+2)}{2}$$

$$=\frac{12}{2}$$

$=\mathbf{6}$ 答

(ii) $(1+\sqrt{5}-\sqrt{6})(1+\sqrt{5}+\sqrt{6})$

$=(1+\sqrt{5})^2-(\sqrt{6})^2$

$=1+2\sqrt{5}+5-6$

$=\mathbf{2\sqrt{5}}$ 答

$X=1+\sqrt{5}$, $Y=\sqrt{6}$
とおくと，与式は
$(X-Y)(X+Y)=X^2-Y^2$

よって

$$\frac{10}{1+\sqrt{5}-\sqrt{6}}$$

$$=\frac{10(1+\sqrt{5}+\sqrt{6})}{(1+\sqrt{5}-\sqrt{6})(1+\sqrt{5}+\sqrt{6})}$$

$$=\frac{10(1+\sqrt{5}+\sqrt{6})}{2\sqrt{5}}$$

前の結果を利用した。

$$=\frac{5\sqrt{5}(1+\sqrt{5}+\sqrt{6})}{(\sqrt{5})^2}$$ ☑④

$=\sqrt{5}(1+\sqrt{5}+\sqrt{6})$

$=\mathbf{5+\sqrt{5}+\sqrt{30}}$ 答

(iii) $$AB=\frac{1}{(1+\sqrt{3}+\sqrt{6})(1-\sqrt{3}+\sqrt{6})}$$

$$=\frac{1}{(1+\sqrt{6})^2-(\sqrt{3})^2}$$

$$=\frac{1}{(1+\sqrt{6})^2-\mathbf{3}}$$ 答

$X=1+\sqrt{6}$, $Y=\sqrt{3}$
とおくと，与式は

$$\frac{1}{(X-Y)(X+Y)}$$

$$=\frac{1}{X^2-Y^2}$$

$$=\frac{1}{1+2\sqrt{6}+6-3}$$

$$=\frac{1}{2\sqrt{6}+4}$$

$$=\frac{2\sqrt{6}-4}{(2\sqrt{6}+4)(2\sqrt{6}-4)}$$ ☑④

分母，分子に $2\sqrt{6}-4$ をかけると，分母の$\sqrt{\ }$がなくなる。

$$=\frac{2\sqrt{6}-4}{24-16}$$

$$=\frac{\sqrt{6}-\mathbf{2}}{\mathbf{4}}$$ 答

また

$$\frac{1}{A}+\frac{1}{B}=(1+\sqrt{3}+\sqrt{6})+(1-\sqrt{3}+\sqrt{6})$$

$$=\mathbf{2}+\mathbf{2}\sqrt{6}$$ 答

すなわち

$$\frac{A+B}{AB}=2+2\sqrt{6}=2(1+\sqrt{6})$$

$$\frac{1}{A}+\frac{1}{B}=\frac{B}{AB}+\frac{A}{AB}=\frac{A+B}{AB}$$

よって

$$A+B=AB\times\frac{A+B}{AB}$$ ☑④

$$=\frac{\sqrt{6}-2}{4}\times 2(1+\sqrt{6})$$

$$=\frac{(\sqrt{6}-2)(1+\sqrt{6})}{2}$$

$$=\frac{\sqrt{6}+6-2-2\sqrt{6}}{2}$$

$$=\frac{\mathbf{4}-\sqrt{6}}{\mathbf{2}}$$ 答

(2) 次の各問いに答えよ。

(i) $\sqrt{34-24\sqrt{2}}$ の 2 重根号をはずせ。

(ii) $\sqrt{5+\sqrt{21}}$ の 2 重根号をはずし，$\sqrt{5+\sqrt{21}}-\sqrt{5-\sqrt{21}}$ を簡単にせよ。

〔大阪経済大・改〕

【解答】

(2)(i) $24\sqrt{2}=2\times 12\sqrt{2}=2\sqrt{12^2\times 2}=2\sqrt{288}$ ☑❹

であり

$288=18\times 16,\ \ 34=18+16$

であるから

$\sqrt{34-24\sqrt{2}}=\sqrt{18}-\sqrt{16}=\mathbf{3\sqrt{2}-4}$ 答

※補足

上の結果が正しいか不安であれば，$(3\sqrt{2}-4)^2$ を計算すると検算になります。

$$\begin{aligned}(3\sqrt{2}-4)^2&=18-24\sqrt{2}+16\\&=34-24\sqrt{2}\end{aligned}$$

となることから，確かに $\sqrt{34-24\sqrt{2}}=3\sqrt{2}-4$ であることがわかります。

(ii) $5+\sqrt{21}=\dfrac{10+2\sqrt{21}}{2}$ ☑❹

$\bigcirc+2\sqrt{\square}$ の形をつくった。

であり

$10=7+3,\ \ 21=7\times 3$

であるから

$$\begin{aligned}\sqrt{5+\sqrt{21}}&=\frac{\sqrt{10+2\sqrt{21}}}{\sqrt{2}}=\frac{\sqrt{7}+\sqrt{3}}{\sqrt{2}}\\&=\frac{\sqrt{2}(\sqrt{7}+\sqrt{3})}{(\sqrt{2})^2}\\&=\frac{\sqrt{14}+\sqrt{6}}{2}\end{aligned}$$

同じようにして

$$\sqrt{5-\sqrt{21}}=\frac{\sqrt{14}-\sqrt{6}}{2}$$

であるから

$$\begin{aligned}\sqrt{5+\sqrt{21}}-\sqrt{5-\sqrt{21}}&=\frac{(\sqrt{14}+\sqrt{6})-(\sqrt{14}-\sqrt{6})}{2}\\&=\boldsymbol{\sqrt{6}}\end{aligned}$$ 答

3 方程式と不等式

(1) 不等式 $ax+3>2x$ を解け。ただし，a は定数とする。 〔広島工大〕

(2) x についての連立不等式 $\begin{cases} x-2<\dfrac{2x-3}{3} \\ 2(x+1)>x+a+3 \end{cases}$ に解が存在しないような実数 a の値の範囲は ☐ である。 〔京都産業大〕

(3) 不等式 $|x-5|<4$ を解くと，☐ $<x<$ ☐ である。 〔自治医大〕

(4) 不等式 $|x-6|\leqq 3x$ を解け。 〔岡山理科大〕

【解答】

(1) $ax+3>2x$ より

$$(a-2)x>-3$$

すると，$a-2>0$ のとき，つまり $a>2$ のとき ☑❻

$$x>-\frac{3}{a-2}$$

$a-2<0$ のとき，つまり $a<2$ のとき

$$x<-\frac{3}{a-2}$$

また，$a-2=0$ のとき，つまり $a=2$ のとき，不等式は $0>-3$ となるから，つねに成り立つ。

よって，不等式の解は

$$\begin{cases} a>2 \text{ のとき，} x>-\dfrac{3}{a-2} \\ a=2 \text{ のとき，} x \text{ はすべての実数} \\ a<2 \text{ のとき，} x<-\dfrac{3}{a-2} \end{cases}$$ 答

注意

$(a-2)x>-3$ より安直に両辺を $a-2$ で割らないようにしましょう。$a-2$ が 0 かどうか，正か負かによる場合分けが必要です。

(2) $x-2<\dfrac{2x-3}{3}$ より

$$3(x-2)<2x-3$$

$$x<3$$

また，$2(x+1)>x+a+3$ より

$$x>a+1$$

よって，連立不等式の解は

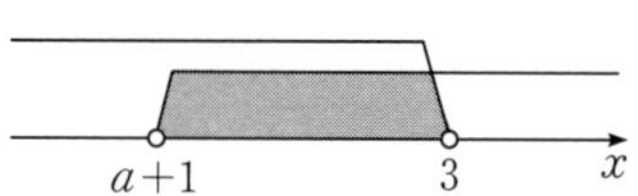

$$a+1<x \text{ かつ } x<3$$

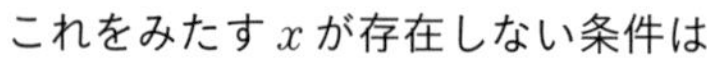

これをみたす x が存在しない条件は

$$a+1<3 \text{ をみたさない}$$

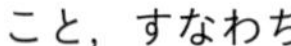

こと，すなわち

$$3\leqq a+1$$

より

$$\boldsymbol{a\geqq 2}$$ **答**

(3) $|x-5|<4$ より

$$-4<x-5<4$$

であるから

$$\boldsymbol{1<x<9}$$ **答**

※補足

実数 p，q に対して，$|p-q|$ は，数直線上において**座標 p の点と座標 q の点の間の距離**を表します。

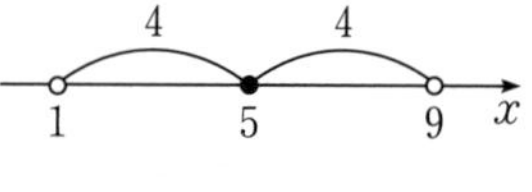

よって，数直線上において，座標 x の点と座標 5 の点の間の距離が 4 よりも小さくなると考えてもよいでしょう。 ☑ ❺

(4)(i)　$x \geqq 6$ のとき，$x-6 \leqq 3x$ より　☑❻

$-2x \leqq 6$

$x \geqq -3$

これと $x \geqq 6$ より

$x \geqq 6$

(ii)　$x < 6$ のとき，$-x+6 \leqq 3x$ より

$-4x \leqq -6$

$x \geqq \dfrac{3}{2}$

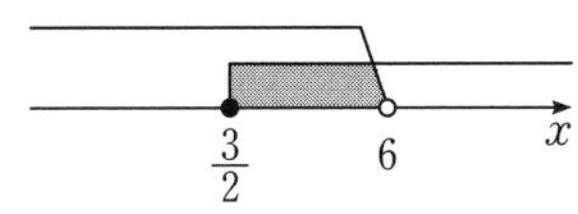

これと $x < 6$ より

$\dfrac{3}{2} \leqq x < 6$

(i)，(ii)より，不等式の解は

$\boldsymbol{x \geqq \dfrac{3}{2}}$　答

※補足

$y=|x-6|$ と $y=3x$ のグラフは次の図のようになります。

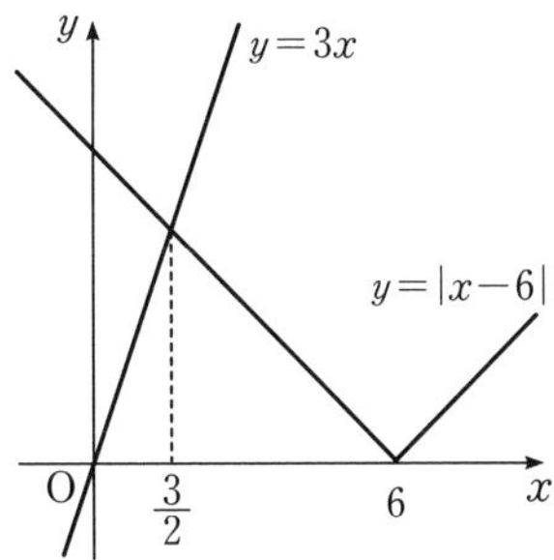

これらが交わるか，$y=3x$ のグラフの方が上にある x の値の範囲が不等式の解ですから，2つのグラフの交点の x 座標 $x=\dfrac{3}{2}$ を求めれば，グラフからただちに不等式の解がわかります。　☑❺

4　循環小数と分数

(1)　分数 $\frac{3}{7}$ を小数で表したとき，小数第 1 位の数と同じ数が次に現れるのは小数第□位である。また，小数第2016位の数は□である。〔愛知工大〕

(2)　次の循環小数に関して，以下の式が成り立つ。

(ア)　$0.\dot{7}=\frac{\square}{\square}$　　(イ)　$1.\dot{1}4\dot{8}=\frac{\square}{\square}$　　〔大阪経済大〕

(3)　循環小数 $1.\dot{4}\dot{6}$ を分数で表すと□である。$1.\dot{4}\dot{6}+2.\dot{7}$ を循環小数で表すと□となる。　〔南山大〕

【解答】

(1)
$$\frac{3}{7}=0.428571428571\cdots=0.\dot{4}2857\dot{1}$$

となるから，小数第 1 位の数 4 と同じ数が次に現れるのは，小数第 **7** 位である。

答

そして，6 個の数字428571が繰り返され　☑ ⑦

$$2016=6\times336$$

であるから，小数第2016位の数は小数第 6 位の数字に等しく，それは **1** である。

答

(2)(ア)　$x=0.\dot{7}$ とすると

$$10x=7.777\cdots$$　☑ ⑦

$$x=0.777\cdots$$

よって，辺々を引いて

$$9x=7$$

$$x=\boldsymbol{\frac{7}{9}}$$　答

循環する部分(7)が消える。

(イ)　$y=1.\dot{1}4\dot{8}$ とすると

$$1000y=1148.148148148\cdots$$　☑ ⑦

$$y=\quad 1.148148148\cdots$$

よって，辺々を引いて

$$999y = 1147$$

$$y = \frac{1147}{999} = \frac{37 \times 31}{37 \times 27}$$

$$= \mathbf{\frac{31}{27}}$$ 答

循環する部分(148)が消える。

(3) $x = 1.\dot{4}\dot{6}$ とすると

$$100x = 146.464646\cdots$$ ☑ ❼

$$x = \quad 1.464646\cdots$$

よって，辺々を引いて

$$99x = 145$$

$$x = \mathbf{\frac{145}{99}}$$ 答

循環する部分(46)が消える。

また，(2)(ア)より $0.\dot{7} = \frac{7}{9}$ であるから，$2.\dot{7}$ は

$$2.\dot{7} = 2 + \frac{7}{9} = \frac{25}{9}$$

したがって

$$1.\dot{4}\dot{6} + 2.\dot{7} = \frac{145}{99} + \frac{25}{9}$$

$$= \frac{420}{99} = \frac{140}{33}$$

$$= 4.242424\cdots$$

$$= \mathbf{4.\dot{2}\dot{4}}$$ 答

1 集合の基本法則

(1) 100以下の正の整数のうち，6で割り切れる数は□個あり，8で割り切れる数は□個ある。100以下の正の整数のうち，6でも8でも割り切れない数は□個ある。 〔京都産業大〕

(2) 1桁の自然数全体からなる集合を全体集合Uとする。Uの部分集合A，Bが

$$A \cap B = \{1,\ 9\},\quad \overline{A} \cap B = \{6,\ 8\},\quad \overline{A \cup B} = \{2,\ 4,\ 7\}$$

を満たすとすると，$A=$□，$B=$□である。ただし，$\overline{A}$でAの補集合を表すものとする。 〔愛知大〕

(3) 2つの集合をA，Bとし，$n(A)+n(B)=10$かつ$n(A \cup B)=7$とするとき，$n(\overline{A} \cap B)+n(A \cap \overline{B})$を求めよ。なお，$n(X)$は集合$X$の要素の個数を表すものとする。 〔神戸女学院大〕

(4) 有限集合Xの要素の個数を$n(X)$で表すことにする。全体集合Uは有限集合で$n(U)=100$とし，A，BはUの部分集合で$n(A)=30$，$n(B)=80$とする。$n(A \cap B)$のとりうる値の最大値および最小値を求めよ。 〔鹿児島大〕

【解答】

(1) 100以下の正の整数の集合を全体集合Uとし，このうち6で割り切れる数の集合をA，8で割り切れる数の集合をBとする。

$$100 = 6 \times 16 + 4, \qquad 100 = 8 \times 12 + 4$$

であるから，6で割り切れる数の個数は

$n(A) = \mathbf{16}$ 答

8で割り切れる数の個数は

$n(B) = \mathbf{12}$ 答

また，6 と 8 の最小公倍数は24であり

$$100=24\times4+4$$

であるから，6 でも 8 でも割り切れる数の個数は

$$n(A\cap B)=4$$

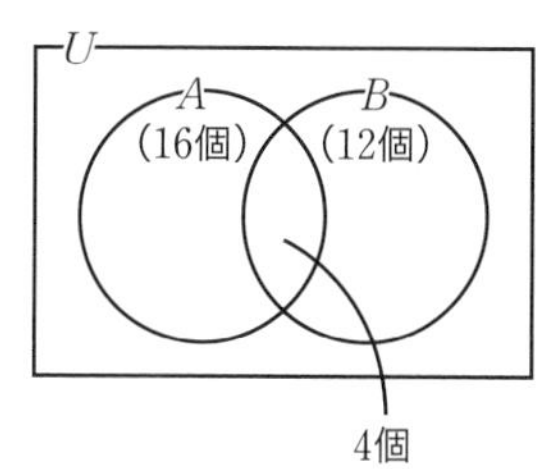

よって

$$\begin{aligned}&n(A\cup B)\\&=n(A)+n(B)-n(A\cap B)\\&=16+12-4\\&=24\end{aligned}$$

したがって，6 でも 8 でも割り切れない数の個数は

$$\begin{aligned}n(\overline{A}\cap\overline{B})&=n(\overline{A\cup B})\\&=n(U)-n(A\cup B)\\&=100-24\\&=\mathbf{76}\end{aligned}$$ 答

注意

6 でも 8 でも割り切れる整数は，6 と 8 の公倍数です。6 と 8 の最小公倍数は24ですから，$A\cap B$ は24の倍数の集合です。

(2) 全体集合 U は 1 桁の自然数全体の集合であり

$$A\cap B=\{1,\ 9\}$$
$$\overline{A}\cap B=\{6,\ 8\}$$
$$\overline{A\cup B}=\{2,\ 4,\ 7\}$$

であるから，A，B は右の図のように表せる。

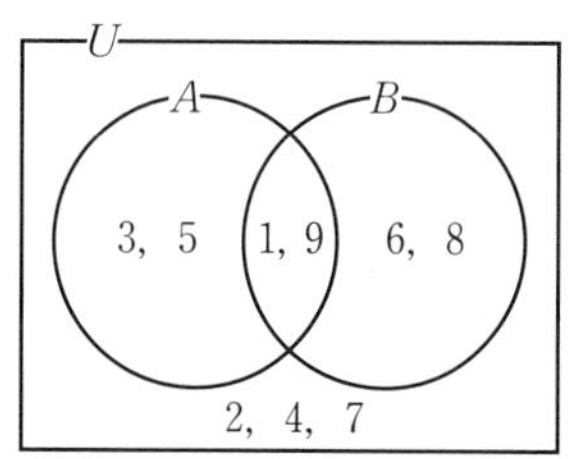

☑ 5

よって

$A=\{\mathbf{1,\ 3,\ 5,\ 9}\}$，$B=\{\mathbf{1,\ 6,\ 8,\ 9}\}$ 答

(3) $\overline{A}\cap B$, $A\cap\overline{B}$ を図に表すと，右のようになるから ☑ ❺

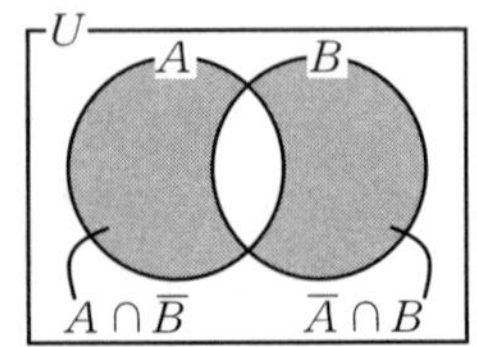

$$n(\overline{A}\cap B)+n(A\cap\overline{B})$$
$$=n(A\cup B)-n(A\cap B)$$

ここで

$$n(A\cup B)=n(A)+n(B)-n(A\cap B)$$

であるから

$$n(A)+n(B)=10,\quad n(A\cup B)=7$$

のとき

$$7=10-n(A\cap B)$$

より

$$n(A\cap B)=10-7=3$$

よって

$$n(\overline{A}\cap B)+n(A\cap\overline{B})=7-3$$
$$=\mathbf{4}$$ 答

(4) $n(A)<n(B)$ であるから，右の図のように A が B の部分集合となるとき，$n(A\cap B)$ は最大となる。 ☑ ❺

このとき

$$n(A\cap B)=n(A)=\mathbf{30}$$ 答

次に

$$n(A\cup B)=n(A)+n(B)-n(A\cap B)$$

より，$n(A)=30$, $n(B)=80$ のとき

$$n(A\cup B)=110-n(A\cap B)$$

よって，$n(A\cap B)$ が最小となるのは，$n(A\cup B)$ が最大のときであり，このとき

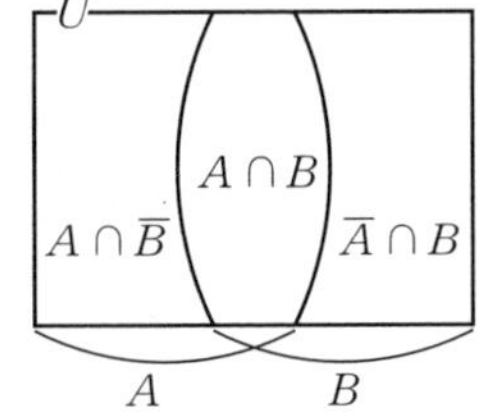

$$n(A\cup B)=n(U)=100$$

したがって，$n(A\cap B)$ の最小値は

$$110-100=\mathbf{10}$$ 答

注意

右の図のように，それぞれの集合の要素の個数を x, y, z, w とおくのもわかりやすいでしょう。

この場合

$$\begin{cases} x+y=30 \\ y+z=80 \\ x+y+z+w=100 \end{cases}$$

より

$$\begin{aligned} x&=30-y \\ z&=80-y \\ w&=100-(x+y+z) \\ &=100-(110-y) \\ &=y-10 \end{aligned}$$

のように，x, z, w を y の式で表すことができます。これらがすべて 0 以上であることから

$30-y \geqq 0$ より $y \leqq 30$

$80-y \geqq 0$ より $y \leqq 80$

$y-10 \geqq 0$ より $y \geqq 10$

したがって，$10 \leqq y \leqq 30$ が得られます。

2　「かつ」「または」と否定

次の各問いに答えよ。

(1)　整数 n に関する条件「n は 2 でも 3 でも割り切れない」の否定を述べよ。

(2)　実数 x に関する条件「$x \leqq 1$ または $x > 3$」の否定を述べよ。

(3)　実数 p，q に関する条件「$(p-3)(q+5) \neq 0$」の否定を，「かつ」もしくは「または」を用いて述べよ。

(4)　実数 p，q に関する条件「$(p-3)^2+(q+5)^2=0$」の否定を，「かつ」もしくは「または」を用いて述べよ。

(5)　実数 x に関する条件「すべての x に対して，$x^2>0$」の否定を述べよ。

(6)　実数 x に関する条件「ある x に対して，$x^2+3x+2=0$」の否定を述べよ。

【解答】

(1)　整数 n は 2 で割り切れず，かつ 3 でも割り切れないから，右の図より，その否定は　☑ ❺

「整数 n は 2 または 3 で割り切れる」 答

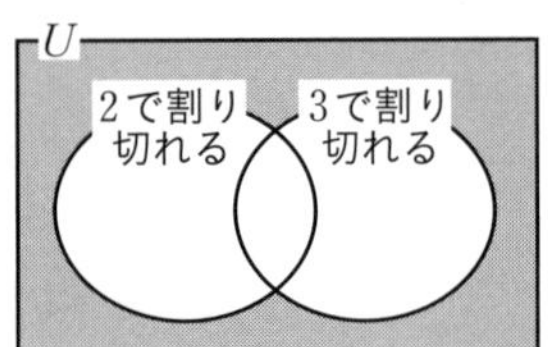

(2)　「$x \leqq 1$ または $x > 3$」の否定は

「$x > 1$ かつ $x \leqq 3$」

すなわち

「$1 < x \leqq 3$」 答

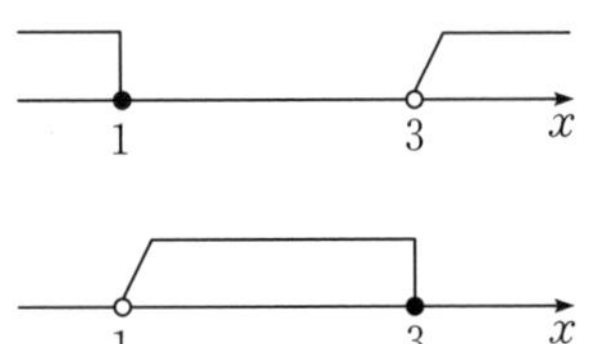

⑶ 「$(p-3)(q+5) \neq 0$」は「$p-3 \neq 0$ かつ $q+5 \neq 0$」，すなわち

「$p \neq 3$ かつ $q \neq -5$」

であるから，その否定は

「$p=3$ または $q=-5$」 答

※補足

「$(p-3)(q+5) \neq 0$」の否定が「$(p-3)(q+5)=0$」であると考えても，求める否定は「$p=3$ または $q=-5$」であるとわかりますね。

⑷ 「$(p-3)^2+(q+5)^2=0$」は「$p-3=0$ かつ $q+5=0$」，すなわち

「$p=3$ かつ $q=-5$」

であるから，その否定は

「$p \neq 3$ または $q \neq -5$」 答

※補足

p，q が実数であることより

$(p-3)^2 \geqq 0$ かつ $(q+5)^2 \geqq 0$

ですから，$(p-3)^2+(q+5)^2=0$ が成り立つとき

$(p-3)^2=0$ かつ $(q+5)^2=0$

よって

「$p=3$ かつ $q=-5$」

です。したがって，その否定は

「$p \neq 3$ または $q \neq -5$」

です。

また，「$(p-3)^2+(q+5)^2=0$」をそのまま否定すると

$(p-3)^2+(q+5)^2 \neq 0$

ですが，$(p-3)^2 \geqq 0$ かつ $(q+5)^2 \geqq 0$ より $(p-3)^2+(q+5)^2<0$ となることはなく，実際に起こり得るのは

$(p-3)^2+(q+5)^2>0$

だけです。よって，$(p-3)^2>0$ または $(q+5)^2>0$ の少なくとも一方が起こることになります。

(5) 「すべての x に対して，$x^2>0$ である」の否定は

「ある x に対して，$x^2 \leqq 0$ である」 答

(6) 「ある x に対して，$x^2+3x+2=0$ である」の否定は

「すべての x に対して，$x^2+3x+2 \neq 0$ である」 答

※補足

$x=0$ は $x^2>0$ をみたさないことから，(5)の命題は偽です。一方，$x=0$ は $x^2 \leqq 0$ をみたすことから，(5)の命題の否定は真です。

また，2 次方程式 $x^2+3x+2=0$ を解くと

$$(x+1)(x+2)=0$$

より

$$x=-1,\ -2$$

となり，$x^2+3x+2=0$ をみたす実数 x が存在することから，(6)の命題は真です。そして，その否定は偽です。

3　命題の真偽と証明

(1)　自然数全体の集合をUとする。Uの要素に関する条件p, qについて，pをみたす要素の集合をPとし，qをみたす要素の集合をQとする。さらに，Uを全体集合とするP, Qの補集合をそれぞれ$\overline{P}$, $\overline{Q}$とする。次の各文の空欄にあてはまるものを，下の⓪〜⑤のうちから一つずつ選べ。ただし，同じものを繰り返し選んでもよい。

(ア)　命題「$p \Longrightarrow q$」が真であることと□が成り立つことは同じである。

(イ)　命題「$p \Longrightarrow q$」の逆が真であることと□が成り立つことは同じである。

(ウ)　命題「$\overline{p} \Longrightarrow q$」が真であることと□が成り立つことは同じであり，また，これ以外に□が成り立つこととも同じである。

(エ)　すべての自然数が条件「$\overline{p}$ または q」を満たすことと□が成り立つことは同じである。

⓪　$P \subset Q$　　①　$P \supset Q$　　②　$P \subset \overline{Q}$

③　$\overline{P} \subset Q$　　④　$P \supset \overline{Q}$　　⑤　$\overline{P} \supset Q$

〔センター試験〕

【解答】

(1)(ア)　$p \Longrightarrow q$が真であることは

$$P \subset Q$$

すなわち⓪と同じである。　**答**

(イ)　$p \Longrightarrow q$の逆は$q \Longrightarrow p$であるから，これが真であることは

$$Q \subset P$$

すなわち①と同じである。　**答**

(ウ)　$\overline{p} \Longrightarrow q$ が真であることは

$\overline{P} \subset Q$

すなわち③と同じである。　**答**

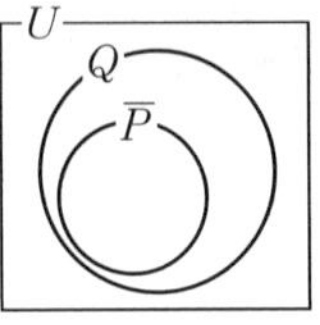

また，これは，右の図より　☑ ⑤

$P \supset \overline{Q}$

すなわち④と同じである。　**答**

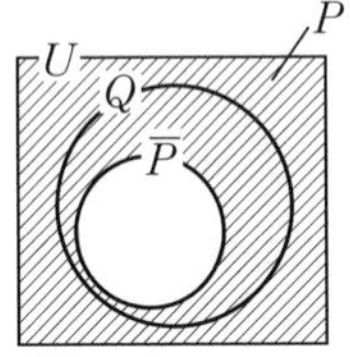

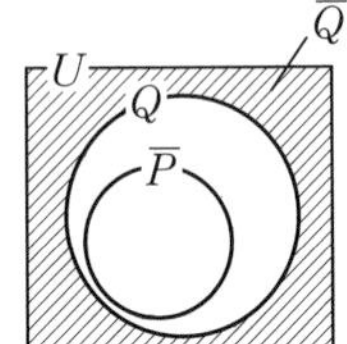

※補足

「$\overline{p} \Longrightarrow q$」の対偶は「$\overline{q} \Longrightarrow p$」です。このことからも，$\overline{p} \Longrightarrow q$ が真であることと $\overline{Q} \subset P$ であることは同じであることがわかります。

(エ)　すべての自然数が $\overline{p}$ または q をみたすとは

$\overline{P} \cup Q = U$

であることをいう。これは，右の図より　☑ ⑤

$P \subset Q$

すなわち⓪と同じである。　**答**

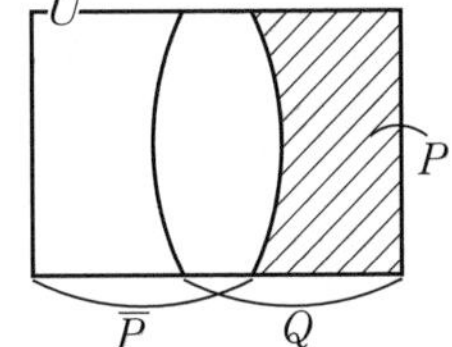

> ⑵ 整数m，nに関する次の命題について，正しければ○，誤っていれば×と答えよ。
>
> ㋐ $m+n$が2で割り切れないならば，mnは2で割り切れる。
>
> ㋑ mnが2で割り切れないならば，$m+n$は2で割り切れない。
>
> ㋒ $m+n$が2で割り切れるならば，mnは2で割り切れる。
>
> 〔日本女子大〕

第2章

【解答】

⑵㋐ m，nはともに整数であるから，$m+n$が2で割り切れないならば，mとnの一方は偶数で，もう一方は奇数である。

よって，その積mnは偶数となるから，2で割り切れる。すなわち

○ 答

㋑ mnが奇数ならば，mとnはともに奇数である。

よって，$m+n$は偶数となるから，2で割り切れる。すなわち

× 答

㋒ 本問の命題は，㋑の対偶である。そして，㋑は偽であるから

× 答

※補足

$m+n$が2で割り切れるならば，mとnはともに奇数か，ともに偶数となります。

このうち，mとnがともに奇数のとき，mnも奇数となるので，㋒は誤っていることがわかります。

1　2次関数の表し方と最大・最小

(1)　a，b，c を定数とする。2次関数 $y=ax^2+bx+c$ のグラフは直線 $x=1$ を軸とし，点 $(0,\ 7)$，$(3,\ 11)$ を通る。このとき，a，b，c の値を求めよ。

〔金沢工大〕

(2)　3点 $(-1,\ 0)$，$(1,\ -16)$，$(5,\ 0)$ を通るような2次関数のグラフの頂点の座標を求めよ。

〔東京経済大〕

(3)　放物線 $y=3x^2+6x+2$ を x 軸方向に2，y 軸方向に -1 だけ平行移動した放物線の方程式を定数 a，b，c を用いて $y=ax^2+bx+c$ と表せば，$a=$□，$b=$□，$c=$□である。

〔立教大〕

(4)　2次関数 $y=ax^2+bx+1$ は，$x=-1$ のとき最大値3をとる。このとき，$a=$□であり，$b=$□である。

〔名城大〕

【解答】

(1)　直線 $x=1$ がグラフの軸であるから，この2次関数の式は

$$y=a(x-1)^2+q$$

軸の方程式がわかっているから，標準形。

と表せる。

そして，点 $(0,\ 7)$ を通ることから

$$a+q=7 \quad \cdots\cdots①$$

点 $(3,\ 11)$ を通ることから

$$4a+q=11 \quad \cdots\cdots②$$

①，②より

$$a=\frac{4}{3},\quad q=\frac{17}{3}$$

よって，2次関数の式は

$$y=\frac{4}{3}(x-1)^2+\frac{17}{3}$$

$$=\frac{4}{3}x^2-\frac{8}{3}x+7$$

したがって

$$\boldsymbol{a=\frac{4}{3},\ b=-\frac{8}{3},\ c=7}$$ **答**

(2) 2 点 $(-1,\ 0)$, $(5,\ 0)$ を通ることから，この 2 次関数の式は

$$y=a(x+1)(x-5)$$

x 軸との交点の座標がわかっている。

と表せる。

そして，点 $(1,\ -16)$ を通ることから

$$-16=a\cdot 2\cdot(-4)$$

$$a=2$$

よって，2 次関数の式は

$$\begin{aligned} y&=2(x+1)(x-5)\\ &=2(x^2-4x-5)\\ &=2(x-2)^2-18 \end{aligned}$$

となるから，頂点の座標は

$\boldsymbol{(2,\ -18)}$ **答**

|別|解|

2 次関数のグラフと x 軸の交点の x 座標が -1，5 であることと，グラフの対称性から，頂点の x 座標は

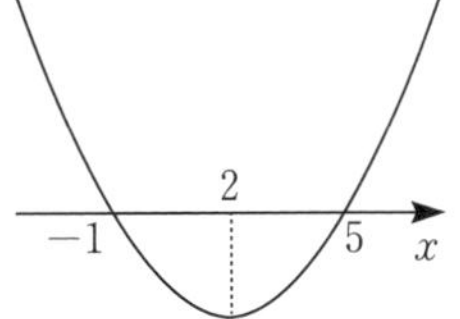

$$x=\frac{-1+5}{2}=2$$

であることがわかります。 ☑ ❺

すると，$y=2(x+1)(x-5)$ を求めたあと，これに $x=2$ を代入することで，頂点の y 座標は

$$y=2\cdot 3\cdot(-3)=-18$$

と計算でき，平方完成することなく頂点の座標を求めることができます。

第3章

⑶　$y=3x^2+6x+2=3(x+1)^2-1$

より，平行移動前の放物線の頂点の座標は $(-1,\ -1)$ である。

平行移動した後の放物線の頂点の座標は

$$(-1+2,\ -1-1)=(1,\ -2)$$

であるから，求める放物線の方程式は

$$y=3(x-1)^2-2$$
$$=3x^2-6x+1$$

頂点の座標がわかっているから，標準形。

よって

$a=\mathbf{3}$, $b=\mathbf{-6}$, $c=\mathbf{1}$ 答

⑷　$x=-1$ のとき最大値 3 をとることから，$a<0$ より，頂点の座標は $(-1,\ 3)$ である。よって，この 2 次関数は

$$y=a(x+1)^2+3$$
$$=ax^2+2ax+a+3$$

頂点の座標がわかっているから，標準形。

と表せる。

これが $y=ax^2+bx+1$ と一致するとき，x の係数と定数項をそれぞれ比較して

$$2a=b \text{ かつ } a+3=1$$

より

$$a=-2,\ b=-4$$

これは $a<0$ をみたすから

$a=\mathbf{-2}$, $b=\mathbf{-4}$ 答

2 2次方程式の解

(1) 2次方程式 $3x^2+x-1=0$ を解け。

(2) 2次方程式 $6x^2-x-2=0$ を解け。 〔九州産業大〕

(3) a を定数とする。2次方程式 $x^2-8x+a=0$ の1つの解が $4+\sqrt{2}$ であるとき a の値を求めよ。 〔金沢工大〕

(4) 2次方程式 $x^2+2(2-a)x+1=0$ が重解をもつとき，a の値，および，そのときの重解を求めよ。 〔中部大〕

(5) 2次関数 $y=-3x^2+4x+k$ (k は実数の定数)のグラフの頂点の座標は

$(\square,\ \square+k)$

であり，このグラフが x 軸と共有点をもつのは，$k\geqq\square$ のときである。

グラフが x 軸と2点で交わり，2点間の長さが $\dfrac{4}{3}$ であるとき，$k=\square$ である。

〔国士舘大〕

【解答】

(1)
$$x=\frac{-1\pm\sqrt{1^2-4\cdot3\cdot(-1)}}{2\cdot3}$$

$$=\boldsymbol{\frac{-1\pm\sqrt{13}}{6}}$$ 答

(2)
$$x=\frac{-(-1)\pm\sqrt{(-1)^2-4\cdot6\cdot(-2)}}{2\cdot6}$$

$$=\frac{1\pm\sqrt{49}}{12}=\frac{1\pm7}{12}$$

$$=\boldsymbol{\frac{2}{3},\ -\frac{1}{2}}$$ 答

|別|解|

$$6x^2 - x - 2 = (3x - 2)(2x + 1)$$

のように因数分解できることに気づけば，$(3x-2)(2x+1)=0$ より

$$x = \frac{2}{3},\ -\frac{1}{2}$$

と求められます。

(3) $x = 4 + \sqrt{2}$ が解であるとき，$x - 4 = \sqrt{2}$ より

$$(x-4)^2 = (\sqrt{2})^2$$

$$x^2 - 8x + 16 = 2$$

$$x^2 - 8x = -14$$ ☑❹

$x = 4 + \sqrt{2}$ を解にもつ2次方程式をつくれた。

このとき，$x^2 - 8x + a = 0$ は

$$-14 + a = 0$$

よって

$$\boldsymbol{a = 14}$$ 答

注意

$x^2 - 8x + a = 0$ に $x = 4 + \sqrt{2}$ を代入して求めるのは面倒ですね。

(4) $x^2 + 2(2-a)x + 1 = 0$ を変形すると

$$\{x - (a-2)\}^2 = (a-2)^2 - 1$$ ☑❹

これが重解をもつから

$$(a-2)^2 - 1 = 0$$

$$a - 2 = \pm 1$$

$$a = 3,\ 1$$

そして，このとき重解は $x = a - 2$ であるから

$a=3$ のとき，重解は $x=1$
$a=1$ のとき，重解は $x=-1$ 答

※補足

a の値を求めるだけであれば，判別式の値を調べるだけで十分です。しかし，ここでは重解も求めるため，平方完成を利用しました。

(5)

$$y=-3x^2+4x+k$$
$$=-3\left(x-\frac{2}{3}\right)^2+\frac{4}{3}+k$$

より，頂点の座標は

$$\left(\boldsymbol{\frac{2}{3}},\ \boldsymbol{\frac{4}{3}}+k\right)$$ 答

よって，このグラフが x 軸と共有点をもつための条件は

$$\frac{4}{3}+k\geqq 0$$ ☑ ❾

上に凸のグラフなので，頂点の y 座標が 0 以上であることが条件。

より

$$k\geqq -\boldsymbol{\frac{4}{3}}$$ 答

そして，グラフと x 軸の交点の x 座標は

$$-3\left(x-\frac{2}{3}\right)^2+\frac{4}{3}+k=0$$

$$\left(x-\frac{2}{3}\right)^2=\frac{1}{3}\left(\frac{4}{3}+k\right)$$

$k\geqq -\frac{4}{3}$ より

$$x-\frac{2}{3}=\pm\sqrt{\frac{1}{3}\left(\frac{4}{3}+k\right)}$$

2 つの交点の間の長さが $\frac{4}{3}$ となるとき，右下の図より，軸 $x=\frac{2}{3}$ について

$$\sqrt{\frac{1}{3}\left(\frac{4}{3}+k\right)}=\frac{2}{3}$$ ☑ ❾

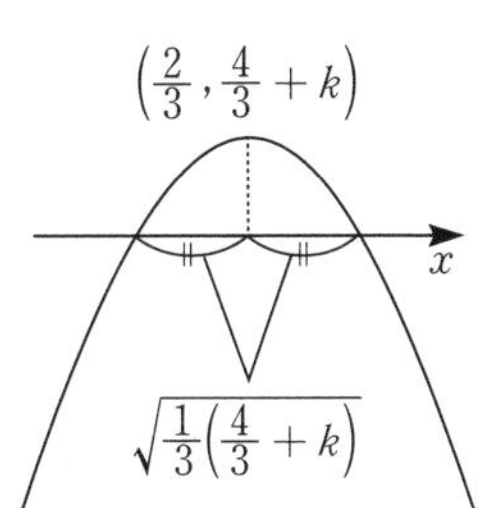

のときであり，両辺を 2 乗すると

$$\frac{4}{9}+\frac{1}{3}k=\frac{4}{9}$$

よって

$$k=0$$

これは $k\geqq -\frac{4}{3}$ をみたすから

$$k=\boldsymbol{0}$$ 答

3　2次不等式の解

(1)　不等式 $2x^2-2x-1<0$ を解け。〔北海道工大〕

(2)　不等式 $-1<x^2-6x+7\leqq 0$ をみたす x の範囲を求めよ。〔愛知工大〕

(3)　a，b を定数とし，$a\neq 0$ とする。2次不等式 $ax^2+bx+5<0$ の解が $x<-3$，$5<x$ であるとき，a，b の値を求めよ。〔九州産業大〕

(4)　a は実数の定数で，どんな実数 x に対しても，つねに $ax^2+(a-1)x+2(a-1)<0$ が成り立つという。このとき，a の値の範囲を求めよ。〔摂南大・改〕

【解答】

(1)　$2x^2-2x-1=0$ を解くと

$$x=\frac{-(-2)\pm\sqrt{(-2)^2-4\cdot 2\cdot(-1)}}{2\cdot 2}$$

$$=\frac{2\pm 2\sqrt{3}}{4}$$

$$=\frac{1\pm\sqrt{3}}{2}$$

$2x^2+2\cdot(-1)x-1=0$ より

$$x=\frac{-(-1)\pm\sqrt{(-1)^2-2\cdot(-1)}}{2}$$

としてもよい。

よって，与えられた不等式の解は

$$\boldsymbol{\frac{1-\sqrt{3}}{2}<x<\frac{1+\sqrt{3}}{2}}$$ 答

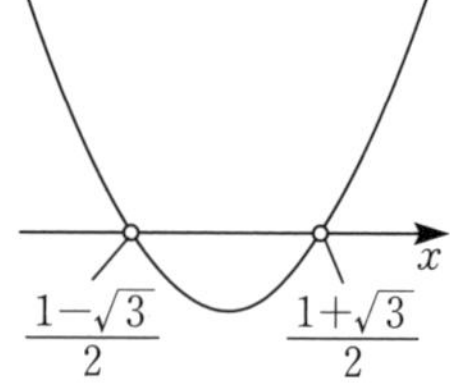

(2)　
$$\begin{cases} -1<x^2-6x+7 & \cdots\cdots\cdots\cdots\cdots\cdots ① \\ x^2-6x+7\leqq 0 & \cdots\cdots\cdots\cdots\cdots\cdots ② \end{cases}$$

①より

$x^2-6x+8>0$

$(x-2)(x-4)>0$

$x<2$ または $4<x$

②について，$x^2-6x+7=0$ を解くと

$$x=\frac{-(-6)\pm\sqrt{(-6)^2-4\cdot1\cdot7}}{2\cdot1}$$

$$=\frac{6\pm2\sqrt{2}}{2}$$

$$=3\pm\sqrt{2}$$

> $x^2+2\cdot(-3)x+7=0$ より
>
> $$x=\frac{-(-3)\pm\sqrt{(-3)^2-1\cdot7}}{1}$$
>
> としてもよい。

よって，②は

$3-\sqrt{2}\leqq x\leqq3+\sqrt{2}$

ここで，$1<\sqrt{2}$ より

$3-\sqrt{2}<2,\ 4<3+\sqrt{2}$

であるから，求める x の値の範囲は

$3-\sqrt{2}\leqq x<2$ または $4<x\leqq3+\sqrt{2}$ 答

(3) $ax^2+bx+5<0$ の解が $x<-3,\ 5<x$ であることから，右の図より ☑⑤

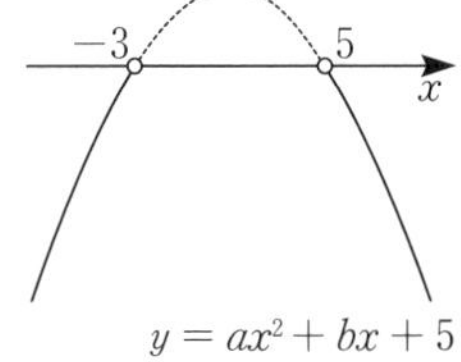

$a<0$

そして，$ax^2+bx+5=0$ が $x=-3$ を解にもつから

$9a-3b+5=0$ ………………………………… ③

$x=5$ を解にもつから

$25a+5b+5=0$

$5a+b+1=0$ ………………………………… ④

③＋④×3 より

$24a+8=0$

$$a=-\frac{1}{3}$$

これは $a<0$ をみたす。

これと④より

$$-\frac{5}{3}+b+1=0$$

$$b=\frac{2}{3}$$

よって

$$\boldsymbol{a=-\frac{1}{3},\ b=\frac{2}{3}}$$ **答**

(4)(i)　$a=0$ のとき，不等式は

$$-x-2<0$$

これを解くと

$$x>-2$$

となるから不適。

(ii)　$a \neq 0$ のとき，どんな実数 x に対してもつねに不等式が成り立つことから　☑ ❺

$$a<0$$

また，$ax^2+(a-1)x+2(a-1)=0$ の判別式を D とすると，$D<0$ であり

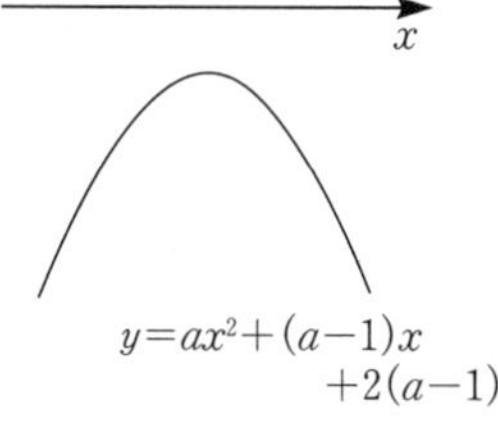

$$D=(a-1)^2-4a\cdot 2(a-1)$$
$$=(a-1)\{(a-1)-8a\}$$
$$=(a-1)(-7a-1)$$

より

$$(a-1)(-7a-1)<0$$

いま，$a<0$ より $a-1<0$ であるから

$$-7a-1>0$$

$$a<-\frac{1}{7}$$

これは $a<0$ をみたす。

> 両辺を $a-1$ で割るときに，$a-1<0$ であることに注意が必要。
> $(a-1)(7a+1)>0$ より
> $a<-\frac{1}{7}$ または $1<a$
> としてから，$a<0$ より
> $a<-\frac{1}{7}$
> とすることもできる。

(i)，(ii)より

$$\boldsymbol{a<-\frac{1}{7}}$$ **答**

注意

$a=0$ のときは2次不等式ではないので，別に調べる必要があります。

4　定義域と2次関数

(1)　a を正の定数とする。2次関数 $y=-x^2+(a+1)x-a^2$ の $-1\leqq x\leqq 1$ における最大値，最小値を求めよ。

(2)　$y=-x^2+(m-10)x-m-14$ のグラフが，x 軸の正の部分と負の部分の両方と交わるとき，$m<$ □ である。また，このグラフが，x 軸の $x>1$ の部分と異なる2点で交わるとき，$m>$ □ である。〔名城大〕

(3)　2次方程式 $x^2-2ax+a=0$ が，$0<x<3$ の範囲に異なる2つの実数解をもつような定数 a の値の範囲を求めよ。〔広島工大・改〕

【解答】

(1)

$$y=-x^2+(a+1)x-a^2$$

$$=-\left(x-\frac{a+1}{2}\right)^2-\frac{3}{4}a^2+\frac{1}{2}a+\frac{1}{4}$$

であり，$a>0$ より

$$\frac{a+1}{2}>\frac{1}{2}$$

である。

この大小関係より，軸 $x=\dfrac{a+1}{2}$ について，$\dfrac{1}{2}<\dfrac{a+1}{2}\leqq 1$ のときと $1<\dfrac{a+1}{2}$ のときを調べる。

(i)　$\dfrac{1}{2}<\dfrac{a+1}{2}\leqq 1$ すなわち $0<a\leqq 1$ のとき，

$x=\dfrac{a+1}{2}$ で最大値　☑ ❺

$$-\frac{3}{4}a^2+\frac{1}{2}a+\frac{1}{4}$$

をとる。

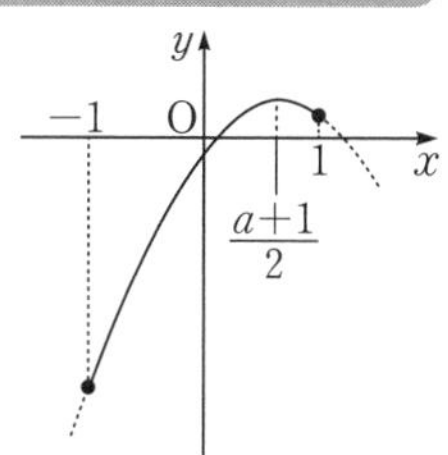

(ii) $1<\dfrac{a+1}{2}$ すなわち $1<a$ のとき，

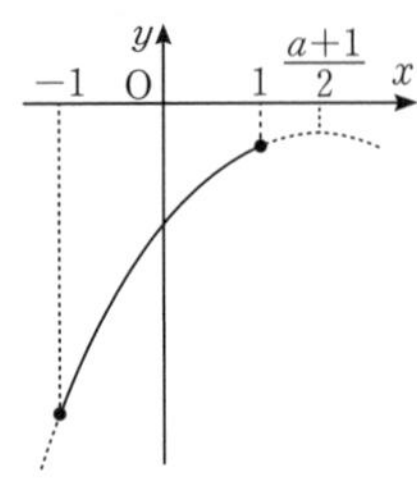

$x=1$ で最大値 ☑❺

$$-1+(a+1)-a^2=-a^2+a$$

をとる。

そして，いずれの場合においても，

$x=-1$ で最小値 ☑❺

$$-1-(a+1)-a^2=-a^2-a-2$$

をとる。

以上より，$\boldsymbol{0<a\leqq 1}$ **のとき**

$$\boldsymbol{x=\frac{a+1}{2}} \textbf{ で最大値 } \boldsymbol{-\frac{3}{4}a^2+\frac{1}{2}a+\frac{1}{4}}$$

$$\boldsymbol{x=-1} \textbf{ で最小値 } \boldsymbol{-a^2-a-2}$$

$\boldsymbol{a>1}$ **のとき**

$$\boldsymbol{x=1} \textbf{ で最大値 } \boldsymbol{-a^2+a}$$

$$\boldsymbol{x=-1} \textbf{ で最小値 } \boldsymbol{-a^2-a-2}$$

をとる。 答

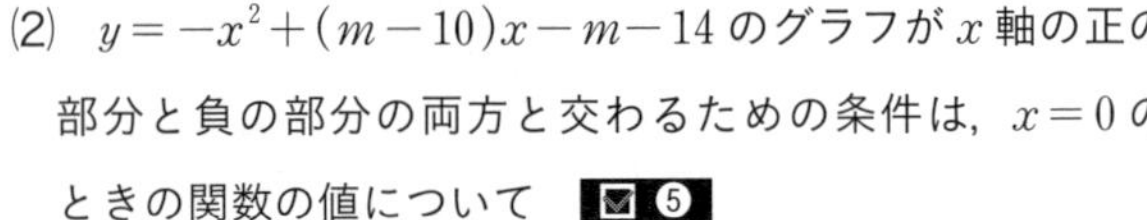

(2) $y=-x^2+(m-10)x-m-14$ のグラフが x 軸の正の部分と負の部分の両方と交わるための条件は，$x=0$ のときの関数の値について ☑❺

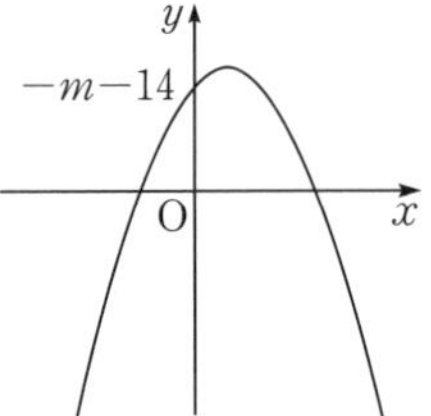

$$-m-14>0$$

$$m<\boldsymbol{-14}$$ 答

$y=-x^2+(m-10)x-m-14$ のグラフが x 軸と 2 点で交わる条件は

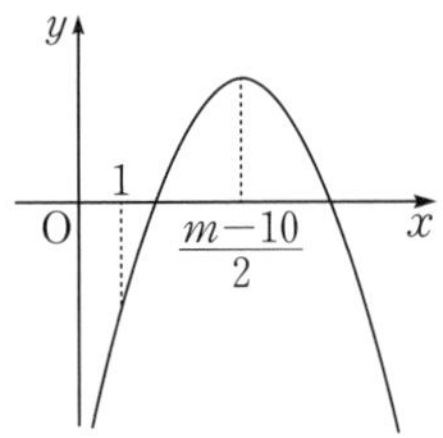

$$(m-10)^2-4\cdot(-1)\cdot(-m-14)>0$$

$$m^2-24m+44>0$$

$$(m-2)(m-22)>0$$

$m<2$ または $22<m$ ……………………… ①

①のもとで，2 つの交点がどちらも $x>1$ の部分にあるための条件は

・グラフの軸 $x=\dfrac{m-10}{2}$ の位置について ☑❺

$$\frac{m-10}{2}>1$$

$m>12$ ……………………………………………… ②

・$x=1$ のときの関数の値について ☑❺

$y=-1+(m-10)-m-14=-25<0$

これはつねに成り立つ。

①，②より，求める m の値の範囲は

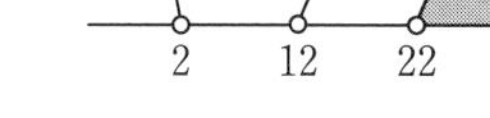

$m>\mathbf{22}$ 答

(3) $f(x)=x^2-2ax+a$ とおく。$f(x)=0$ が異なる 2 つの実数解をもつための条件は

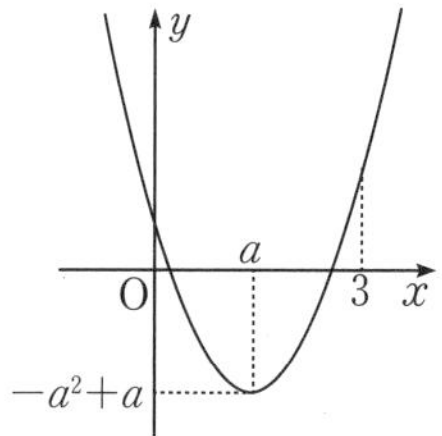

$-a^2+a<0$

$a^2-a>0$

$a(a-1)>0$

$a<0$ または $1<a$ ……… ③

③のもとで，2 つの実数解がどちらも $0<x<3$ の範囲にあるための条件は

・$y=f(x)$ のグラフの軸 $x=a$ の位置について ☑❺

$0<a<3$ ……………………………………………… ④

・$x=0$ のときの関数の値について ☑❺

$f(0)=a>0$ ……………………………………… ⑤

・$x=3$ のときの関数の値について ☑❺

$f(3)=9-5a>0$

$a<\dfrac{9}{5}$ ………………………………………………… ⑥

③～⑥より，求める a の値の範囲は

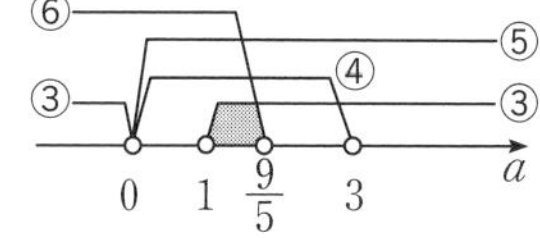

$\mathbf{1<a<\dfrac{9}{5}}$ 答

第4章　図形と計量

1　三角比の定義

(1)　$0^\circ \leqq \theta < 45^\circ$ のとき $\sin\theta < \cos\theta$，$\theta = 45^\circ$ のとき $\sin\theta = \cos\theta$，$45^\circ < \theta \leqq 180^\circ$ のとき $\sin\theta > \cos\theta$ であることを説明せよ。

(2)　$\triangle$ABC において，AB $= 2$，$\angle$BAC $= 105^\circ$，$\angle$ABC $= 45^\circ$ であるとき，辺 BC の長さを求めよ。

(3)　下の図において，点 B は線分 AC 上の点であり，AB $=$ BD $= 2$，$\angle$DBC $= 30^\circ$，$\angle$BCD $= 90^\circ$ である。この図を用いて $\sin 15^\circ$，$\cos 15^\circ$，$\tan 15^\circ$ の値をそれぞれ求めよ。

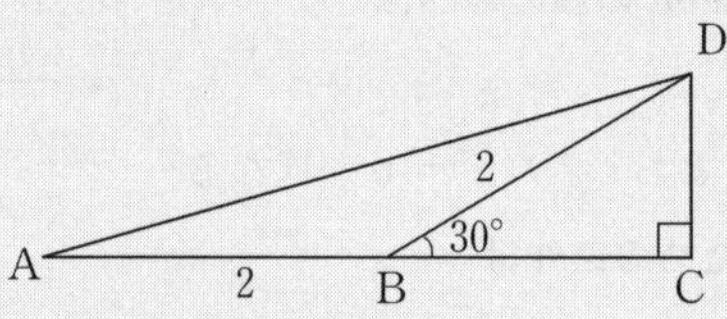

【解答】

(1)　A(1, 0)，P(x, y) とし，右の図において，$\angle$AOP $= \theta$ とする。

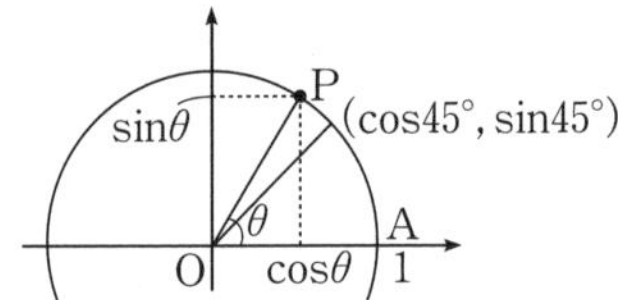

$$x = \cos\theta, \quad y = \sin\theta$$

$\theta = 45^\circ$ のとき

$$\sin\theta = \cos\theta = \frac{1}{\sqrt{2}}$$

であり，$0^\circ \leqq \theta < 45^\circ$ の範囲で P を動かすと $y < x$ であるから

$$\sin\theta < \cos\theta$$

$45^\circ < \theta \leqq 180^\circ$ の範囲で P を動かすと $y > x$ であるから

$$\sin\theta > \cos\theta$$

（説明終）

(2) 点 A から辺 BC に下ろした垂線を AH とする。

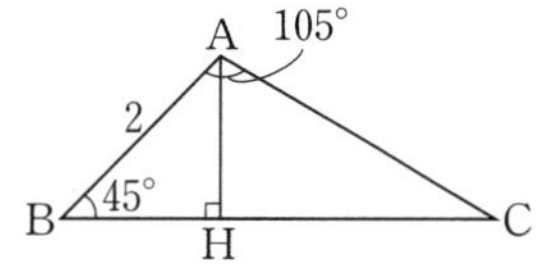

☑ ⑩

AB$=2$, $\angle$ABC$=45°$ より

$$\mathrm{AH}=\mathrm{AB}\cdot\frac{\mathrm{AH}}{\mathrm{AB}}$$

$$=\mathrm{AB}\sin\angle\mathrm{ABC}$$

$$=2\sin 45°=\sqrt{2}$$

$$\mathrm{BH}=\mathrm{AB}\cdot\frac{\mathrm{BH}}{\mathrm{AB}}$$

$$=\mathrm{AB}\cos\angle\mathrm{ABC}$$

$$=2\cos 45°=\sqrt{2}$$

次に

$$\angle\mathrm{CAH}=105°-45°=60°$$

より

$$\mathrm{CH}=\mathrm{AH}\cdot\frac{\mathrm{CH}}{\mathrm{AH}}$$

$$=\mathrm{AH}\tan\angle\mathrm{CAH}$$

$$=\sqrt{2}\cdot\sqrt{3}=\sqrt{6}$$

したがって

$$\mathbf{BC}=\mathrm{BH}+\mathrm{CH}$$

$$=\boldsymbol{\sqrt{2}+\sqrt{6}}$$ **答**

(3) AB$=$BD より

$$\angle\mathrm{BAD}=\angle\mathrm{BDA}$$

よって

$$\angle\mathrm{BAD}+\angle\mathrm{BDA}=\angle\mathrm{DBC}$$

$$2\angle\mathrm{BAD}=30°$$

より

$$\angle\mathrm{BAD}=15°$$

また

$$\mathrm{BC}=\mathrm{BD}\cdot\frac{\mathrm{BC}}{\mathrm{BD}}$$

第4章

$$= \mathrm{BD}\cos\angle\mathrm{DBC}$$
$$= 2\cos 30° = \sqrt{3}$$

より $\mathrm{AC} = 2 + \sqrt{3}$ であるから，$\triangle\mathrm{DAC}$ において三平方の定理より

$$\mathrm{AD}^2 = \mathrm{AC}^2 + \mathrm{CD}^2$$
$$= (2 + \sqrt{3})^2 + 1^2$$
$$= 8 + 4\sqrt{3} = 8 + 2\sqrt{12}$$
$$= (\sqrt{6} + \sqrt{2})^2$$

$$\mathrm{CD}^2 = \mathrm{BD}^2 - \mathrm{BC}^2$$
$$= 2^2 - (\sqrt{3})^2 = 1$$

したがって

$$\mathrm{AD} = \sqrt{6} + \sqrt{2}$$

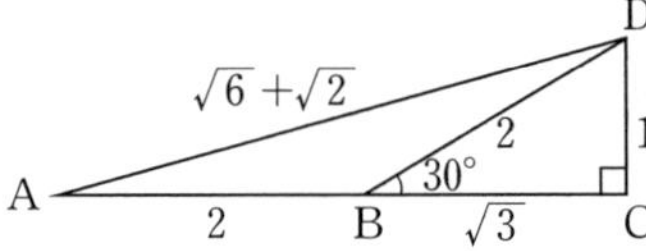

ゆえに

$$\mathbf{sin\,15°} = \frac{\mathrm{DC}}{\mathrm{AD}} = \frac{1}{\sqrt{6} + \sqrt{2}}$$

$$= \frac{\sqrt{6} - \sqrt{2}}{(\sqrt{6} + \sqrt{2})(\sqrt{6} - \sqrt{2})} = \frac{\sqrt{6} - \sqrt{2}}{6 - 2}$$

$$= \boldsymbol{\frac{\sqrt{6} - \sqrt{2}}{4}}$$ **答**

$$\mathbf{cos\,15°} = \frac{\mathrm{AC}}{\mathrm{AD}} = \frac{2 + \sqrt{3}}{\sqrt{6} + \sqrt{2}}$$

$$= \frac{(2 + \sqrt{3})(\sqrt{6} - \sqrt{2})}{(\sqrt{6} + \sqrt{2})(\sqrt{6} - \sqrt{2})} = \frac{2\sqrt{6} - 2\sqrt{2} + 3\sqrt{2} - \sqrt{6}}{6 - 2}$$

$$= \boldsymbol{\frac{\sqrt{6} + \sqrt{2}}{4}}$$ **答**

$$\mathbf{tan\,15°} = \frac{\mathrm{DC}}{\mathrm{AC}} = \frac{1}{2 + \sqrt{3}}$$

$$= \frac{2 - \sqrt{3}}{(2 + \sqrt{3})(2 - \sqrt{3})} = \frac{2 - \sqrt{3}}{4 - 3}$$

$$= \boldsymbol{2 - \sqrt{3}}$$ **答**

2　三角比について成り立つ式

⑴　$\dfrac{\cos^2\theta}{1-\sin\theta}+\dfrac{\cos^2\theta}{1+\sin\theta}$ を簡単にせよ。ただし，$0°<\theta<90°$ とする。

〔北海学園大〕

⑵　$\tan 35°$ の値を t とするとき，$\cos^2 35°$ の値は t を用いた式で $\cos^2 35°=\boxed{}$ と表される。

したがって，$\sin 35°$，$\cos 125°$，$\cos 145°$ の値は t を用いた式で $\sin 35°=\boxed{}$，$\cos 125°=\boxed{}$，$\cos 145°=\boxed{}$ と表される。〔新潟薬大〕

⑶　直角三角形の内角を A，B，C とし，$\tan A=2\sin B\cos B$ となるとき，$A=\boxed{}°$，$B=\boxed{}°$ である。ただし，$C=90°$ とする。　〔埼玉工大〕

【解答】

⑴
$$\frac{\cos^2\theta}{1-\sin\theta}+\frac{\cos^2\theta}{1+\sin\theta}$$

$$=\frac{\cos^2\theta(1+\sin\theta)+\cos^2\theta(1-\sin\theta)}{(1-\sin\theta)(1+\sin\theta)}$$

通分した。

$$=\frac{\cos^2\theta(1+\sin\theta+1-\sin\theta)}{1-\sin^2\theta}$$

$$=\frac{2\cos^2\theta}{\cos^2\theta}$$

$=\mathbf{2}$　答

(2) $1+\tan^2 35^\circ=\dfrac{1}{\cos^2 35^\circ}$ より

$$1+t^2=\frac{1}{\cos^2 35^\circ}$$

$$\boldsymbol{\cos^2 35^\circ=\frac{1}{1+t^2}}$$ **答**

$\sin^2 35^\circ+\cos^2 35^\circ=1$ より

$$\sin^2 35^\circ=1-\frac{1}{1+t^2}=\frac{t^2}{1+t^2}$$

$\sin 35^\circ>0$ より

$$\boldsymbol{\sin 35^\circ}=\frac{|t|}{\sqrt{1+t^2}}=\boldsymbol{\frac{t}{\sqrt{1+t^2}}}$$ **答**

$t=\tan 35^\circ>0$

$$\boldsymbol{\cos 125^\circ}=\cos(90^\circ+35^\circ)=-\sin 35^\circ$$

$$=\boldsymbol{-\frac{t}{\sqrt{1+t^2}}}$$ **答**

$$\boldsymbol{\cos 145^\circ}=\cos(180^\circ-35^\circ)=-\cos 35^\circ$$

$$=\boldsymbol{-\frac{1}{\sqrt{1+t^2}}}$$ **答**

$\cos 35^\circ>0$ より

$\cos 35^\circ=\dfrac{1}{\sqrt{1+t^2}}$

(3) $C=90^\circ$ より $B=90^\circ-A$ であるから，$\tan A=2\sin B\cos B$ を A のみで表すと

$$\frac{\sin A}{\cos A}=2\sin(90^\circ-A)\cos(90^\circ-A)$$

$$\frac{\sin A}{\cos A}=2\cos A\sin A$$

$$\sin A=2\cos^2 A\sin A$$

$$\sin A(2\cos^2 A-1)=0$$

$0^\circ<A<90^\circ$ より，$\sin A\neq 0$ であるから

$$2\cos^2 A-1=0$$

$0<\cos A<1$ であるから

$$\cos A=\frac{1}{\sqrt{2}}$$

したがって

$$\boldsymbol{A=45^\circ,\ B=45^\circ}$$ **答**

3　正弦定理と余弦定理

(1)　底辺 BC の長さが 5 で底角が30° の二等辺三角形 ABC がある。

∠B の二等分線が辺 AC と交わる点を D とすると，BD の長さは□である。
〔藤田保健衛生大・改〕

(2)　平面上に △ABC と点 A′ が存在し，点 A′ は A′B＝AB，A′C＝2AC を満たしているとする。そして，△ABC は

$$2\cos C=5\frac{\sin B}{\sin A}$$

を満たしているものとする。このとき，三角形 A′BC はどのような三角形になるか。
〔防衛医大・改〕

(3)　△ABC において，辺 BC，CA，AB の長さをそれぞれ a，b，c で表し，∠A，∠B，∠C の大きさをそれぞれ A，B，C で表す。次の問いに答えよ。

(i)　$b=8$，$c=7$，$\cos A=\frac{11}{14}$ であるとき，△ABC の外接円の半径 R を求めよ。

(ii)　$b=3c$，$\cos A=\frac{1}{3}$ のとき，$\sin A:\sin B:\sin C$ を求めよ。

(iii)　$b=7$，$c=3$ であり，$7\cos C-3\cos B=a$ が成り立つとき，B と a の値をそれぞれ求めよ。

【解答】

(1)　$\angle \mathrm{CBD}=15^\circ$ より

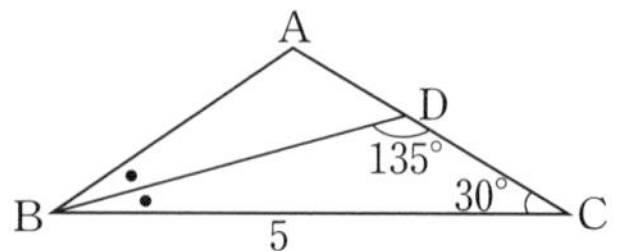

$$\angle \mathrm{BDC}=180^\circ-(15^\circ+30^\circ)$$
$$=135^\circ$$

$\triangle \mathrm{BCD}$ において，正弦定理より

$$\frac{\mathrm{BC}}{\sin 135^\circ}=\frac{\mathrm{BD}}{\sin 30^\circ}$$

$$\frac{5}{\frac{1}{\sqrt{2}}}=\frac{\mathrm{BD}}{\frac{1}{2}}$$

$$5\sqrt{2}=2\mathrm{BD}$$

$$\mathbf{BD}=\frac{\mathbf{5\sqrt{2}}}{\mathbf{2}}$$ 答

(2)　$\mathrm{BC}=a$，$\mathrm{AC}=b$，$\mathrm{AB}=c$ とし，$\triangle \mathrm{ABC}$ の外接円の半径を R とすると，正弦定理より

$$\frac{\sin B}{\sin A}=\frac{b}{a}$$

三角形の辺の長さは，それと向かい合う角のsinに比例する。

余弦定理より

$$\cos C=\frac{a^2+b^2-c^2}{2ab}$$

であるから，$2\cos C=5\dfrac{\sin B}{\sin A}$ を変形すると

辺の長さだけについての関係式を得るのが目標。

$$2\cdot\frac{a^2+b^2-c^2}{2ab}=5\cdot\frac{b}{a}$$

$$a^2+b^2-c^2=5b^2$$

$$a^2=4b^2+c^2$$

つまり

$$\mathrm{BC}^2=4\mathrm{AC}^2+\mathrm{AB}^2$$

$\mathrm{A'B}=\mathrm{AB}$，$\mathrm{A'C}=2\mathrm{AC}$ より

$$\mathrm{BC}^2=\mathrm{A'C}^2+\mathrm{A'B}^2$$

したがって，$\triangle \mathrm{A'BC}$ は **$\angle \mathrm{BA'C}=90^\circ$ の直角三角形**である。 答

(3)(i) 余弦定理より

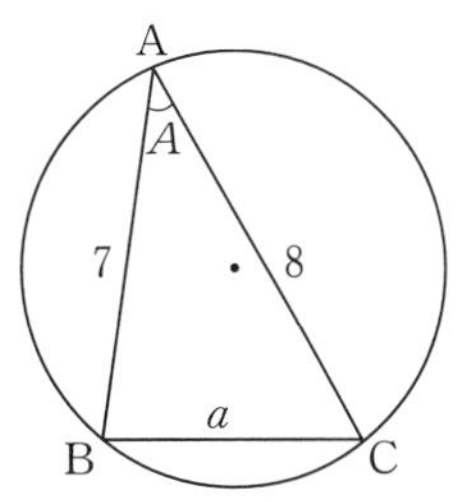

$$a^2 = 64 + 49 - 2 \cdot 8 \cdot 7 \cdot \frac{11}{14}$$

$$= 25$$

よって

$$a = 5$$

また

$$\sin A = \sqrt{1 - \cos^2 A}$$

> $\sin^2 A + \cos^2 A = 1$

$$= \sqrt{1 - \left(\frac{11}{14}\right)^2} = \frac{5\sqrt{3}}{14}$$

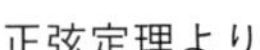
正弦定理より

$$\frac{a}{\sin A} = 2R$$

$$5 \cdot \frac{14}{5\sqrt{3}} = 2R$$

$$\boldsymbol{R = \frac{7\sqrt{3}}{3}}$$ **答**

(ii) 余弦定理より

$$a^2 = b^2 + c^2 - 2bc\cos A$$

$$a^2 = 9c^2 + c^2 - 2 \cdot 3c \cdot c \cdot \frac{1}{3}$$

$$a^2 = 8c^2$$

よって

$$a = 2\sqrt{2}\,c$$

正弦定理より

$$\mathbf{\sin A : \sin B : \sin C} = a : b : c$$

$$= 2\sqrt{2}\,c : 3c : c$$

$$= \mathbf{2\sqrt{2} : 3 : 1}$$ **答**

> 三角形の辺の長さは，それと向かい合う角のsinに比例する。

(iii)　$7\cos C-3\cos B=a$ より

$$7\cdot\frac{a^2+b^2-c^2}{2ab}-3\cdot\frac{c^2+a^2-b^2}{2ca}=a$$

$$7\cdot\frac{a^2+49-9}{2\cdot a\cdot 7}-3\cdot\frac{9+a^2-49}{2\cdot 3\cdot a}=a$$

$$\frac{a^2+40}{2a}-\frac{a^2-40}{2a}=a$$

$$a^2=40$$

よって

$\boldsymbol{a=2\sqrt{10}}$　**答**

このとき

$$\cos B=\frac{a^2+c^2-b^2}{2bc}$$

$$=\frac{40+9-49}{2\cdot 7\cdot 3}=0$$

であるから

$\boldsymbol{B=90^\circ}$　**答**

4　三角形の面積

(1)　三角形 ABC において，$\angle A=60^\circ$，$AB=4$，$AC=5$ とする。$\angle A$ の二等分線と辺 BC の交点を D とするとき，AD の長さを求めよ。　〔甲南大〕

(2)　$\triangle ABC$ において，辺 BC，辺 CA，辺 AB の長さを，それぞれ a，b，c で表す。また，$\angle A$，$\angle B$，$\angle C$ の大きさをそれぞれ A，B，C で表す。
$\triangle ABC$ は，半径 3 の円に内接し，$4\sin(A+B)\sin C=3$，$a+b+c=3(1+\sqrt{3}+\sqrt{6})$ を満たす。このとき，C は鋭角であり，$c=$□ である。さらに，$\triangle ABC$ の面積は，□ である。　〔芝浦工大〕

(3)　$AB=7$，$BC=14$，$CA=9$ の三角形 ABC を考える。以下の問いに答えなさい。
(i)　$\cos\angle BAC=$□ であり，三角形 ABC の面積は□ である。
(ii)　三角形 ABC の内接円の半径は□ である。　〔東京理科大・改〕

【解答】

(1)　面積について

$$\triangle ABD+\triangle ACD=\triangle ABC \quad ☑⑫$$

$$\frac{1}{2}\cdot 4\cdot AD\sin 30^\circ+\frac{1}{2}\cdot 5\cdot AD\sin 30^\circ=\frac{1}{2}\cdot 4\cdot 5\cdot\sin 60^\circ$$

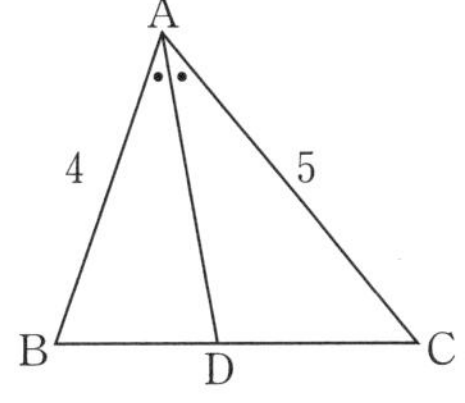

$$\frac{9}{4}AD=5\sqrt{3}$$

$$\mathbf{AD=\frac{20\sqrt{3}}{9}}$$ 答

(2) $A+B+C=180°$ より

$$A+B=180°-C$$

$4\sin(A+B)\sin C=3$ より

$$4\sin(180°-C)\sin C=3$$

$$4\sin^2 C=3$$

$$\sin^2 C=\frac{3}{4}$$

$\sin C>0$ であるから

$$\sin C=\frac{\sqrt{3}}{2}$$

C は鋭角であるから

$$C=60°$$

△ABC の外接円の半径を R とすると，正弦定理より

$$\frac{c}{\sin C}=2R$$

$$\boldsymbol{c}=2R\sin C$$

$$=2\cdot3\cdot\frac{\sqrt{3}}{2}=\boldsymbol{3\sqrt{3}}$$ 答

$a+b+c=3(1+\sqrt{3}+\sqrt{6})$ より

$$a+b+3\sqrt{3}=3+3\sqrt{3}+3\sqrt{6}$$

であるから

$$a+b=3(1+\sqrt{6})$$

△ABC において，余弦定理より

$$c^2=a^2+b^2-2ab\cos 60°$$

$$27=a^2+b^2-ab$$

$$(a+b)^2-3ab=27$$

$$9(1+\sqrt{6})^2-3ab=27$$

よって

$$ab=3(1+2\sqrt{6}+6)-9=12+6\sqrt{6}$$

△ABC の面積は

$$\frac{1}{2}ab\sin 60^\circ = \frac{1}{2}\cdot(12+6\sqrt{6})\cdot\frac{\sqrt{3}}{2}$$

$$= \mathbf{3\sqrt{3}+\frac{9\sqrt{2}}{2}} \quad \text{答}$$

(3)(i) 余弦定理より

$$\mathbf{\cos\angle BAC} = \frac{7^2+9^2-14^2}{2\cdot 7\cdot 9} = \frac{-66}{2\cdot 7\cdot 9}$$

$$= \mathbf{-\frac{11}{21}} \quad \text{答}$$

$\sin\angle \mathrm{BAC} > 0$ であるから

$$\sin\angle \mathrm{BAC} = \sqrt{1-\left(-\frac{11}{21}\right)^2} = \sqrt{\frac{21^2-11^2}{21^2}}$$

$$= \frac{\sqrt{(21+11)(21-11)}}{21}$$

因数分解の公式を用いて計算量を減らす。

$$= \frac{\sqrt{32\cdot 10}}{21} = \frac{8\sqrt{5}}{21}$$

△ABC の面積は

$$\frac{1}{2}\cdot 7\cdot 9\cdot\frac{8\sqrt{5}}{21} = \mathbf{12\sqrt{5}} \quad \text{答}$$

$\frac{1}{2}\mathrm{AB}\cdot\mathrm{AC}\sin\angle \mathrm{BAC}$

|別|解|

面積はヘロンの公式を用いて求めてもよい。

$2s=7+14+9$ とすると $s=15$ であるから，△ABC の面積は

$$\sqrt{15(15-7)(15-14)(15-9)} = \sqrt{15\cdot 8\cdot 1\cdot 6} = 12\sqrt{5}$$

(ii) △ABC の内接円の半径を r とする。

△ABC の面積について

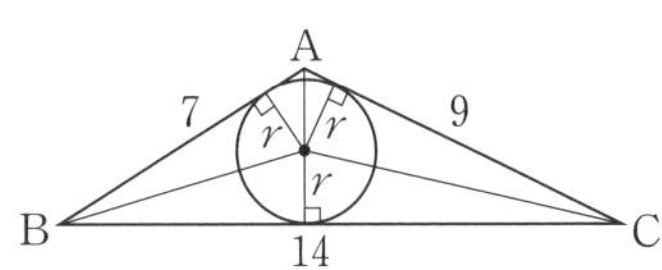

$$\frac{1}{2}r(7+14+9) = 12\sqrt{5}$$

$$r = \frac{12\sqrt{5}}{15} = \mathbf{\frac{4\sqrt{5}}{5}} \quad \text{答}$$

第4章

1　分散，共分散の計算

(1)　5人の生徒に英語の試験を実施したところ，5人の得点は58，65，72，x，76（点）であった。この5人の得点の平均が71（点）のとき $x=$□であり，5人の得点の分散は□である。　〔明治薬大〕

(2)　男子5人，女子5人からなる10人のグループについて，1ヶ月の読書時間を調べたところ，男子5人の読書時間は

3，10，13，12，7（単位は時間）

であり，女子5人の読書時間の平均値は10，分散は42.8であった。このとき，男子5人の読書時間の分散は□である。また，グループ全体での読書時間の平均値は□であり，分散は□である。　〔北里大〕

(3)　2つの変量 x，y の16個のデータ $(x_1,\ y_1)$，$(x_2,\ y_2)$，…，$(x_{16},\ y_{16})$ が

$$x_1+x_2+\cdots+x_{16}=72,$$
$$y_1+y_2+\cdots+y_{16}=120,$$
$$x_1{}^2+x_2{}^2+\cdots+x_{16}{}^2=349,$$
$$y_1{}^2+y_2{}^2+\cdots+y_{16}{}^2=925,$$
$$x_1y_1+x_2y_2+\cdots+x_{16}y_{16}=545$$

を満たしている。このとき，変量 x，y のデータの平均をそれぞれ $\overline{x}$，$\overline{y}$ とすると $\overline{x}=$□，$\overline{y}=$□である。変量 x，y のデータの標準偏差をそれぞれ s_x，s_y とすると $s_x=$□，$s_y=$□である。また，変量 x，y のデータの共分散を s_{xy}，相関係数を r とすると $s_{xy}=$□，$r=$□である。

〔星薬大・改〕

【解答】

(1)　5人の得点は58，65，72，x，76であり，これらの平均値は71であるから

$$\frac{1}{5}(58+65+72+x+76)=71$$
$$x+271=355$$

よって

$$x=\mathbf{84}$$ 答

また，5人の得点の分散は

$$\frac{1}{5}\{(58-71)^2+(65-71)^2+(72-71)^2+(84-71)^2+(76-71)^2\}$$
$$=\frac{1}{5}\times(169+36+1+169+25)$$
$$=\frac{1}{5}\times400$$
$$=\mathbf{80}$$ 答

(2)　男子5人の読書時間の平均値は

$$\frac{1}{5}(3+10+13+12+7)=\frac{45}{5}=9$$

男子5人の読書時間の2乗の平均値は

$$\frac{1}{5}(3^2+10^2+13^2+12^2+7^2)=\frac{471}{5}$$

よって，男子5人の読書時間の分散は

$$\frac{471}{5}-9^2=\frac{66}{5}=\mathbf{13.2}$$ 答

次に，女子5人の読書時間の平均値は10であるから，女子5人の読書時間の総和は

$$10\times5=50$$

男子5人の読書時間の総和は45であるから，10人のグループ全体での読書時間の平均値は

$$\frac{45+50}{10}=\mathbf{9.5}$$ 答

第5章

また，女子５人の読書時間の分散は42.8であるから，女子５人の読書時間の２乗の総和をXとおくと

$$\frac{X}{5}-10^2=42.8$$

よって

$$X=5\times(100+42.8)=714$$

男子５人の読書時間の２乗の総和は471であるから，10人のグループ全体での読書時間の２乗の総和は

$$471+714=1185$$

したがって，10人のグループ全体での読書時間の分散は

$$\frac{1185}{10}-9.5^2=118.5-90.25=\mathbf{28.25}$$ 答

注意

男子５人の読書時間の分散だけ求めるのであれば，偏差の２乗を考えて，分散の定義に従って

$$\frac{1}{5}\{(-6)^2+1^2+4^2+3^2+(-2)^2\}=\frac{66}{5}=13.2$$

と求める方が速いでしょう。

一方で，女子５人の読書時間については平均値と分散しか与えられておらず，それぞれの値の偏差はわかりません。したがって，分散は
（２乗の平均値）−（平均値の２乗）により求めることになります。

(3) x，yのデータの平均値はそれぞれ

$$\overline{x}=\frac{1}{16}(x_1+x_2+\cdots+x_{16})$$

$$=\frac{72}{16}=\mathbf{4.5}$$ 答

$$\overline{y}=\frac{1}{16}(y_1+y_2+\cdots+y_{16})$$

$$=\frac{120}{16}=\mathbf{7.5}$$ 答

次に，x，y のデータの分散はそれぞれ

$$s_x{}^2=\frac{1}{16}(x_1{}^2+x_2{}^2+\cdots+x_{16}{}^2)-\left(\frac{9}{2}\right)^2$$

$$=\frac{349}{16}-\frac{324}{16}=\frac{25}{16}$$

$$s_y{}^2=\frac{1}{16}(y_1{}^2+y_2{}^2+\cdots+y_{16}{}^2)-\left(\frac{15}{2}\right)^2$$

$$=\frac{925}{16}-\frac{900}{16}=\frac{25}{16}$$

であるから

$$s_x=\sqrt{\frac{25}{16}}=\frac{5}{4}=\mathbf{1.25}$$ **答**

$$s_y=\sqrt{\frac{25}{16}}=\mathbf{1.25}$$ **答**

共分散は

$$s_{xy}=\frac{1}{16}(x_1y_1+x_2y_2+\cdots+x_{16}y_{16})-\overline{x}\overline{y}$$

$$=\frac{545}{16}-\frac{9}{2}\times\frac{15}{2}$$

$$=\frac{5}{16}=\mathbf{0.3125}$$ **答**

であるから，相関係数は

$$r=\frac{s_{xy}}{s_xs_y}=\frac{\frac{5}{16}}{\frac{5}{4}\times\frac{5}{4}}$$

$$=\frac{1}{5}=\mathbf{0.2}$$ **答**

第5章

2　データの変換

(1)　11個の自然数 x_1，…，x_{11} からなるデータに関する次の命題について，正しいものを選択肢(a)～(c)の中から選べ。

(ア)　x_1，…，x_{11} の平均値は自然数である。

(イ)　x_1，…，x_{11} の中央値は自然数である。

(ウ)　x_1，…，x_{10} の分散より x_1，…，x_{11} の分散の方が大きい。

(エ)　x_1，…，x_{11} の標準偏差を s_1 とし，$2x_1+1$，…，$2x_{11}+1$ の標準偏差を s_2 とすると，$s_2=2s_1+1$ をみたす。

(オ)　x_1，…，x_{11} の分散を v_1 とし，$2x_1+1$，…，$2x_{11}+1$ の分散を v_2 とすると，$v_2=4v_1$ をみたす。

(ア)～(オ)の選択肢：

(a)　必ず成り立つ

(b)　成り立つ場合も成り立たない場合もある

(c)　決して成り立たない

〔上智大〕

(2)　n を2以上の自然数とする。n 人の得点が $x_1=100$，$x_i=99$ $(i=2,\ 3,\ \cdots,\ n)$ であるとき，n 人の得点の平均 $\overline{x}$，分散 v を求めると $(\overline{x},\ v)=$□である。ここで，得点 x_i $(i=1,\ 2,\ 3,\ \cdots,\ n)$ の偏差値 t_i は $t_i=50+\dfrac{10\left(x_i-\overline{x}\right)}{\sqrt{v}}$ によって計算されることを利用すると，t_1 が100以上となる最小の n は□である。　〔福岡大〕

【解答】

(1)(ア) たとえばx_1，x_2，…，x_{11}がすべて1のとき，それらからなるデータの平均値は自然数1であるが，x_{11}のみが2で他の値がすべて1のとき，平均値は$\frac{12}{11}$であり，自然数ではない。よって

(b) 答

(イ) データの値の個数が11であるから，中央値は，11個の値を小さいものから順に並べたとき6番目にくる値である。これはx_1，x_2，…，x_{11}のいずれかであるから，自然数である。よって

(a) 答

(ウ) たとえばx_1，x_2，…，x_{10}がすべて1のとき，どの値の偏差も0であるから，それらからなるデータの分散は0である。

よって，x_{11}が1でないならば分散は正となり，0より大きい。

一方，x_1，x_2，…，x_{10}の平均値が自然数mであるとき，その分散は

$$\frac{(x_1-m)^2+(x_2-m)^2+\cdots+(x_{10}-m)^2}{10}$$

分散の大小を比較できる形をつくった。

であるが，このとき，もし$x_{11}=m$ならば，分散は

$$\frac{(x_1-m)^2+(x_2-m)^2+\cdots+(x_{10}-m)^2+0^2}{11}$$

☑ ❹

となり，x_1，x_2，…，x_{10}の分散より小さい。よって

(b) 答

(エ) それぞれの値に2をかけて1を加えるから，標準偏差について

$$s_2=|2|s_1=2s_1$$

よって

(c) 答

(オ) それぞれの値に2をかけて1を加えるから，分散について

$$v_2=2^2v_1=4v_1$$

よって

(a) 答

第5章

(2) 1人の得点が100，残り $n-1$ 人の得点が99であるから

$$\bar{x}=\frac{1}{n}\{100\times1+99(n-1)\}$$

$$=\frac{99n+1}{n}=99+\frac{1}{n}$$

この形にしておくと偏差を計算しやすい。

また

$$v=\frac{1}{n}\left\{\left(100-99-\frac{1}{n}\right)^2\cdot1+\left(99-99-\frac{1}{n}\right)^2(n-1)\right\}$$

$$=\frac{1}{n}\left\{\left(1-\frac{1}{n}\right)^2+\left(-\frac{1}{n}\right)^2(n-1)\right\}$$

$$=\frac{1}{n}\left\{1-\frac{2}{n}+\frac{1}{n^2}+\frac{1}{n^2}(n-1)\right\}$$

$$=\frac{1}{n}\left(1-\frac{1}{n}\right)$$

$$=\frac{n-1}{n^2}$$

よって

$$(\bar{x},\ v)=\left(\mathbf{99+\frac{1}{n},\ \frac{n-1}{n^2}}\right)$$ **答**

このとき

$$t_1=50+\frac{10\left(100-99-\frac{1}{n}\right)}{\sqrt{\frac{n-1}{n^2}}}$$

$$=50+\frac{10\cdot\frac{n-1}{n}}{\frac{\sqrt{n-1}}{n}}$$

$$=50+10\sqrt{n-1}$$

したがって，$t_1\geqq100$ であるための条件は

$$50+10\sqrt{n-1}\geqq100$$

$$\sqrt{n-1}\geqq5$$

$$n-1\geqq25$$

両辺を2乗した。

$$n\geqq26$$

ゆえに，求める最小の n は

26 **答**

1　順列と組合せ

⑴　4人の女子と4人の男子の計8人を1列に並べる。

(i)　順列の総数は□である。

(ii)　どの男子も隣り合わない順列の総数は□である。

(iii)　男女が交互に並ぶ順列の総数は□である。

(iv)　女子4人が隣り合う順列の総数は□である。

〔愛知学院大〕

⑵　正十二角形ABCDEFGHIJKLの12個の頂点のうち3点を結んでできる三角形の個数は□であり，この正十二角形の対角線の本数は□である。

〔獨協大〕

⑶　11人を部屋割りする際に，部屋A，B，Cには3人ずつ，部屋Dには2人を割り当てる方法は，□通りある。また，11人を部屋の区別なく，3人，3人，3人，2人の4組に分ける方法は，□通りある。　〔同志社大〕

⑷　1から40までの整数の中から異なる3個の数を選ぶとき，以下の問いに答えよ。

(i)　3個の数の和が偶数となる選び方は何通りあるか。

(ii)　3個の数の和が3の倍数となる選び方は何通りあるか。

〔中央大〕

【解答】

(1)(i) 順列の総数は

$$8! = 8 \cdot 7 \cdot 6 \cdot 5 \cdot 4 \cdot 3 \cdot 2 \cdot 1$$
$$= \mathbf{40320} \quad \text{答}$$

(ii) 女子4人が先に並び，その4人の間または両端の5カ所から4カ所を選んで男子が並べばよい。　∧女∧女∧女∧女∧

女子4人の並び方は4!通りあるから，どの男子も隣り合わない順列の総数は

$$4! \cdot {}_5P_4 = 4 \cdot 3 \cdot 2 \cdot 1 \cdot 5 \cdot 4 \cdot 3 \cdot 2$$
$$= \mathbf{2880} \quad \text{答}$$

(iii) 1人目が男子の場合(「男女男女男女男女」の順に並ぶ)と，1人目が女子の場合(「女男女男女男女男」の順に並ぶ)がある。

1人目が男子の場合，男子の並び方は4!通り，女子の並び方も4!通りあるから，順列の総数は

$$4! \cdot 4! = 4 \cdot 3 \cdot 2 \cdot 1 \cdot 4 \cdot 3 \cdot 2 \cdot 1$$
$$= 576$$

1人目が女子の場合も順列の総数は同じであるから，男女が交互に並ぶ順列の総数は

$$576 \cdot 2 = \mathbf{1152} \quad \text{答}$$

(iv) 女子4人をひとまとまりとして考える。

女子4人のまとまりと男子4人の並び方は5!通りあり，そのそれぞれについて，女子4人の並び方は4!通りあるから，女子4人が隣り合う順列の総数は

$$5! \cdot 4! = 5 \cdot 4 \cdot 3 \cdot 2 \cdot 1 \cdot 4 \cdot 3 \cdot 2 \cdot 1$$
$$= \mathbf{2880} \quad \text{答}$$

(2) 正十二角形ABCDEFGHIJKLの12個の頂点から3個を選んで結ぶと三角形が1個決まるから，三角形の個数は ☑⑮

$${}_{12}C_3 = \frac{12 \cdot 11 \cdot 10}{3 \cdot 2 \cdot 1} = \mathbf{220} \quad \text{答}$$

12個の頂点から2個を選んで結ぶと対角線または辺が1本決まる。このうち，辺は12本あるから，対角線の本数は ☑⑮

$$ {}_{12}C_2 - 12 = \frac{12 \cdot 11}{2 \cdot 1} - 12 $$
$$ = \mathbf{54} $$ 答

|別|解|

1個の頂点から対角線は9本引ける。12個の頂点すべてについて同じように対角線が9本引けると考えたとき，1本の対角線につき2回ずつ数えられているから，対角線の本数は ☑⑭

$$ \frac{9 \cdot 12}{2} = 54 $$

(3) 11人を部屋割りする際に，部屋A，B，Cには3人ずつ，部屋Dには2人を割り当てる方法は

$$ {}_{11}C_3 \cdot {}_8C_3 \cdot {}_5C_3 \cdot {}_2C_2 $$
$$ = \frac{11 \cdot 10 \cdot 9}{3 \cdot 2 \cdot 1} \cdot \frac{8 \cdot 7 \cdot 6}{3 \cdot 2 \cdot 1} \cdot \frac{5 \cdot 4 \cdot 3}{3 \cdot 2 \cdot 1} $$
$= \mathbf{92400}$ (通り) 答

11人を部屋の区別なく，3人，3人，3人，2人の4組に分ける方法が x 通りあるとする。4組に分けたあと，3人が割り当てられた3つの部屋にA，B，Cと名前をつける方法は3! 通りあるから

$$ x \cdot 3! = 92400 $$ ☑⑫

$$ x = \frac{92400}{3 \cdot 2 \cdot 1} = 15400 $$

よって，11人を部屋の区別なく，3人，3人，3人，2人の4組に分ける方法は

15400通り 答

(4)(i) 1から40までの整数のうち，偶数は20個，奇数は20個ある。

3個の数の和が偶数となるのは，「偶数を3個選ぶとき」または「偶数を1個と奇数を2個選ぶとき」である。

偶数を3個選ぶ選び方は

$$ {}_{20}C_3 = \frac{20 \cdot 19 \cdot 18}{3 \cdot 2 \cdot 1} = 1140 \text{ (通り)} $$

第6章

偶数を1個と奇数を2個選ぶ選び方は

$$20\cdot{}_{20}\mathrm{C}_2=20\cdot\frac{20\cdot 19}{2\cdot 1}=3800\ (\text{通り})$$

よって，3個の数の和が偶数となる選び方は

$$1140+3800=\mathbf{4940\ (通り)}$$ 答

(ii) 1から40までの整数のうち，3で割った余りが1である数の集合をA，3で割った余りが2である数の集合をB，3で割った余りが0である数の集合をCとする。

すなわち

$A=\{1,\ 4,\ \cdots,\ 40\}$，　$B=\{2,\ 5,\ \cdots,\ 38\}$，

$C=\{3,\ 6,\ \cdots,\ 39\}$

であり，それぞれの集合の要素の個数は

$n(A)=14$，$n(B)=13$，$n(C)=13$

である。

> $A=\{3k+1\ (0\leqq k\leqq 13)\}$，
> $B=\{3k+2\ (0\leqq k\leqq 12)\}$，
> $C=\{3k\ (1\leqq k\leqq 13)\}$

3個の数の和が3の倍数となるのは，「Aから3個選ぶとき」，「Bから3個選ぶとき」，「Cから3個選ぶとき」，「A，B，Cから1個ずつ選ぶとき」のどれかである。

Aから3個選ぶ選び方は

$${}_{14}\mathrm{C}_3=\frac{14\cdot 13\cdot 12}{3\cdot 2\cdot 1}=364\ (\text{通り})$$

Bから3個選ぶ選び方，Cから3個選ぶ選び方はそれぞれ

$${}_{13}\mathrm{C}_3=\frac{13\cdot 12\cdot 11}{3\cdot 2\cdot 1}=286\ (\text{通り})$$

A，B，Cから1個ずつ選ぶ選び方は

$14\cdot 13\cdot 13=2366$ (通り)

よって，3個の数の和が3の倍数となる選び方は

$$364+286\times 2+2366=\mathbf{3302\ (通り)}$$ 答

2　円順列

(1) 立方体の各面を6色で塗り分ける。ただし，隣り合う面は異なる色を塗るものとする。また，回転させて一致するものは同じものとみなす。

(i) 6色すべてを用いて塗る方法は何通りあるか。

(ii) 6色のうち5色を用いて塗る方法は何通りあるか。

(2) GLOBALという語を構成する6個の文字から，5個の文字を取り出して円形に並べるとき，並び方は全部で，□通りである。また，このうち，同じ文字が隣り合わないような並び方は□通りである。ただし，回転すると一致する並び方は同じ並び方であると考える。〔芝浦工大〕

【解答】

(1)(i) まず1つの面Xに色を塗る。 ☑⑬

Xの向かいの面に塗る色の選び方は5通りあり，残りの4つの面に色を塗る方法は，異なる4個のものを並べる円順列の数と等しく$(4-1)!$通りある。

よって，6色すべてを用いて塗る方法の数は

$$5\cdot(4-1)!=5\cdot3!$$
$$=\mathbf{30}\ \textbf{(通り)}$$ 答

(ii) 隣り合う面には異なる色を塗るから，6色のうち5色を用いて塗るとき，向かい合う面を同じ色で塗ることになる。

そこで，まず1組の向かい合う面に色を塗る。この色の選び方は6通りある。

☑⑬

残りの4つの面に塗る4色の選び方は${}_5C_4$通りあり，選んだ4色の塗り方は，異なる4個のものを並べるじゅず順列の数と等しく$\dfrac{(4-1)!}{2}$通りある。

よって，6色のうち5色を用いて塗る方法の数は

$$6\cdot{}_5C_4\cdot\frac{(4-1)!}{2}=6\cdot5\cdot\frac{3!}{2}$$
$$=\mathbf{90}\ \textbf{(通り)}$$ 答

(2) 取り出した5個の文字にLを1個だけ含むとき，その5個の文字はG，L，O，B，Aである。 ☑❻

これらを円形に並べる方法は

$(5-1)!=4!=24$ (通り) ……………………①

取り出した5個の文字にLを2個含むとき，L以外の4個の文字から3個を選ぶ選び方は

${}_4C_3=4$ (通り)

この4通りのそれぞれについて，5個の文字を円形に並べる方法が何通りあるかを考える。

2個のLが隣り合うとき，残り3個の文字の並べ方は

$3!=6$ (通り)

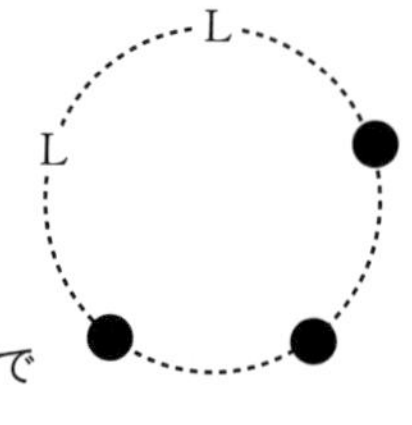

2個のLが隣り合わないとき，残り3個の文字の並べ方は

$3!=6$ (通り) ……………………………………②

よって，5個の文字を取り出して円形に並べる並べ方は全部で

$24+4\times(6+6)=$ **72** (通り) 答

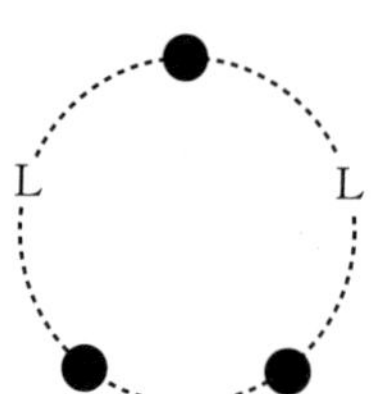

このうち，同じ文字が隣り合わない並べ方は①，②より

$24+4\cdot6=$ **48** (通り) 答

|別|解|

第6章3「同じものを含む順列」を用いると，取り出した5個の文字にLを2個含むときの並べ方の数は，次のように求めることもできる。

2個のL以外の3個の文字の選び方は4通りある。

L以外の3個の文字のうち1個を固定すると，残り4個の文字を並べる方法は

☑⑬

$\frac{4!}{2!}$ (通り)

よって，Lを2個含むときの並べ方の数は

$4\cdot\frac{4!}{2!}=4\cdot4\cdot3=48$ (通り)

また，取り出した5個の文字にLを2個含むとき，2個のLが隣り合わない並べ方は，次のように求めることもできる。

まず，L以外の4個の文字から3個を選ぶ選び方は4通りある。

選んだ3個の文字を円形に並べる並べ方は

$(3-1)!=2$ (通り)

あり，円形に並べた3個の文字の間の3カ所から2カ所を選んで，2個のLを入れる方法は

${}_3C_2=3$ (通り)

ある。

このように並べれば，同じ文字(L)が隣り合うことはないから，取り出した5個の文字にLを2個含むとき，2個のLが隣り合わない並べ方は

$4\cdot2\cdot3=24$ (通り)

3　同じものを含む順列

(1) 6個の文字 a, b, c, d, e, f を横1列に並べるとき，並べ方は全部で□通りある。このうち，a が b より左にあり，かつ，c が d より左にある並べ方は全部で□通りある。〔大阪工大〕

(2) a, a, b, b, c, c の6文字すべてを一列に並べるとき，次の設問に答えよ。

(i) 並べる方法は何通りあるか。

(ii) a どうしが隣り合わない並べ方は何通りあるか。

(iii) 同じ文字どうしがどれも隣り合わない並べ方は何通りあるか。

〔岡山理科大〕

(3) 白玉8個，赤玉2個，青玉1個，黄玉1個がある。これら12個の玉を4つの箱A，B，C，Dにそれぞれ3個ずつ入れる。同じ色の玉は区別しないとして，箱A，B，C，Dのいずれにも白玉を2個ずつ入れる入れ方は何通りあるか求めなさい。〔龍谷大・改〕

【解答】

(1) 並べ方は全部で

$6!=\mathbf{720}$ (通り) 答

a と b それぞれをともに A と見なし，c と d それぞれをともに C と見なして並べたあと，2個の A については左から順に a, b とし，2個の C については左から順に c, d とすれば，a が b より左にあり，かつ，c が d より左にある並べ方をつくることができる。 ☑ ⑮

たとえば，「$ACeACf$」は「$acebdf$」に対応する。

よって，A, A, C, C, e, f を並べる並べ方の数を求めると

$$\frac{6!}{2!2!}=\mathbf{180}\ (\text{通り})$$ 答

(2)(i)　並べる方法は

$$\frac{6!}{2!2!2!}=\mathbf{90}\ \textbf{(通り)}$$ **答**

(ii)　2 個の b と 2 個の c を先に並べ，それらの間または両端の 5 カ所から 2 カ所を選んで 2 個の a を並べれば，a どうしは隣り合わない。

2 個の b と 2 個の c を並べる方法は

$$\frac{4!}{2!2!}=6\ (\text{通り})$$

5 カ所から 2 カ所を選んで 2 個の a を並べる方法は

たとえば b，c を先に「$bbcc$」のように並べたとき
$\wedge b \wedge b \wedge c \wedge c \wedge$
の 5 カ所から 2 カ所を選ぶ。

$${}_5C_2=10\ (\text{通り})$$

よって

$$6\cdot 10=\mathbf{60}\ \textbf{(通り)}$$ **答**

|別|解|

2 個の a をひとまとまり（A とする）として考える。

A，b，b，c，c を並べる方法は

$$\frac{5!}{2!2!}=30\ (\text{通り})$$

これを(i)で求めた場合の数から引けばよく

$$90-30=60\ (\text{通り})$$

余事象を考えた。

(iii)　2 個の a が隣り合う並べ方，2 個の b が隣り合う並べ方，2 個の c が隣り合う並べ方の数はそれぞれ

$$\frac{5!}{2!2!}=30\ (\text{通り})$$

上の別解の考え方。

2 個の a と 2 個の b がそれぞれ隣り合う並べ方，2 個の b と 2 個の c がそれぞれ隣り合う並べ方，2 個の c と 2 個の a がそれぞれ隣り合う並べ方の数は，それぞれ

$$\frac{4!}{2!}=12\ (\text{通り})$$

2 個の a と 2 個の b がそれぞれ隣り合う並べ方の数は，A，B，c，c の並べ方の数と等しい。

2 個の a と 2 個の b と 2 個の c がそれぞれ隣り合う並べ方の数は

$$3!=6\ (\text{通り})$$

第6章

よって，同じ文字どうしが少なくとも1つ隣り合う並べ方の数は ☑⑤

$$30+30+30-(12+12+12)+6$$

$=60$ (通り)

図の白い部分の場合の数。

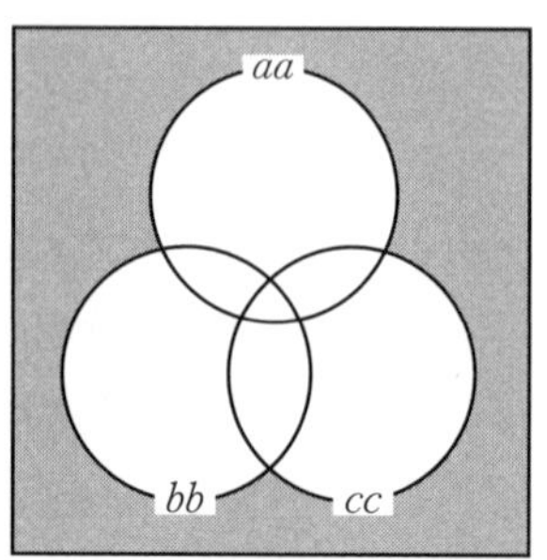

したがって，同じ文字どうしがどれも隣り合わない並べ方の数は

$90-60=$ **30 (通り)** 答

(3) 箱A，B，C，Dのいずれにも白玉を2個ずつ入れるから，白玉の入れ方は1通り。

そこで，赤玉2個，青玉1個，黄玉1個をA，B，C，Dに入れるから，入れ方は全部で

$\dfrac{4!}{2!}=$ **12 (通り)** 答

|別|解|

箱A，B，C，Dのうち2つに赤玉を1個ずつ入れ，赤玉を入れなかった残り2つの箱に青玉，黄玉を入れる。

赤玉を入れる箱の選び方は

$_4C_2=6$ (通り)

あり，赤玉を入れなかった残り2つの箱に青玉，黄玉を入れる方法は2通りあるから，入れ方の総数は

$6\cdot 2=12$ (通り)

4　重複順列・重複組合せ

(1)　次の問いに答えよ。

(i)　大きさの異なる2個のさいころを振るとき，出た目の和が7の倍数でない目の出方は何通りあるか。

(ii)　大きさの異なる3個のさいころを振るとき，出た目の和が7の倍数となる目の出方は何通りあるか。

(iii)　大きさの異なる4個のさいころを振るとき，出た目の和が7の倍数となる目の出方は何通りあるか。

〔明治大〕

(2)　x，y，zを0以上の整数とする。このとき

(i)　$x+y+z=9$を満たすx，y，zの組の総数は□である。

(ii)　$x+y+z\leqq 9$を満たすx，y，zの組の総数は□である。

〔北里大・改〕

(3)　8個の果物を3個の箱に分けたい。次のように分ける方法は，それぞれ何通りあるか求めよ。

(i)　同じ種類の果物8個を区別のない3個の箱に分ける。ただし，果物が1個も入っていない箱ができてもよいものとする。

(ii)　同じ種類の果物8個をA，B，Cの3個の箱に分ける。ただし，果物が1個も入っていない箱ができてもよいものとする。

(iii)　異なる種類の果物8個をA，B，Cの3個の箱に分ける。ただし，どの箱にも少なくとも1個の果物は入れるものとする。

〔北海学園大〕

【解答】

(1)(i) 大きいさいころの目をa，小さいさいころの目をbとすると，a，bの組合せは全部で6^2通りある。

和が7となる2つの目の組(a, b)は

$(1, 6)$，$(2, 5)$，$(3, 4)$，$(4, 3)$，$(5, 2)$，$(6, 1)$

の6通りあるから，出た目の和が7でない目の出方は

$6^2-6=\mathbf{30}$ **(通り)** 答

(ii) 3個のさいころの目をa，b，cとする。

$a+b$が7の倍数のとき，$a+b+c$が7の倍数となるcはない。

$a+b$が7の倍数でないとき，$a+b$を7で割った余りは1，2，3，4，5，6のいずれかであるから，$a+b+c$が7の倍数となるcはそれぞれ6，5，4，3，2，1の1通りずつに決まる。

よって，3個のさいころの出た目の和が7の倍数となる目の出方は，$a+b$が7の倍数でない目の出方と同じ数だけあるから，(i)より ☑⑪

30通り 答

(iii) 4個のさいころの目をa，b，c，dとする。

$a+b+c$が7の倍数のとき，$a+b+c+d$が7の倍数となるdはない。

$a+b+c$が7の倍数でないとき，$a+b+c$を7で割った余りは1，2，3，4，5，6のいずれかであるから，$a+b+c+d$が7の倍数となるdはそれぞれ6，5，4，3，2，1の1通りずつに決まる。

よって，4個のさいころの目の和が7の倍数となる目の出方は，$a+b+c$が7の倍数でない目の出方と同じ数だけあるから，(ii)より ☑⑪

$6^3-30=\mathbf{186}$ **(通り)** 答

余事象を考えた。

(2)(i) $x+y+z=9$をみたすx，y，zの組の総数は，9個の○と2本の｜を並べる順列の総数と等しいから ☑⑮

$\dfrac{11!}{9!2!}=\mathbf{55}$ 答

(ii) $x+y+z\leqq 9$ をみたす x, y, z の組の総数は，$x+y+z+w=9$ をみたす x, y, z, w $(w\geqq 0)$ の組の総数と等しく，これはさらに，9個の○と3本の｜を並べる順列の総数と等しいから ☑ ⑮

$$\frac{12!}{9!3!}=\mathbf{220}$$ 答

(3)(i) 和が8になる3個の0以上の整数の組は

(0, 0, 8), (0, 1, 7), (0, 2, 6), (0, 3, 5), (0, 4, 4),

(1, 1, 6), (1, 2, 5), (1, 3, 4), (2, 2, 4), (2, 3, 3)

の10通りあるから，同じ種類の果物8個を区別のない3個の箱に分ける方法の数は

10通り 答

(ii) A, B, Cの箱にそれぞれ a 個，b 個，c 個の果物を入れるとする。

8個の果物を分ける方法の数は，$a+b+c=8$ $(a\geqq 0,\ b\geqq 0,\ c\geqq 0)$ をみたす整数 a, b, c の組の総数と等しく，これはさらに，8個の○と2本の｜を並べる順列の総数と等しいから ☑ ⑮

$$\frac{10!}{8!2!}=\mathbf{45\ (通り)}$$ 答

(iii) 8個の果物それぞれについて，箱への入れ方は3通りずつあるから，果物が1個も入っていない箱ができてもよいとすると，8個の果物の入れ方の数は 3^8 通り。

2個の箱に8個すべてを入れるとき，2個の箱の選び方は ${}_3C_2$ 通りある。そのそれぞれに対して果物の入れ方が 2^8 通りずつあるが，このうち，8個すべてを1個の箱に入れる方法が，果物を入れる箱を選ぶ2通りあるから，入れ方の数は

$${}_3C_2\cdot(2^8-2)=762\ (通り)$$

1個の箱に8個すべてを入れるとき，箱の選び方は3通りあり，そのそれぞれに対して果物の入れ方が1通りずつあるから，入れ方の数は3通り。

よって，8個の果物を分ける方法の数は

$$3^8-762-3=\mathbf{5796\ (通り)}$$ 答

第6章

5　和事象の確率，余事象の確率

(1) A, B, C, D, E, F の6人の学生から，それぞれのスマートフォンを1台ずつ回収し，その後，それらを1人に1台ずつ無作為に配布する。このとき，スマートフォンは元の持ち主の学生に戻されるとは限らないことに注意して，次の問いに答えよ。

(i) AとBの2人がともに自分のスマートフォンを受け取れる確率を求めよ。

(ii) AとBの2人がともに自分のスマートフォンを受け取れない確率を求めよ。

(iii) AとBとCの3人がともに自分のスマートフォンを受け取れない確率を求めよ。

〔星薬大・改〕

(2) n を自然数とする。さいころを n 回投げて，出た目の数すべての積を X_n とする。

(i) X_n が5で割り切れる確率を n で表しなさい。

(ii) X_n が2でも5でも割り切れない確率を n で表しなさい。

(iii) X_n が10で割り切れる確率を n で表しなさい。

〔龍谷大〕

【解答】

(1)(i) 戻し方は全部で6!通りある。

AとBの2人がともに自分のものを受け取るとき，残り4人への戻し方は4!通りあるから，求める確率は

$$\frac{4!}{6!}=\mathbf{\frac{1}{30}}$$ 答

(ii) Aが自分のものを受け取る確率，Bが自分のものを受け取る確率はそれぞれ

$$\frac{1}{6}$$

また，AとBの2人がともに自分のものを受け取る確率は，(i)より ☑⑪

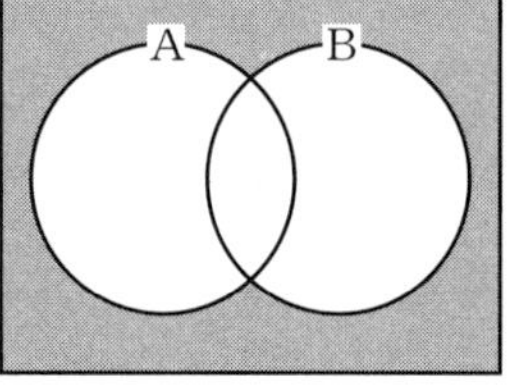

$$\frac{1}{30}$$

よって，AとBのうち少なくとも1人が自分のものを受け取る確率は

$$\frac{1}{6}+\frac{1}{6}-\frac{1}{30}=\frac{3}{10}$$

和事象の確率。

したがって，AとBの2人がともに自分のものを受け取れない確率は ☑⑤

$$1-\frac{3}{10}=\mathbf{\frac{7}{10}}$$ 答

余事象の確率。

(iii) Cが自分のものを受け取る確率も $\frac{1}{6}$ であり，BとCの2人がともに自分のものを受け取る確率，および，CとAの2人がともに自分のものを受け取る確率も(i)よりそれぞれ $\frac{1}{30}$ である。 ☑⑪

AとBとCの3人がすべて自分のものを受け取る確率は，残り3人への戻し方が3!通りあることから

$$\frac{3!}{6!}=\frac{1}{120}$$

AとBとCのうち少なくとも1人が自分のものを受け取る確率は

$$\frac{1}{6}+\frac{1}{6}+\frac{1}{6}-\left(\frac{1}{30}+\frac{1}{30}+\frac{1}{30}\right)+\frac{1}{120}$$

$$=\frac{49}{120}$$

和事象の確率。

よって，AとBとCの3人がすべて自分のものを受け取れない確率は ☑⑤

$$1-\frac{49}{120}=\mathbf{\frac{71}{120}}$$ 答

余事象の確率。

第6章

(2)(i) X_n が 5 で割り切れるのは，n 回のうち少なくとも 1 回において 5 の目が出るときである。

n 回すべてにおいて 5 以外の目が出る確率は

$$\left(\frac{5}{6}\right)^n$$

であるから，X_n が 5 で割り切れる確率は

$$\mathbf{1-\left(\frac{5}{6}\right)^n}$$ 答

余事象の確率。

(ii) X_n が 2 でも 5 でも割り切れないのは，n 回すべてにおいて 2，4，5，6 以外の目が出る，つまり 1 または 3 の目が出るときである。

よって，X_n が 2 でも 5 でも割り切れない確率は

$$\left(\frac{2}{6}\right)^n=\mathbf{\left(\frac{1}{3}\right)^n}$$ 答

(iii) X_n が10で割り切れるのは，n 回のうち少なくとも 1 回において 2 の倍数の目が出て，かつ，少なくとも 1 回において 5 の目が出るときである。

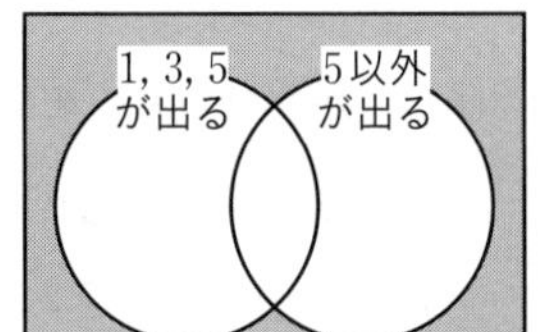

n 回すべてにおいて 2 の倍数以外の目が出る，つまり 1，3，5 の目が出る確率は

$$\left(\frac{3}{6}\right)^n=\left(\frac{1}{2}\right)^n$$

n 回すべてにおいて 5 以外の目が出る確率は

$$\left(\frac{5}{6}\right)^n$$

n 回すべてにおいて1 または 3 の目が出る確率は

$$\left(\frac{2}{6}\right)^n=\left(\frac{1}{3}\right)^n$$

よって，X_n が10で割り切れる確率は ☑ ❺

$$1-\left\{\left(\frac{1}{2}\right)^n+\left(\frac{5}{6}\right)^n-\left(\frac{1}{3}\right)^n\right\}=\mathbf{1-\left(\frac{1}{2}\right)^n-\left(\frac{5}{6}\right)^n+\left(\frac{1}{3}\right)^n}$$ 答

6　反復試行の確率

(1)　1個のさいころを5回続けて投げるとき，次の確率を求めよ。

(i)　ちょうど2種類の目が出る確率

(ii)　ちょうど3種類の目が出る確率

〔日本女子大〕

(2)　図のような格子があり，点Pが点Oから出発する。硬貨を投げ，表が出るたびに1つ右に，裏が出るたびに1つ上に移動する。これを繰り返しおこなうとき，次の各問いに答えよ。

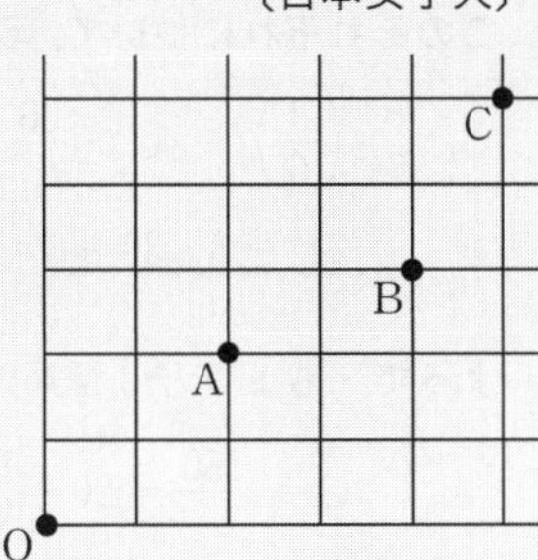

(i)　硬貨を4回投げたときに，点Pが点Aに到達する確率を求めよ。

(ii)　硬貨を10回投げたときに，点Pが途中で点Aを通過し，点Cに到達する確率を求めよ。

(iii)　硬貨を10回投げたときに，点Pが途中で点Aを通過せずに，さらに途中で点Bを通過して，点Cに到達する確率を求めよ。

(iv)　硬貨を10回投げたときに，点Pが途中で点Aも点Bも通過せずに点Cに到達する確率を求めよ。

〔日本女子大〕

【解答】

(1)(i)　出る2つの目の選び方の数は

$_6C_2$ 通り

このそれぞれについて，5回ともこの2つの目が出る確率は

$$\left(\frac{2}{6}\right)^5-2\cdot\left(\frac{1}{6}\right)^5=\frac{32-2}{6^5}$$

$$=\frac{30}{6^5}$$

どちらか一方の目しか出ない場合を引くのを忘れないこと。

よって，ちょうど 2 種類の目が出る確率は

$$ {}_6C_2 \cdot \frac{30}{6^5} = 15 \cdot \frac{30}{6^5} $$

$$ = \mathbf{\frac{25}{432}} $$ 答

(ii) 出る 3 つの目の選び方の数は

${}_6C_3$ 通り

このそれぞれについて，5 回ともこの 3 つの目が出る確率は

$$ \left(\frac{3}{6}\right)^5 - {}_3C_2 \cdot \frac{30}{6^5} - 3 \cdot \left(\frac{1}{6}\right)^5 $$

$$ = \frac{243 - 3 \cdot 30 - 3}{6^5} = \frac{150}{6^5} $$

ちょうど 2 種類の目しか出ない場合とちょうど 1 種類の目しか出ない場合を引くのを忘れないこと。

よって，ちょうど 3 種類の目が出る確率は

$$ {}_6C_3 \cdot \frac{150}{6^5} = 20 \cdot \frac{150}{6^5} $$

$$ = \mathbf{\frac{125}{324}} $$ 答

(2)(i) 4 回のうち，表は 2 回，裏は 2 回出るから，硬貨を 4 回投げたとき，点 P が点 A に到達する確率は

$$ {}_4C_2 \cdot \left(\frac{1}{2}\right)^2\left(\frac{1}{2}\right)^2 = \frac{6}{2^4} = \mathbf{\frac{3}{8}} $$ 答

(ii) 硬貨を10回投げたとき点 P が点 C に到達するのは，表が 5 回，裏が 5 回出たときであり，点 P が点 A を通過するのは，硬貨を 4 回投げたときである。

硬貨を 4 回投げたとき，点 P が点 A に到達する確率は，(i)より ☑ ⑪

$$ \frac{3}{8} $$

点 P が点 A に到達したあと，点 C に到達するのは，5 回目から10回目までの6 回のうち，表が 3 回，裏が 3 回出たときであるから，硬貨をさらに 6 回投げたとき，点 P が点 C に到達する確率は

$$ {}_6C_3 \cdot \left(\frac{1}{2}\right)^3\left(\frac{1}{2}\right)^3 = \frac{20}{2^6} = \frac{5}{16} $$

よって，硬貨を10回投げたとき，点 P が途中で点 A を通過し，点 C に到達する確率は

$$ \frac{3}{8} \cdot \frac{5}{16} = \mathbf{\frac{15}{128}} $$ 答

(iii) 硬貨を10回投げたとき点Pが点Cに到達するから，点Pが点Bを通過するのは，硬貨を7回投げたときである。

硬貨を7回投げたとき，点Pが点Bに到達する確率は

$${}_7C_3\cdot\left(\frac{1}{2}\right)^3\left(\frac{1}{2}\right)^4=\frac{35}{2^7}$$

硬貨を4回投げたとき点Pが点Aに到達し，そのあとさらに硬貨を3回投げたとき点Bに到達する確率は

$$\frac{3}{8}\cdot{}_3C_1\left(\frac{1}{2}\right)\left(\frac{1}{2}\right)^2=\frac{9}{2^6}$$

計算しやすい形にしておく。

よって，硬貨を7回投げたとき，点Pが途中で点Aを通過せずに，点Bに到達する確率は

$$\frac{35}{2^7}-\frac{9}{2^6}=\frac{17}{2^7}$$

そして，点Pが点Bに到達したあと，さらに硬貨を3回投げたとき点Cに到達する確率は

$${}_3C_1\cdot\left(\frac{1}{2}\right)\left(\frac{1}{2}\right)^2=\frac{3}{2^3}$$

であるから，点Pが途中で点Aを通過せずに，さらに途中で点Bを通過して，点Cに到達する確率は

$$\frac{17}{2^7}\cdot\frac{3}{2^3}=\mathbf{\frac{51}{1024}}$$ 答

(iv) 硬貨を10回投げたときに，点Pが点Cに到達する確率は

$${}_{10}C_5\cdot\left(\frac{1}{2}\right)^5\left(\frac{1}{2}\right)^5=\frac{252}{2^{10}}$$

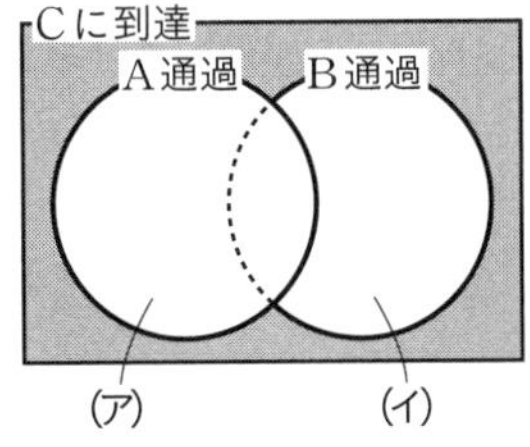

右の図より，ここから

(ア) 点Aを通過して点Cに到達する

(イ) 点Aを通過せず，点Bを通過して点Cに到達する

という排反な2つの事象の確率を引いたものが，求める確率である。 ☑ 5

(ii)より(ア)の確率は $\frac{15}{2^7}$，(iii)より(イ)の確率は $\frac{51}{2^{10}}$ であるから，点Pが途中で点Aも点Bも通過せずに点Cに到達する確率は ☑ 11

$$\frac{252}{2^{10}}-\left(\frac{15}{2^7}+\frac{51}{2^{10}}\right)=\frac{81}{2^{10}}$$

$$=\mathbf{\frac{81}{1024}}$$ 答

第6章

7　条件付き確率と確率の乗法定理

(1)　A君は地下鉄に乗り，次にバスに乗って学校へ行く。A君は傘を持って地下鉄に乗ると確率 $\frac{1}{8}$ で傘を忘れる。また，A君は傘を持ってバスに乗ると確率 $\frac{1}{10}$ で傘を忘れる。ある日，A君は傘を持って学校に行き，学校に着いたとき，傘を忘れていることに気がついた。このとき，次の問いに答えよ。

(i)　A君が地下鉄に傘を忘れた確率を求めよ。

(ii)　A君がバスに傘を忘れた確率を求めよ。

〔愛知工大・改〕

(2)　袋Aには赤球3個と白球2個，袋Bには赤球5個と白球3個が入っている。袋Aから球を1個取り出して，色を確認せずに袋Bに入れ，中身をよくかき混ぜた後，袋Bから球を1個取り出す。袋Bから取り出した球が白球であるとき，袋Aから取り出した球も白球であった確率を求めよ。

〔三重大〕

【解答】

(1)(i)　A君が地下鉄で傘を忘れる確率は

$$\frac{1}{8}$$

A君が地下鉄で傘を忘れず，バスで傘を忘れる確率は

$$\left(1-\frac{1}{8}\right)\cdot\frac{1}{10}=\frac{7}{80}$$

よって，A 君が学校に着いたときに傘を忘れていたとき，地下鉄に傘を忘れた確率は

$$\frac{\frac{1}{8}}{\frac{1}{8}+\frac{7}{80}}=\frac{\frac{1}{8}}{\frac{17}{80}}=\mathbf{\frac{10}{17}}$$ **答**

(ii) A 君が学校に着いたときに傘を忘れていたとき，バスに傘を忘れた確率は

$$\frac{\frac{7}{80}}{\frac{1}{8}+\frac{7}{80}}=\frac{\frac{7}{80}}{\frac{17}{80}}=\mathbf{\frac{7}{17}}$$ **答**

|別|解|

A 君が傘を忘れるのは地下鉄とバスのどちらかであり，両方で忘れることはない。

よって，「学校に着いたときに傘を忘れている」事象を全事象とすると，「バスに傘を忘れる」事象の余事象は「地下鉄に傘を忘れる」事象であるから，学校に着いたときに傘を忘れていたとき，バスに傘を忘れた確率は

$$1-\frac{10}{17}=\frac{7}{17}$$

第6章

(2) 袋 A から赤球を取り出して袋 B に入れたとき，袋 B に入っているのは赤球 6 個と白球 3 個となるから，袋 B から白球を取り出す確率は

$$\frac{3}{5}\cdot\frac{3}{9}=\frac{9}{45}$$

袋 A から白球を取り出して袋 B に入れたとき，袋 B に入っているのは赤球 5 個と白球 4 個となるから，袋 B から白球を取り出す確率は

$$\frac{2}{5}\cdot\frac{4}{9}=\frac{8}{45}$$

よって，袋 B から取り出した球が白球であるとき，袋 A から取り出した球も白球であった確率は

$$\frac{\frac{8}{45}}{\frac{9}{45}+\frac{8}{45}}=\mathbf{\frac{8}{17}}$$ **答**

8 期待値

(1) 1から10までの番号を1つずつ書いた10枚のカードがある。この中から2枚のカードを同時に引くとき，取り出した2枚のカードに書かれている番号のうち，大きい方が8か9なら150円，10なら300円をもらうゲームを行うとする。このゲームを1回行ったとき，もらえる金額の期待値は□円である。 〔福岡大・改〕

(2) 7枚のカードに1から7までの数字が1つずつ書かれている。この7枚のカードが入っている箱がある。この箱から，もとに戻さずに1枚ずつ，5枚のカードを引く。引いた5枚のカードの中で最大の数字が得点になるものとすると，得点の期待値は□である。 〔西南学院大・改〕

(3) 机の上に1から6の数字を書いたカードを1枚ずつ置く。さいころを何個か投げ，出た目と同じ数字のカードを取り除き，残ったカードの数字の総和を得点とするゲームを行う。

(i) さいころを1個投げるときの得点の期待値は□である。

(ii) さいころを2個投げるときの得点の期待値は□である。

〔青山学院大・改〕

【解答】

(1) 取り出した2枚のカードに書かれている番号のうち，大きい方が8か9となるのは

(A) 8と9の2枚を取り出す

(B) 8か9のうちから1枚，1から7までの7枚から1枚を取り出す

のどちらかの場合である。

(A)が起こる確率は

$$\frac{{}_2\mathrm{C}_2}{{}_{10}\mathrm{C}_2}=\frac{1}{45}$$

(B)が起こる確率は

$$\frac{{}_2\mathrm{C}_1\cdot{}_7\mathrm{C}_1}{{}_{10}\mathrm{C}_2}=\frac{14}{45}$$

であるから，このゲームを1回行ったとき，150円をもらえる確率は

$$\frac{1}{45}+\frac{14}{45}=\frac{15}{45}$$

取り出した2枚のカードに書かれている番号のうち，大きい方が10となるのは，10を取り出し，1から9までの9枚から1枚を取り出す場合であるから，このゲームを1回行ったとき，300円をもらえる確率は

$$\frac{{}_1C_1\cdot{}_9C_1}{{}_{10}C_2}=\frac{9}{45}$$

よって，このゲームを1回行ったとき，もらえる金額の期待値は

$$150\cdot\frac{15}{45}+300\cdot\frac{9}{45}=\mathbf{110}\ (円)$$ 答

(2) 得点は5，6，7のどれかとなる。

得点が5となるのは，1，2，3，4，5の5枚を引く場合であるから，確率は

$$\frac{1}{{}_7C_5}=\frac{1}{{}_7C_2}=\frac{1}{21}$$

得点が6となるのは，6を引き，1，2，3，4，5の5枚から4枚を引く場合であるから，確率は

$$\frac{{}_1C_1\cdot{}_5C_4}{{}_7C_5}=\frac{{}_5C_1}{{}_7C_2}=\frac{5}{21}$$

得点が7となるのは，7を引き，1，2，3，4，5，6の6枚から4枚を引く場合であるから，確率は

$$\frac{{}_1C_1\cdot{}_6C_4}{{}_7C_5}=\frac{{}_6C_2}{{}_7C_2}=\frac{15}{21}$$

よって，得点の期待値は

$$5\cdot\frac{1}{21}+6\cdot\frac{5}{21}+7\cdot\frac{15}{21}=\frac{140}{21}=\mathbf{\frac{20}{3}}$$ 答

第6章

(3)(i)　$1+2+3+4+5+6=21$ であるから，X の目が出るとき，得点は

$21-X$ であり，どの目が出る確率も $\dfrac{1}{6}$ であるから，得点の期待値は

$$(21-1)\cdot\frac{1}{6}+(21-2)\cdot\frac{1}{6}+\cdots+(21-6)\cdot\frac{1}{6}$$

$$=\{21\cdot6-(1+2+3+4+5+6)\}\cdot\frac{1}{6}$$ ☑⑰

$$=(21\cdot6-21)\cdot\frac{1}{6}$$

$$=\frac{21\cdot5}{6}=\mathbf{\frac{35}{2}}$$ 答

(ii)　2 個の目の出方は36通りあり，それらの起こる確率はどれも $\dfrac{1}{36}$ であるから，

得点の期待値は

(36通りすべての得点の和) $\times\dfrac{1}{36}$

で求められる。

2 個とも同じ目が出るとき，1 枚のカードだけを取り除くから，得点の和は

$$(21-1)+(21-2)+\cdots+(21-6)=21\cdot5$$

1 個目と 2 個目で異なる目が出るとき，2 枚のカードを取り除く。1 個目で X の目が出るとき，得点の和は

$$\{(21-X)-1\}+\{(21-X)-2\}+\cdots+\{(21-X)-6\}$$
$$-\{(21-X)-X\}$$

$$=5(21-X)-(1+2+3+4+5+6)+X$$ ☑⑰

$$=4(21-X)$$

$X=1,\ 2,\ 3,\ 4,\ 5,\ 6$ のそれぞれについて足すと

$$4(21-1)+4(21-2)+\cdots+4(21-6)$$

$$=4\{21\cdot6-(1+2+3+4+5+6)\}$$

$$=4\cdot21\cdot5$$

よって，得点の期待値は

$$(21\cdot5+4\cdot21\cdot5)\cdot\frac{1}{36}=\frac{5\cdot21\cdot5}{36}=\mathbf{\frac{175}{12}}$$ 答

|別|解|

(i)では，出た目が1，2，3，4，5，6のとき，得点はそれぞれ20，19，18，17，16，15であり，どの目が出る確率も$\frac{1}{6}$であることから

$$15\cdot\frac{1}{6}+16\cdot\frac{1}{6}+17\cdot\frac{1}{6}+18\cdot\frac{1}{6}+19\cdot\frac{1}{6}+20\cdot\frac{1}{6}$$

と立式してもよい。

また，(ii)では，1個目，2個目で出た目の組36通りのすべてについて得点を調べ，各得点になる確率を求めることで

$$10\cdot\frac{2}{36}+11\cdot\frac{2}{36}+12\cdot\frac{4}{36}+13\cdot\frac{4}{36}+14\cdot\frac{6}{36}+15\cdot\frac{5}{36}$$
$$+16\cdot\frac{5}{36}+17\cdot\frac{3}{36}+18\cdot\frac{3}{36}+19\cdot\frac{1}{36}+20\cdot\frac{1}{36}$$

と立式してもよい。

第6章

第7章　図形の性質

1　角の二等分線と比，中線定理

(1)　AB＝5，BC＝8，CA＝5 である △ABC の内心を I とするとき，線分 CI の長さは［　　］である。ただし，内心とは，三角形の 3 つの内角の二等分線の交点のことをいう。　〔産業医大・改〕

(2)　AB＝3，BC＝7，CA＝5 である三角形 ABC の面積を S とする。
∠BCA の外角の二等分線と辺 AB の延長との交点を D，∠CAB の外角の二等分線と辺 CD の交点を E とする。このとき，CE：ED を求めよ。

(3)　AB＝3，BC＝4，CA＝4 である三角形 ABC がある。
BC の中点を D，BC を 3：1 に外分する点を E とする。
(i)　AD の長さを求めよ。
(ii)　AE の長さを求めよ。

【解答】

(1)　△ABC は AB＝AC の二等辺三角形であるから，
∠CAB の二等分線は辺 BC の垂直二等分線である。
BC＝8 より，辺 BC の中点を M とすると

$$\mathrm{CM}=4$$

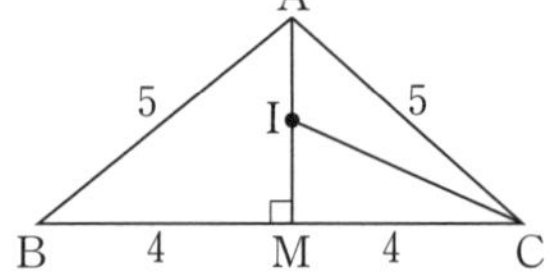

三平方の定理より

$$\mathrm{AM}=\sqrt{\mathrm{AC}^2-\mathrm{CM}^2}$$
$$=\sqrt{5^2-4^2}$$
$$=3$$

直線 CI は $\angle$ACB の二等分線であるから

$$\text{AI}:\text{IM}=\text{CA}:\text{CM}$$
$$=5:4$$

よって

$$\text{IM}=\frac{4}{9}\text{AM}$$
$$=\frac{4}{9}\cdot 3$$
$$=\frac{4}{3}$$

したがって，三平方の定理より

$$\text{CI}=\sqrt{\text{CM}^2+\text{IM}^2}$$
$$=\sqrt{4^2+\left(\frac{4}{3}\right)^2}$$
$$=\boldsymbol{\frac{4\sqrt{10}}{3}}$$ **答**

(2) CD は $\angle$BCA の外角の二等分線であるから

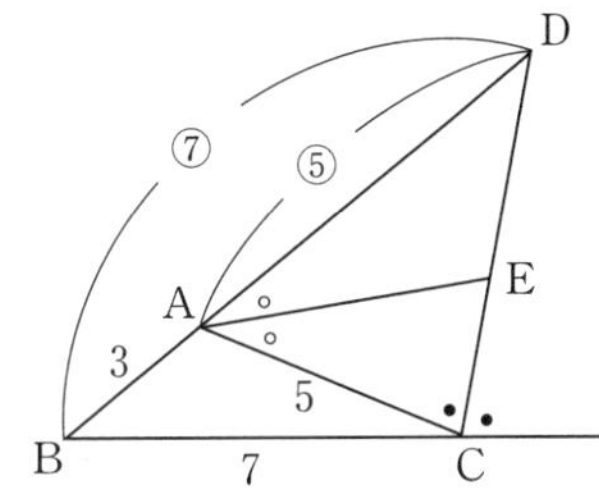

$$\text{BD}:\text{DA}=\text{CB}:\text{CA}$$
$$=7:5$$

よって，BA : DA = 2 : 5 であるから

$$\text{AD}=\text{AB}\cdot\frac{5}{2}$$
$$=3\cdot\frac{5}{2}$$
$$=\frac{15}{2}$$

AE は $\angle$CAD の二等分線であるから

$$\text{CE}:\text{ED}=\text{AC}:\text{AD}$$
$$=5:\frac{15}{2}$$
$$=\boldsymbol{2:3}$$ **答**

第7章

(3)(i) 点Dは線分BCの中点であるから，右の図のようになる。

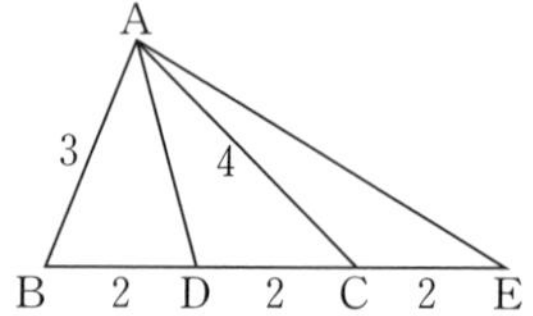

△ABCにおいて中線定理より

$$AB^2+AC^2=2(AD^2+BD^2)$$

$$9+16=2(AD^2+4)$$

$$AD^2=\frac{17}{2}$$

よって

$$\mathbf{AD}=\frac{\sqrt{34}}{2}$$ **答**

(ii) 点Cは線分DEの中点であるから，△ADEにおいて中線定理より

$$AD^2+AE^2=2(AC^2+DC^2)$$

$$\frac{17}{2}+AE^2=2(16+4)$$

$$AE^2=\frac{63}{2}$$

よって

$$\mathbf{AE}=\frac{3\sqrt{14}}{2}$$ **答**

2　三角形の五心

(1)　図aにおいて点Oは三角形ABCの外心，図bにおいて点Iは三角形ABCの内心である。このとき，図aの角αの大きさと図bの角βの大きさを求めよ。

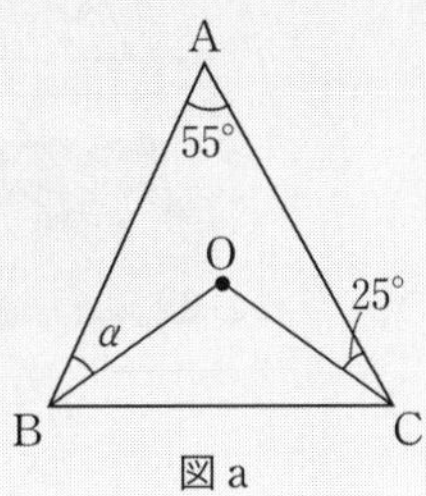

図a

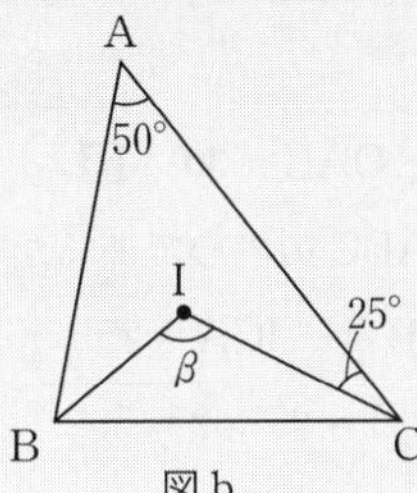

図b

〔北海道工大〕

(2)　AB＝AC＝5，BC＝6の二等辺三角形ABCに内接する円の半径を求めよ。　〔中部大〕

(3)　図の鋭角三角形ABCにおいて，外心をO，垂心をH，重心をGとする。GはOHを1：2に内分する点であることを証明せよ。

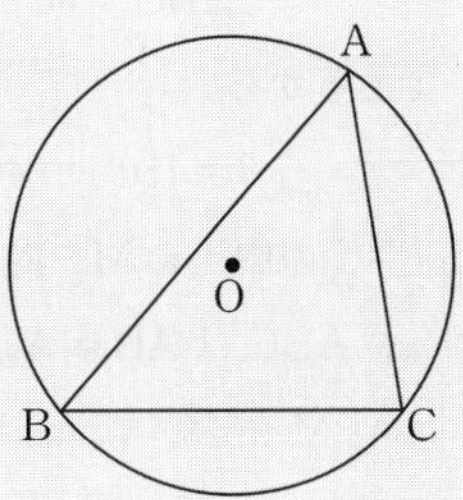

【解答】

(1)　O は △ABC の外心であるから

> $OA=OB=OC$

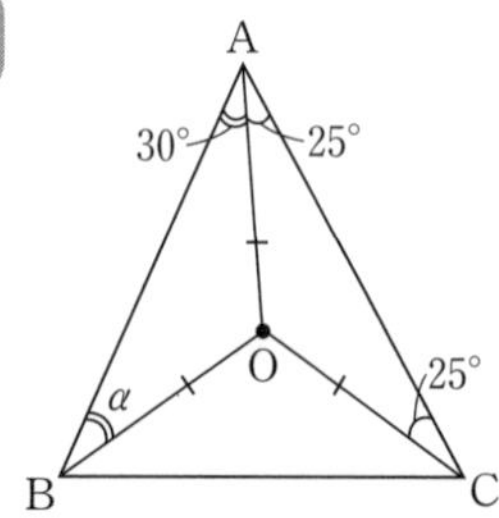

$$\angle OAC=\angle OCA=25^\circ$$

よって

$$\angle OAB=55^\circ-25^\circ=30^\circ$$

であるから

$$\alpha=\angle OAB=\mathbf{30^\circ}$$ 答

次に，I は △ABC の内心であるから

> 内心は角の二等分線の交点。

$$\angle ICB=\angle ICA=25^\circ,$$

$$\angle ACB=25^\circ\times2=50^\circ$$

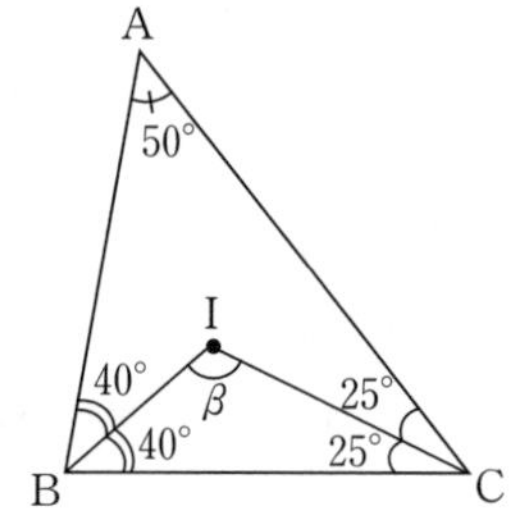

よって

$$\angle ABC=180^\circ-(50^\circ+50^\circ)=80^\circ$$

より

$$\angle IBC=80^\circ\div2=40^\circ$$

であるから

$$\beta=180^\circ-(40^\circ+25^\circ)=\mathbf{115^\circ}$$ 答

(2)　BC の中点を M，内心を I とする。

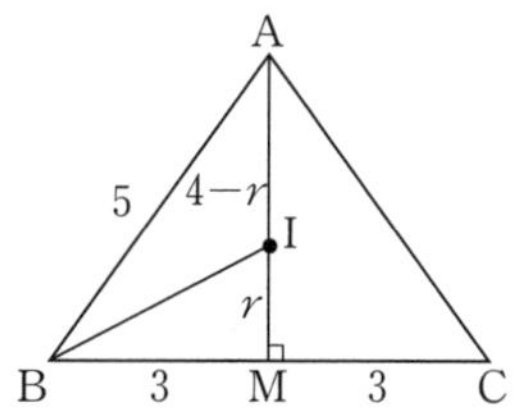

△ABC は AB＝AC の二等辺三角形であるから，

△ABM において，三平方の定理より

$$AM=\sqrt{AB^2-BM^2}$$
$$=\sqrt{25-9}=4$$

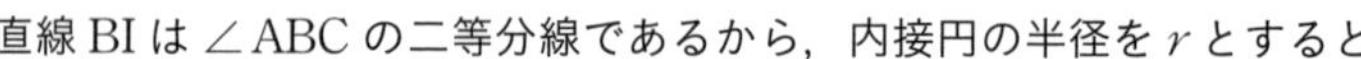

直線 BI は ∠ABC の二等分線であるから，内接円の半径を r とすると

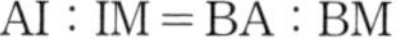

$$AI:IM=BA:BM$$

$$(4-r):r=5:3$$

$$5r=3(4-r)$$

よって

$$r=\mathbf{\frac{3}{2}}$$ 答

|別|解|

AM＝4 を得たあとは，△ABC の面積を 2 通りに表す方針で，

△ABC＝△IAB＋△IBC＋△ICA から ☑⑫

$$\frac{1}{2}\cdot 6\cdot 4=\frac{1}{2}r(5+5+6)$$

のように立式することもできます。

(3) 線分 CD が円 O の直径となるように点 D をとると

$\angle \mathrm{CBD}=90^\circ$

O は △ABC の外心であるから，辺 BC の中点を M とすると

$\mathrm{OM}\perp\mathrm{BC}$，$\mathrm{AH}\perp\mathrm{BC}$

よって

DB∥AH ☑⑱

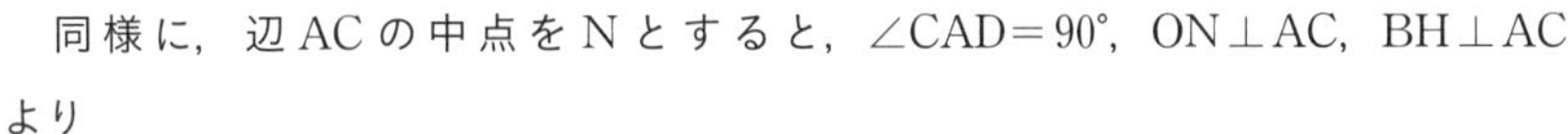

同様に，辺 AC の中点を N とすると，$\angle \mathrm{CAD}=90^\circ$，$\mathrm{ON}\perp\mathrm{AC}$，$\mathrm{BH}\perp\mathrm{AC}$ より

DA∥BH ☑⑱

であるから，四角形 ADBH は平行四辺形であり

AH＝DB＝2OM

△CDB において，中点連結定理より。

AM と OH の交点を G′ とすると，OM∥AH より

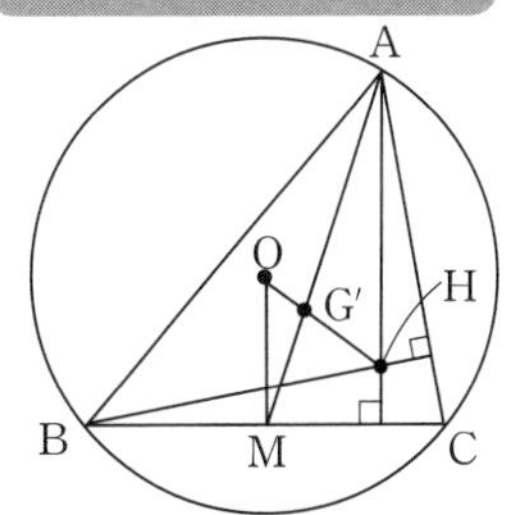

$\mathrm{AG'}:\mathrm{G'M}=\mathrm{AH}:\mathrm{OM}$
$=2:1$

よって，G′ は AM を 2：1 に内分する点であるから，2 点 G′，G は一致する。

異なる名前をつけた 2 点が同じ点であることが示せた。

したがって

$\mathrm{OG}:\mathrm{GH}=\mathrm{OM}:\mathrm{AH}=1:2$

より，G は OH を 1：2 に内分する点である。 （証明終）

3 チェバの定理

(1) 次の定理について，次の各問に答えよ。

定理

△ABC の頂点 A，B，C と，三角形の内部の点 O を結ぶ直線 AO，BO，CO が，辺 BC，CA，AB と，それぞれ点 P，Q，R で交わるとき

$$\frac{BP}{PC}\cdot\frac{CQ}{QA}\cdot\frac{AR}{RB}=1$$

が成り立つ。

(i) 上の定理は何の定理と呼ばれるか。

(ii) △OAB の面積を S_1，△OCA の面積を S_2 とする。このとき，次が成り立つことを証明せよ。

$$\frac{S_1}{S_2}=\frac{BP}{PC}$$

(iii) 上の定理を証明せよ。

〔宮城大〕

(2) ∠A＝90° の直角二等辺三角形 ABC において，3 辺 AB，BC，CA 上の点をそれぞれ，P，Q，R とする。線分 AQ，BR，CP は 1 点で交わり，AP：PB＝3：1 かつ ∠ARB＝60° とする。このとき，$\frac{BQ}{QC}$ を求めよ。

〔山梨大〕

【解答】

(1)(i) **チェバの定理** 答

(ii) △OAB と △ABP は，辺 OA，AP をそれぞれ底辺とみると高さが等しいから

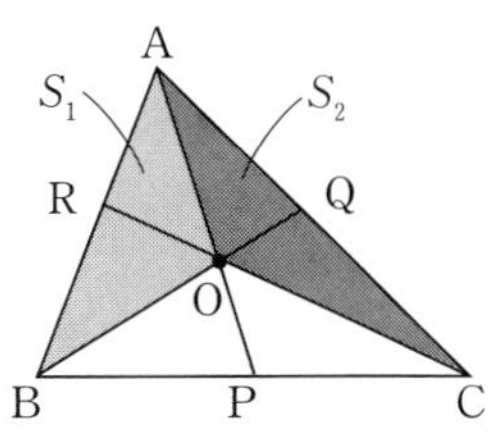

$$S_1 = \triangle \mathrm{ABP} \cdot \frac{\mathrm{AO}}{\mathrm{AP}}$$

さらに，△ABP と △ABC は，辺 BP，BC をそれぞれ底辺とみると高さが等しいから

$$\triangle \mathrm{ABP} = \triangle \mathrm{ABC} \cdot \frac{\mathrm{BP}}{\mathrm{BC}}$$

高さが等しい三角形の面積の比は底辺の比である。

よって

$$S_1 = \triangle \mathrm{ABC} \cdot \frac{\mathrm{BP}}{\mathrm{BC}} \cdot \frac{\mathrm{AO}}{\mathrm{AP}}$$

次に，△OCA と △ACP は，辺 OA，AP をそれぞれ底辺とみると高さが等しいから

$$S_2 = \triangle \mathrm{ACP} \cdot \frac{\mathrm{AO}}{\mathrm{AP}}$$

さらに，△ACP と △ABC は，辺 CP，BC をそれぞれ底辺とみると高さが等しいから

$$\triangle \mathrm{ACP} = \triangle \mathrm{ABC} \cdot \frac{\mathrm{PC}}{\mathrm{BC}}$$

よって

$$S_2 = \triangle \mathrm{ABC} \cdot \frac{\mathrm{PC}}{\mathrm{BC}} \cdot \frac{\mathrm{AO}}{\mathrm{AP}}$$

したがって

$$\frac{S_1}{S_2} = \frac{\triangle \mathrm{ABC} \cdot \frac{\mathrm{BP}}{\mathrm{BC}} \cdot \frac{\mathrm{AO}}{\mathrm{AP}}}{\triangle \mathrm{ABC} \cdot \frac{\mathrm{PC}}{\mathrm{BC}} \cdot \frac{\mathrm{AO}}{\mathrm{AP}}}$$

$$= \frac{\mathrm{BP}}{\mathrm{PC}}$$

（証明終）

第7章

(iii)　△OBC の面積を S_3 とすると，(ii)と同じようにして

$$\frac{S_3}{S_1}=\frac{\triangle \mathrm{ABC}\cdot\frac{\mathrm{CQ}}{\mathrm{AC}}\cdot\frac{\mathrm{BO}}{\mathrm{BQ}}}{\triangle \mathrm{ABC}\cdot\frac{\mathrm{QA}}{\mathrm{AC}}\cdot\frac{\mathrm{BO}}{\mathrm{BQ}}}$$

$$=\frac{\mathrm{CQ}}{\mathrm{QA}}$$

$S_3=\triangle \mathrm{BCQ}\cdot\frac{\mathrm{BO}}{\mathrm{BQ}}$

$S_1=\triangle \mathrm{ABQ}\cdot\frac{\mathrm{BO}}{\mathrm{BQ}}$

$$\frac{S_2}{S_3}=\frac{\triangle \mathrm{ABC}\cdot\frac{\mathrm{AR}}{\mathrm{AB}}\cdot\frac{\mathrm{CO}}{\mathrm{CR}}}{\triangle \mathrm{ABC}\cdot\frac{\mathrm{RB}}{\mathrm{AB}}\cdot\frac{\mathrm{CO}}{\mathrm{CR}}}$$

$$=\frac{\mathrm{AR}}{\mathrm{RB}}$$

$S_2=\triangle \mathrm{CAR}\cdot\frac{\mathrm{CO}}{\mathrm{CR}}$

$S_3=\triangle \mathrm{CRB}\cdot\frac{\mathrm{CO}}{\mathrm{CR}}$

よって

$$\frac{\mathrm{BP}}{\mathrm{PC}}\cdot\frac{\mathrm{CQ}}{\mathrm{QA}}\cdot\frac{\mathrm{AR}}{\mathrm{RB}}=\frac{S_1}{S_2}\cdot\frac{S_3}{S_1}\cdot\frac{S_2}{S_3}$$

$$=1$$

（証明終）

(2)　AB＝AC，∠ARB＝60°，∠BAC＝90° より

$$\mathrm{AR}:\mathrm{AC}=\mathrm{AR}:\mathrm{AB}$$
$$=1:\sqrt{3}$$

チェバの定理の利用を見こして $\frac{\mathrm{CR}}{\mathrm{RA}}$ を求める。

B
①
P
Q
③
60°
C
R
A

よって

$$\mathrm{AR}:\mathrm{RC}=1:(\sqrt{3}-1)$$

チェバの定理より

$$\frac{\mathrm{AP}}{\mathrm{PB}}\cdot\frac{\mathrm{BQ}}{\mathrm{QC}}\cdot\frac{\mathrm{CR}}{\mathrm{RA}}=1$$

$$\frac{3}{1}\cdot\frac{\mathrm{BQ}}{\mathrm{QC}}\cdot\frac{\sqrt{3}-1}{1}=1$$

したがって

$$\frac{\mathrm{BQ}}{\mathrm{QC}}=\frac{1}{3(\sqrt{3}-1)}$$

$$=\boldsymbol{\frac{\sqrt{3}+1}{6}}$$ 答

4　メネラウスの定理

(1)　三角形ABCの辺BCおよびCAを1：2に内分する点をそれぞれD，Eとし，ADとBEの交点をPとする。このとき，三角形ABCの面積をS_1，三角形PABの面積をS_2とするとき，面積比$\dfrac{S_2}{S_1}$の値を求めよ。〔兵庫医大〕

(2)　△ABCの面積をSとする。辺ABを2：3に内分する点をD，辺BCを2：3に内分する点をE，辺CAを2：3に内分する点をFとする。△DEFの面積をS_1とすると，$\dfrac{S_1}{S}=$□となる。線分AEと線分BFの交点をP，線分BFと線分CDの交点をQ，線分CDと線分AEの交点をRとする。△PQRの面積をS_2とすると，$\dfrac{S_2}{S}=$□となる。

【解答】

(1)　△ADCと直線BEにおいて，メネラウスの定理より

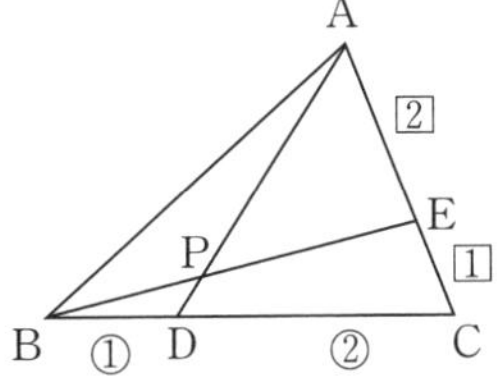

$$\frac{AP}{PD}\cdot\frac{DB}{BC}\cdot\frac{CE}{EA}=1$$

$$\frac{AP}{PD}\cdot\frac{1}{3}\cdot\frac{1}{2}=1$$

よって

$$\frac{AP}{PD}=6$$

すなわち

$$AP:PD=6:1$$

辺の長さの比に着目して面積比を求める方針。

したがって

$$S_2=\triangle \mathrm{ABD}\cdot\frac{\mathrm{AP}}{\mathrm{AD}}$$

$$=\triangle \mathrm{ABC}\cdot\frac{\mathrm{BD}}{\mathrm{BC}}\cdot\frac{\mathrm{AP}}{\mathrm{AD}}$$

$$=S_1\cdot\frac{1}{3}\cdot\frac{6}{7}$$

$$=\frac{2}{7}S_1$$

ゆえに

$$\boldsymbol{\frac{S_2}{S_1}=\frac{2}{7}}$$ **答**

(2)　AD：DB＝BE：EC＝CF：FA＝2：3 より，

△AFD，△BDE，△CEF の面積はすべて等しく

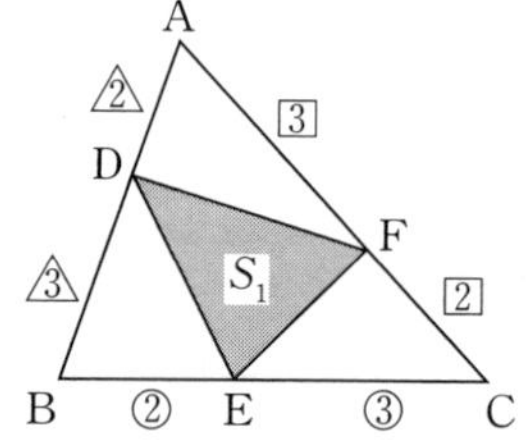

$$\triangle \mathrm{ABC}\cdot\frac{2}{5}\cdot\frac{3}{5}=\frac{6}{25}S$$

よって

$$S_1=\left(1-3\cdot\frac{6}{25}S\right)=\frac{7}{25}S$$

より

$$\boldsymbol{\frac{S_1}{S}=\frac{7}{25}}$$ **答**

次に，△AEC と直線 BF において，メネラウスの定理より

$$\frac{\mathrm{AP}}{\mathrm{PE}}\cdot\frac{\mathrm{EB}}{\mathrm{BC}}\cdot\frac{\mathrm{CF}}{\mathrm{FA}}=1$$

$$\frac{\mathrm{AP}}{\mathrm{PE}}\cdot\frac{2}{5}\cdot\frac{2}{3}=1$$

よって

$$\frac{\mathrm{AP}}{\mathrm{PE}}=\frac{15}{4}$$

すなわち

AP：PE＝15：4

△ABE と直線 CD において，メネラウスの定理より

$$\frac{AD}{DB}\cdot\frac{BC}{CE}\cdot\frac{ER}{RA}=1$$

$$\frac{2}{3}\cdot\frac{5}{3}\cdot\frac{ER}{RA}=1$$

よって

$$\frac{AR}{RE}=\frac{10}{9}$$

すなわち

$$AR : RE = 10 : 9$$

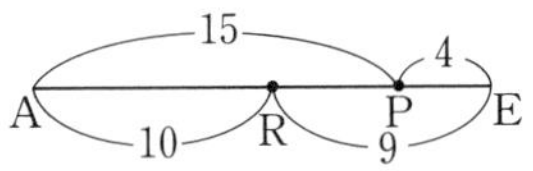

上のような図をかくとわかりやすい。

以上より

$$AR : RP : PE = 10 : 5 : 4$$

AD : DB = BE : EC = CF : FA = 2 : 3 より，

同様に

$$BP : PQ : QF = 10 : 5 : 4,$$

$$CQ : QR : RD = 10 : 5 : 4$$ ☑⑪

であることがいえるから

$$S_2 = \triangle APF\cdot\frac{PR}{PA}\cdot\frac{PQ}{PF}$$

$$= \triangle APF\cdot\frac{5}{15}\cdot\frac{5}{9}=\frac{5}{27}\triangle APF$$

1つの角が共通の三角形の面積の比は，その角をつくる2組の辺の比の積である。

ここで

$$\triangle APF = \triangle AEC\cdot\frac{AP}{AE}\cdot\frac{AF}{AC}$$

$$= \triangle AEC\cdot\frac{15}{19}\cdot\frac{3}{5}=\frac{9}{19}\triangle AEC$$

$$=\frac{9}{19}\cdot\triangle ABC\cdot\frac{CE}{BC}$$

$$=\frac{9}{19}\cdot S\cdot\frac{3}{5}=\frac{27}{95}S$$

であるから

$$S_2=\frac{5}{27}\cdot\frac{27}{95}S=\frac{1}{19}S$$

よって

$$\boldsymbol{\frac{S_2}{S}=\frac{1}{19}}$$ 答

第7章

5　円と平面図形

(1)　鋭角三角形 △ABC において，頂点 A，B，C から各対辺に垂線 AD，BE，CF を下ろす。これらの垂線は垂心 H で交わる。このとき，∠ADE＝∠ADF であることを示せ。〔東北大・改〕

(2)　異なる 2 点で交わる 2 円に引いた共通接線の接点を A，B とする。
　2 円の共通弦の延長と線分 AB との交点を P とするとき，PA＝PB であることを示せ。

(3)　円 O の周上の点 A において円 O の接線を引く。

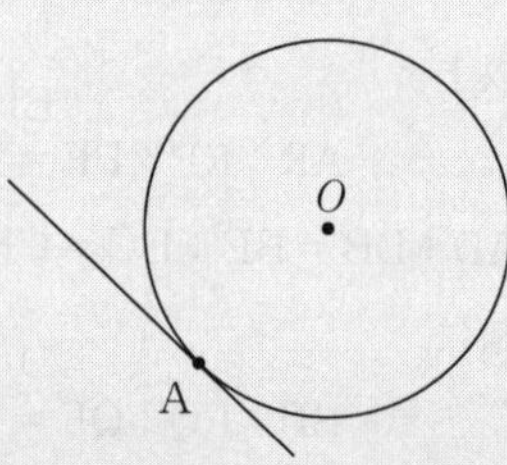

　その接線上に A と異なる点 B をとる。B から円 O に 2 点で交わるように直線 l を引き，その 2 点のうち B に近い方を C，B から遠い方を D とする。ただし，直線 l は，∠ACD＜90° を満たすように引く。また，点 B から直線 AC と直線 AD に下ろした垂線の足をそれぞれ E，F とする。このとき，次の各問に答えよ。

(i)　∠BFE＝∠ADC を示せ。

(ii)　BD⊥EF を示せ。

〔宮崎大〕

【解答】

(1)　$\angle CDH = \angle CEH = 90^\circ$ より，

四角形 CEHD は円に内接する。

$\angle CDH + \angle CEH = 180^\circ$

よって，弧 EH に対する円周角について

$$\angle EDH = \angle ECH$$
$$= 90^\circ - \angle BAC$$

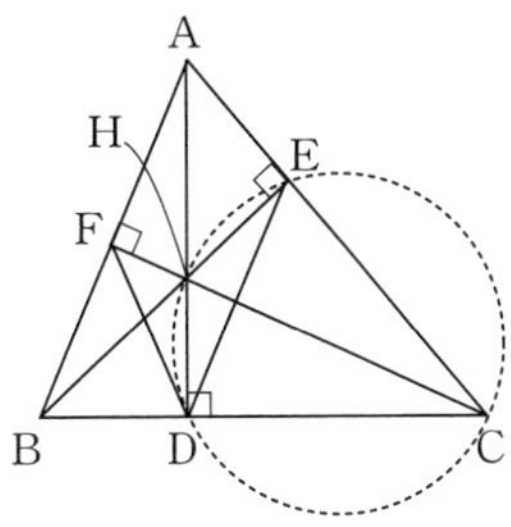

また，$\angle BFH = \angle BDH = 90^\circ$ より，四角形 BDHF は円に内接するから，弧 FH に対する円周角について

$$\angle FDH = \angle FBH$$
$$= 90^\circ - \angle BAC$$

よって

$$\angle EDH = \angle FDH$$

すなわち

$$\angle ADE = \angle ADF$$

（証明終）

(2)　2 つの円の交点を C，D とすると，方べきの定理より

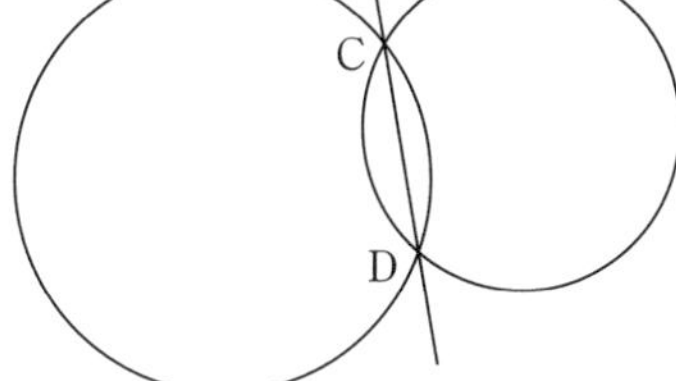

$$PA^2 = PC \cdot PD$$
$$PB^2 = PC \cdot PD$$

よって

$$PA^2 = PB^2$$

$PA > 0$，$PB > 0$ より

$$PA = PB$$

（証明終）

第7章

(3)(i)　$\angle AEB = \angle AFB = 90°$ より，

四角形 AEBF は，AB を直径とする円に内接する。

$\angle AEB + \angle AFB = 180°$

よって，円周角の定理より

$$\angle BFE = \angle BAE$$

また，接線と弦のつくる角の定理より

$$\angle BAE = \angle ADC$$

であるから

$$\angle BFE = \angle ADC$$

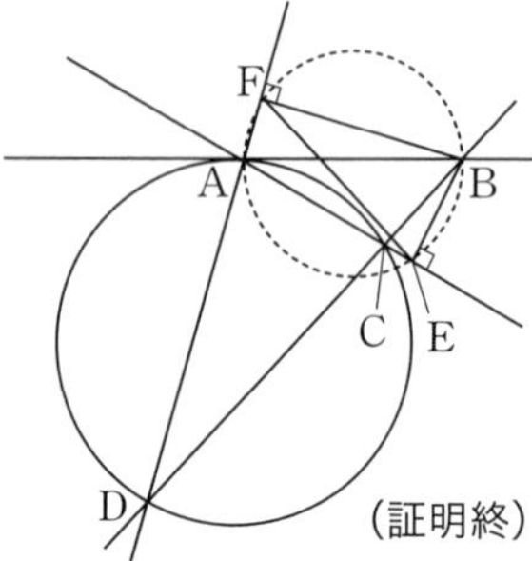

(証明終)

(ii)　$\angle BFE = \angle ADC = \theta$ とし，BD と EF の交点を G とする。

$\angle BFD = 90°$ より

$$\angle GFD = 90° - \theta$$

よって

$$\begin{aligned}&\angle FGD \\ &= 180° - (\angle GFD + \angle FDG) \\ &= 180° - \{(90° - \theta) + \theta\} \\ &= 90°\end{aligned}$$

したがって

$$BD \perp EF$$

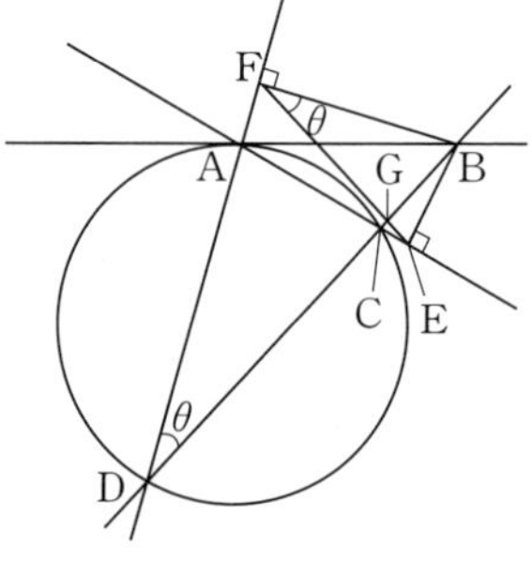

(証明終)

注意

問題文に図が与えられていても，そこにかき込んで考えるのではなく，かきやすい大きさ，向きで，自分で図をかく習慣をつけましょう。

1　倍数の判定法と素因数分解

(1)　千の位の数が7，百の位の数が b，十の位の数が5，一の位の数が c である4桁の自然数を $7b5c$ と表記する。

$7b5c$ が4でも9でも割り切れる b，c の組は，全部で□個ある。

これらのうち，$7b5c$ の値が最小になるのは $b=$□，$c=$□のときで，$7b5c$ の値が最大になるのは $b=$□，$c=$□のときである。

〔センター試験・改〕

(2)　$\sqrt{1260n}$ が自然数になるような自然数 n のうち，小さい方から2番目の数は□である。〔立教大〕

(3)　$\dfrac{n^2}{250}$，$\dfrac{n^3}{256}$，$\dfrac{n^4}{243}$ がすべて整数となるような正の整数 n のうち，最小のものを求めよ。〔甲南大〕

(4)　5^n が $30!=1\cdot2\cdot3\cdot\cdots\cdot30$ の約数となるような自然数 n のうち最大のものを求めよ。また，30! を計算したとき，末尾に0が連続して何個並ぶか。

〔龍谷大・改〕

【解答】

(1)　まず，$7b5c$ が4で割り切れることから，2桁の整数 $5c$ は4で割り切れる。
よって，c は2または6である。

(ア)　$c=2$ のとき

$7b52$ が9で割り切れるから

$$7+b+5+2=14+b$$

は9の倍数である。b は1桁の整数であるから

$$b=4$$

(イ) $c=6$ のとき

$7b56$ が 9 で割り切れるから

$$7+b+5+6=18+b$$

は 9 の倍数である。b は 1 桁の整数であるから

$$b=0,\ 9$$

よって，このような b, c の組は $(b,\ c)=(4,\ 2),\ (0,\ 6),\ (9,\ 6)$ の **3** 個ある。 答

それぞれに対応する 4 桁の整数は7452, 7056, 7956であり，最小になるのは

$b=\mathbf{0},\ c=\mathbf{6}$ 答

最大になるのは

$b=\mathbf{9},\ c=\mathbf{6}$ 答

のときである。

(2) $\sqrt{1260n}$ が自然数であるから，$1260n$ は平方数である。

1260を素因数分解すると

$$1260=2^2\cdot3^2\cdot5\cdot7$$

よって，$1260n$ が平方数になるような n は，素因数 5 と 7 のみを奇数個もち，他の素因数を偶数個もつ。 ☑ ⑳

よって，最小の n は

$$n=5\cdot7=35$$

であり，2 番目の n は

$n=35\cdot2^2=\mathbf{140}$ 答

(3) 250, 256, 243を素因数分解すると，それぞれ

$$250=2\cdot5^3,\ 256=2^8,\ 243=3^5$$

よって，$\dfrac{n^2}{2\cdot5^3}$ が整数となるとき，n がもつ素因数について

2 は 1 個以上，5 は 2 個以上 ☑ ⑳

$\dfrac{n^3}{2^8}$ が整数となるとき，n がもつ素因数について

2 は 3 個以上 ☑ ⑳

$\dfrac{n^4}{3^5}$ が整数となるとき，n がもつ素因数について

3 は 2 個以上 ☑⑳

したがって，最小の n は

$n=2^3\cdot3^2\cdot5^2=\mathbf{1800}$ 答

(4) 30! が 5^n で割り切れるとき，30! は素因数 5 を n 個以上含む。

1 から30の整数のうち，5 の倍数は 5，10，15，20，25，30の 6 個あり，このうち，25は素因数 5 を 2 個もち，他は素因数 5 を 1 個だけもつ。

よって，30! に含まれる素因数 5 の個数は ☑⑳

$1+1+1+1+2+1=7$ (個)

よって，最大の n は

7 答

次に，30! の末尾に連続して 0 が m 個並ぶとは

30! が10で最大 m 回割り切れる

ということである。

ここで，30! は素因数 5 を 7 個もち，1 から30のうち，2 の倍数は15個あるから，30! は素因数 2 を15個以上もつ。そして，$10=5\cdot2$ より，30! は10で最大 7 回割り切れることになる。

したがって，30! の末尾に 0 は連続して **7** 個並ぶ。 答

注意

たとえば，375000という数には，末尾に 0 が 3 つ連続して並んでいます。

これは10^3で割り切れるということです。ここで，375000を素因数分解すると

$$375000=375\cdot1000=3\cdot5^3\cdot(2\cdot5)^3$$
$$=2^3\cdot3\cdot5^6$$

となります。つまり，**素因数 2 と 5 の個数を調べ，個数が少ない方の数だけ 10 で割ることができる**，と考えればよいのです。 ☑⑳

第8章

2 約数と倍数

(1) 16200の正の約数の個数は，□個である。また，この約数のうち奇数である数の総和は□である。〔佛教大〕

(2) 最大公約数が8，最小公倍数が240である自然数の組 $(x,\ y)\ (x<y)$ の中で，2つの自然数の和が最も小さい組は□である。〔大阪経済大〕

(3) 3つの自然数 n，120，225の最大公約数が15，最小公倍数が12600となるような n は□個ある。〔摂南大〕

【解答】

(1) $16200=2^3\cdot3^4\cdot5^2$ であるから，正の約数の個数は

$$4\cdot5\cdot3=\mathbf{60}\ (個)$$ 答

また，このうち奇数は，$3^4\cdot5^2$ の約数である。

約数のうち，素因数2をもたないもの。

☑ ⑳

よって，その総和は

$$(1+3+3^2+3^3+3^4)(1+5+5^2)=121\cdot31$$
$$=\mathbf{3751}$$ 答

※補足

すべての正の約数の和は

$$(1+2+2^2+2^3)(1+3+3^2+3^3+3^4)(1+5+5^2)$$
$$=15\cdot3751=56265$$

ですね。

(2) 最大公約数が 8 であることから

$x=8a,\ y=8b$ (a と b は互いに素な自然数で，$a<b$)

と表すことができる。このとき，x と y の最小公倍数は $8ab$ となるから

$8ab=240$

より

$ab=30$

$a<b$ に注意して，自然数の組 $(a,\ b)$ を求めると

$(a,\ b)=(1,\ 30),\ (2,\ 15),\ (3,\ 10),\ (5,\ 6)$

であり，どの組についても，a と b は互いに素であり，題意をみたす。

そして，$x+y=8(a+b)$ であるから，$x+y$ が最小となるのは $a+b$ が最小のときである。よって

$(a,\ b)=(5,\ 6)$

より

$(x,\ y)=(\mathbf{40},\ \mathbf{48})$ 答

(3) 120，225および15，12600をそれぞれ素因数分解すると

$120=2^3\cdot3\cdot5$

$225=\ \ \ 3^2\cdot5^2$

$15=\ \ \ 3\cdot5$

$12600=2^3\cdot3^2\cdot5^2\cdot7$

よって，n，120，225の最大公約数が15であることから，n は素因数 3 と 5 をそれぞれ 1 個以上もつ。また，n，120，225の最小公倍数が12600であることから，n は素因数 2 を 3 個以下，素因数 3 と 5 をそれぞれ 2 個以下，素因数 7 を 1 個もつ。 ☑ ⑳

以上より，n を素因数分解すると

$n=2^a\cdot3^b\cdot5^c\cdot7^1$ ($a=0,\ 1,\ 2,\ 3,\quad b=1,\ 2,\quad c=1,\ 2$)

と表すことができる。

よって，n の個数は

$4\cdot2\cdot2=\mathbf{16}$ (個) 答

第8章

3　余りと約数・倍数

(1)　正の整数 n を3で割ると2余り，7で割ると6余る。このような n の中で最小のものは［　］である。〔近畿大〕

(2)　2つの整数 a，b について，a を12で割ると7余り，b を12で割ると10余る。このとき，a を4で割ったときの余りは［　］であり，$a-b$ を12で割ったときの余りは［　］である。また，a^2b^2 を12で割ったときの余りは［　］である。〔北里大〕

(3)　奇数の平方は8で割ると1余ることを示せ。〔津田塾大〕

(4)　すべての自然数 n に対して $\dfrac{n^3}{6}-\dfrac{n^2}{2}+\dfrac{4n}{3}$ は整数であることを証明せよ。〔学習院大〕

【解答】

(1)　n を3で割ったときの商を a，7で割ったときの商を b とすると

$$n=3a+2=7b+6$$

と書ける。よって

$$n+1=3a+3=7b+7$$

より

$$n+1=3(a+1)=7(b+1)$$

となるから，$n+1$ は3でも7でも割り切れる数，つまり21の倍数である。

3の倍数，7の倍数に1だけ足りない，とみて $n+1$ を考えた。

3と7の最小公倍数は21。

よって，最小の正の整数 n は

$$n+1=21$$

より

$n=\mathbf{20}$　**答**

|別|解|

1次不定方程式の解法を知っていれば，$3a+2=7b+6$ をみたす整数 a，b の組を1つ見つける，という方針で考えてもよい。

$$3a-7b=4$$

であり，$a=-1$，$b=-1$ はこの式をみたすから

$$3\cdot(-1)-7\cdot(-1)=4$$

これらの辺々の差をとって

$$3(a+1)=7(b+1)$$

3と7は互いに素であるから，k を整数として

$$a+1=7k,\ b+1=3k$$ ☑㉑

より

$$a=7k-1,\ b=3k-1$$

と表せる。そして

$$n=3a+2=7b+6=21k-1$$

より，n が最小となるのは $k=1$ のときで

$$n=20$$

(2) a を12で割ったときの商を A とおくと

$$a=12A+7=4(3A+1)+3$$ ☑㉒

であるから，a を4で割った余りは

3 答

次に，$a-b$ を12で割った余りは

$$7-10=-3$$

を12で割った余りに等しく

$$-3=12\cdot(-1)+9$$

であるから，$a-b$ を12で割った余りは

9 答

a を12で割った余りは7，
b を12で割った余りは10。

また，ab を12で割った余りは

$$7\cdot 10=70$$

を12で割った余りに等しく，10である。

よって，a^2b^2 を12で割った余りは

$$10^2=100$$

を12で割った余りに等しく

4 答

(3) 奇数は $2n+1$ (n は整数)と表すことができる。これを2乗すると

$$(2n+1)^2=4n^2+4n+1$$
$$=4n(n+1)+1$$

ここで，$n(n+1)$ は連続する2整数の積であるから，2の倍数である。

よって，$4n(n+1)$ は8の倍数であるから，$(2n+1)^2$ を8で割った余りは1となる。つまり，奇数の平方は8で割ると1余る。 (証明終)

(4) $$\frac{n^3}{6}-\frac{n^2}{2}+\frac{4n}{3}=\frac{1}{6}(n^3-3n^2+8n)$$

である。ここで

$$n^3-3n^2+2n=n(n^2-3n+2)$$
$$=(n-2)(n-1)n$$

n^3-3n^2 の形を活かして6の倍数をつくる方針。

と変形できることに注目すると

$$\frac{1}{6}(n^3-3n^2+8n)=\frac{1}{6}(n^3-3n^2+2n+6n)$$
$$=\frac{1}{6}(n-2)(n-1)n+n$$

と書ける。そして，$(n-2)(n-1)n$ は連続する3整数の積であるから，6の倍数である。

よって，$\frac{1}{6}(n-2)(n-1)n$ は整数であるから，$\frac{1}{6}(n-2)(n-1)n+n$ も整数となる。

したがって，$\frac{n^3}{6}-\frac{n^2}{2}+\frac{4n}{3}$ は整数である。 (証明終)

4　ユークリッドの互除法と不定方程式

(1)　2つの自然数19343と4807の最大公約数は[　　]である。〔立教大〕

(2)　方程式 $13x+5y=-4$ の整数解をすべて求めよ。〔広島修道大〕

(3)　不定方程式 $92x+197y=1$ をみたす整数 x, y の組の中で，x の絶対値が最小のものは $x=$[　　]，$y=$[　　]である。不定方程式 $92x+197y=10$ をみたす整数 x, y の組の中で，x の絶対値が最小のものは $x=$[　　]，$y=$[　　]である。〔センター試験〕

【解答】

(1)
$$19343=4807\cdot4+115$$
$$4807=115\cdot41+92$$
$$115=92\cdot1+23$$

であるから，ユークリッドの互除法により，19343と4807の最大公約数は，92と23の最大公約数と等しい。

そして，92は23で割り切れるから，92と23の最大公約数は23である。よって，19343と4807の最大公約数は

23 答

(2)
$$13\cdot2+5\cdot(-6)=-4$$

であるから，$13x+5y=-4$ との辺々の差をとって

$$13(x-2)=-5(y+6)$$

そして，13と5は互いに素であるから，k を整数として

$$x-2=5k,\ y+6=-13k$$ ☑㉑

よって

$\boldsymbol{x=5k+2,\ y=-13k-6}$ **（k は整数）** 答

(3)
$$197=92\cdot 2+13$$
$$92=13\cdot 7+1$$

より

$$\begin{aligned}1&=92-13\cdot 7\\&=92-(197-92\cdot 2)\cdot 7\\&=92\cdot 15-197\cdot 7\end{aligned}$$

そこで，$92x+197y=1$ と $92\cdot 15+197\cdot(-7)=1$ の辺々の差をとって

$$92(x-15)+197\{y-(-7)\}=0$$
$$92(x-15)=-197(y+7)$$

92と197は互いに素であるから，k を整数として

$$x-15=197k,\ y+7=-92k$$ ☑㉑

よって

$$x=197k+15,\ y=-92k-7$$

x の絶対値が最も小さいのは $k=0$ のときであり

$x=\mathbf{15}$，$y=\mathbf{-7}$ 答

次に，$92\cdot 15+197\cdot(-7)=1$ の両辺を10倍すると

$$92\cdot 150+197\cdot(-70)=10$$ ☑⑪

であるから，上と同様にして，$92x+197y=10$ の解は，l を整数として

$$x=197l+150,\ y=-92l-70$$

x の絶対値が最も小さいのは，$l=-1$ のときであり

$x=\mathbf{-47}$，$y=\mathbf{22}$ 答

※補足

後半は，$92x+197y=1$ の 1 つの解 **$(x,\ y)=(15,\ -7)$ を活用し，両辺を10倍する**のがポイントです。

Z-KAI